Normativa para instalador de gas categoría B

9.ª edición

cano pina

9.ª Edición - 2025

8.ª edición - 2024

7.ª edición - 2021

6.ª edicion - 2020

5.ª edición - 2016

4.ª edición - 2015

3.ª edición - 2011

2.ª edición - octubre 2007

1.ª edición - febrero 2007

© 2025,   Editorial Cano Pina

www.canopina.com

ediciones@canopina.com

ISBN: 978-84-18430-89-3

DL MU 724-2025

Impreso en España

ÍNDICE

ITC-ICG 08 Aparatos de gas

ITC-ICG 09 Instaladores y empresas instaladoras de gas

ITC-ICG 10 Instalaciones de gases licuados del petróleo (GLP) de uso doméstico en caravanas y autocaravanas

PRÓLOGO

En este libro se ha recopilado la parte del Reglamento de gas que tiene que conocer un INSTALADOR DE GAS CATEGORÍA B según los conocimientos de reglamentación requeridos.

ITC-ICG 06 Instalaciones de envases de gases licuados del petroleo (GLP) para uso propio.

ITC-ICG 07 Instalaciones receptoras de combustibles gaseosos.

ITC-ICG 08 Aparatos de gas.

ITC-ICG 09 Instaladores y empresas instaladoras de gas.

ITC-ICG 10 Instalaciones de gases licuados del petróleo (GLP) de uso doméstico en caravanas y autocaravanas.

Además, para hacer de directa aplicación su lectura y consulta también se han incluido los resúmenes de las normas UNE necesarias para la comprensión del reglamento por parte del instalador.

Cabe también destacar que está disponible para descarga gratuita en nuestra web www.canopina.com la restante documentación de normativa que el reglamento indica.

En esta 9.ª edición se han actualizado los resúmenes de las normas UNE afectadas por la publicación de:

- Resolución de 25 de marzo de 2025, de la Dirección General de Estrategia Industrial y de la Pequeña y Mediana Empresa, por la que se actualiza el listado de normas de la instrucción técnica complementaria ITC-ICG 11 del Reglamento técnico de distribución y utilización de combustibles gaseosos, aprobado por el Real Decreto 919/2006, de 28 de julio.

También conviene comentar que las referencias de normativa pueden ir variando en el tiempo dependiendo del año de consulta del manual.

RD 919/2006, de 28 de julio, por el que se aprueba el Reglamento técnico de distribución y utilización de combustibles gaseosos y sus instrucciones técnicas complementarias ICG 01 a 11[1]

Las instalaciones que posibilitan la distribución de los gases combustibles desde las redes de transporte, en el caso de los canalizados, o desde los centros de producción o almacenamiento, en los demás casos, hasta los locales y equipos o aparatos de consumo, se encuentran sometidas a un conjunto reglamentario disperso en el tiempo, en la forma y en la técnica.

La Constitución Española, así como el Acta de Adhesión a la Comunidad Económica Europea (hoy Unión Europea) establecieron los dos grandes marcos legales básicos que sustentan el posterior desarrollo normativo en nuestro país, dentro del cual, como no podría ser de otra forma, se encuentra la actividad económica y, en particular, la reglamentación relativa a la seguridad de instalaciones y productos.

Así, la Ley 21/1992, de 16 de julio, de Industria, estableció el nuevo marco jurídico en el que se desenvuelve la reglamentación sobre seguridad industrial. El apartado 5 de su artículo 12 señala que «los reglamentos de seguridad industrial de ámbito estatal se aprobarán por el Gobierno de la Nación, sin perjuicio de que las Comunidades Autónomas, con competencia legislativa sobre industria, puedan introducir requisitos adicionales sobre las mismas materias cuando se trate de instalaciones radicadas en su territorio».

Por otra parte, la Ley 34/1998, de 7 de octubre, del sector de hidrocarburos, modificada por la Ley 24/2005, de 18 de noviembre, de reformas para el impulso de la productividad, no solo se ocupa de la regulación económica, con criterios liberalizadores, de dicho sector, sino que también realiza continuas referencias a las condiciones de seguridad que deben reunir las instalaciones y, en particular, asigna a los distribuidores la responsabilidad de realizar la inspección de las instalaciones receptoras de gases combustibles por canalización. Asimismo, mediante su disposición transitoria segunda, mantiene en vigor las disposiciones reglamentarias aplicables en materias que constituyen su objeto, en tanto no se dicten las disposiciones de desarrollo de la propia Ley, lo que afecta, entre otros, al Reglamento de servicio público de gases combustibles y al Reglamento de la actividad de distribución de gases licuados del petróleo, los cuales establecieron el régimen de revisiones e inspecciones de las instalaciones receptoras, que es preciso revisar.

La normalización del sector que, de manera difícilmente explicable, se encontraba muy poco desarrollada, ha avanzado considerablemente en los últimos años, lo que permite disponer de instrumentos técnicos, con un alto grado de consenso previo, incluso a escala internacional y, en particular, al nivel europeo –plasmado en las normas europeas EN de las que son fiel transposición numerosas normas UNE españolas– y, por lo tanto, en sintonía con lo aplicado en los países más avanzados.

El reglamento aprovecha dichas normas como referencia, en la medida que se trate de prescripciones o recomendaciones de carácter eminentemente técnico y, especialmente cuando tratan de características

---

[1] Con todas las modificaciones y actualizaciones publicadas hasta enero de 2024.

de los materiales. No constituyen por ello unos documentos obligatorios, pero sí forman parte de un conjunto homogéneo redactado para dar un marco de referencia en los aspectos de seguridad, además de facilitar la ejecución sistematizada de las instalaciones y los intercambios comerciales y permitir la puesta al día de manera continua.

En efecto, a fin de facilitar su puesta al día, en el texto de las denominadas instrucciones técnicas complementarias (ITCs) únicamente se citan dichas normas por sus números de referencia, sin el año de edición. En una instrucción a tal propósito se recoge toda la lista de las normas, esta vez con el año de edición, a fin de que, cuando aparezcan nuevas versiones se puedan hacer los respectivos cambios en dicha lista, quedando automáticamente actualizadas en el texto dispositivo, sin necesidad de otra intervención. En ese momento también se pueden establecer los plazos para la transición entre las versiones, de tal manera que los fabricantes y distribuidores de equipos y materiales puedan dar salida en un tiempo razonable a los productos fabricados de acuerdo con la versión de la norma anulada.

En línea con la reglamentación europea, se considera que las prescripciones establecidas por el propio reglamento alcanzan los objetivos mínimos de seguridad exigibles en cada momento, de acuerdo con el estado de la técnica, pero también se admiten otras ejecuciones cuya equivalencia con dichos niveles de seguridad se demuestre por el diseñador de la instalación.

Asimismo, el reglamento que ahora se aprueba permite que se puedan conceder excepciones a sus prescripciones en los casos en que se justifique debidamente su imposibilidad material y se aporten medidas compensatorias, lo que evitará que se produzcan situaciones sin salida.

Las figuras de instaladores y empresas instaladoras no varían sustancialmente en relación con las ya existentes, si bien la realización de tareas específicas, de especial sensibilidad, han hecho aconsejable la determinación especial de las características de las personas que deben ejecutarlas.

Para la ejecución y puesta en servicio de las instalaciones se requiere en todos los casos la elaboración de una documentación técnica, en forma de proyecto o memoria, según las características de aquellas, y su comunicación a la Administración.

Se exige la entrega al titular de una instalación de una documentación donde se reflejen sus características fundamentales, trazado, instrucciones y precauciones de uso, etc. Carecía de sentido no proceder de esta manera con la instalación de un inmueble, mientras se proporciona sistemáticamente un libro de instrucciones con cualquier aparato.

Se establece un cuadro de inspecciones, a realizar de acuerdo con lo prescrito por la Ley 34/1998, de 7 de octubre, que se complementa con revisiones, en las instalaciones donde dicha Ley no confía esa misión al distribuidor, sin obviar que los titulares de las mismas deben mantenerlas en buen estado, mediante adecuado mantenimiento y controles periódicos.

Finalmente, se encarga al órgano directivo competente en materia de seguridad industrial del Ministerio de Industria, Turismo y Comercio la elaboración de una Guía, como ayuda a los distintos agentes afectados para la mejor comprensión de las prescripciones reglamentarias.

Todo ello se concreta en una estructura reglamentaria en forma de reglamento básico, que contiene las reglas generales de tipo fundamentalmente administrativo, y 11 instrucciones técnicas complementarias (abreviadamente «ITCs»), una por cada una de las parcelas reglamentarias anteriores que ahora se sustituyen, más una ITC destinada a la lista de normas de referencia, relativas a los aspectos más técnicos y de desarrollo de las previsiones establecidas en el reglamento, de tal manera que el conjunto evidencia coherencia normativa y, al tiempo, facilita su puesta al día.

Este real decreto ha sido comunicado en su fase de proyecto a la Comisión Europea y a los demás Estados miembros en cumplimiento de lo prescrito por el RD 1337/1999, de 31 de julio, por el que se regula la remisión de información en materia de normas y reglamentaciones técnicas y reglamentos relativos a los servicios de la sociedad de la información, de aplicación de la Directiva del Consejo 98/34/CE.

En su virtud, a propuesta del Ministro de Industria, Turismo y Comercio, de acuerdo con el Consejo de Estado, previa deliberación del Consejo de Ministros en su reunión de 28 de julio de 2006,

Dispongo

Artículo 1. Objeto

Se aprueba el Reglamento técnico de distribución y utilización de combustibles gaseosos y sus instrucciones técnicas complementarias (ITCs) ICG 01 a 11, que se insertan a continuación.

Disposición adicional primera. Guía técnica

El órgano directivo competente en materia de seguridad industrial del Ministerio de Industria, Turismo y Comercio elaborará y mantendrá actualizada una Guía técnica, de carácter no vinculante, para la aplicación práctica de las previsiones de este reglamento y sus instrucciones técnicas complementarias la cual podrá establecer aclaraciones a conceptos de carácter general incluidos en este reglamento.

Disposición adicional segunda. Cobertura de seguro u otra garantía equivalente suscrito en otro Estado

Cuando la empresa instaladora de gas que se establece o ejerce la actividad en España, ya esté cubierta por un seguro de responsabilidad civil profesional u otra garantía equivalente o comparable en lo esencial en cuanto a su finalidad y a la cobertura que ofrezca en términos de riesgo asegurado, suma asegurada o límite de la garantía en otro Estado miembro en el que ya esté establecido, se considerará cumplida la exigencia establecida en los apartados 3.8.1. c), 3.8.2. c) y 3.8.3. c) de la ITC-ICG 09 aprobada por este real decreto. Si la equivalencia con los requisitos es solo parcial, la empresa instaladora de gas deberá ampliar el seguro o garantía equivalente hasta completar las condiciones exigidas. En el caso de seguros u otras garantías suscritas con entidades aseguradoras y entidades de crédito autorizadas en otro Estado miembro, se aceptarán a efectos de acreditación los certificados emitidos por estas.

Disposición adicional tercera. Aceptación de documentos de otros Estados miembros a efectos de acreditación del cumplimiento de requisitos

A los efectos de acreditar el cumplimiento de los requisitos exigidos a las empresas instaladoras de gas, se aceptarán los documentos procedentes de otro Estado miembro de los que se desprenda que se cumplen tales requisitos, en los términos previstos en el artículo 17 de la Ley 17/2009, de 23 de noviembre, sobre el libre acceso a las actividades de servicios y su ejercicio.

Disposición adicional cuarta. Modelo de declaración responsable

Corresponderá a las comunidades autónomas elaborar y mantener disponibles los modelos de declaración responsable. A efectos de facilitar la introducción de datos en el Registro Integrado Industrial regulado en el título IV de la Ley 21/1992, de 16 de julio, de Industria, el órgano competente en materia de seguridad industrial del Ministerio de Industria, Turismo y Comercio elaborará y mantendrá actualizada una propuesta de modelos de declaración responsable, que deberá incluir los datos que se suministrarán al indicado registro, y que estará disponible en la sede electrónica de dicho Ministerio.

Disposición adicional quinta. Obligaciones en materia de información y de reclamaciones

Las empresas instaladoras de gas deben cumplir las obligaciones de información de los prestadores y las obligaciones en materia de reclamaciones establecidas, respectivamente, en los artículos 22 y 23 de la Ley 17/2009, de 23 de noviembre, sobre el libre acceso a las actividades de servicios y su ejercicio.

Disposición transitoria primera. Convalidación de carnés anteriores

Los titulares de carnés de instalador de gas o empresa instaladora de gas, a la fecha de publicación de este real decreto, dispondrán de dos años, a partir de la entrada en vigor del reglamento, para convalidarlos por los correspondientes que se contemplan en la ITC-ICG 09, siempre que no les hubiera sido retirado por sanción, mediante la presentación ante el órgano competente de la Comunidad Autónoma de una memoria en la que se acredite la respectiva experiencia profesional en las instalaciones de combustibles gaseosos correspondientes a la categoría cuya convalidación se solicita, y que cuentan con los medios técnicos y humanos requeridos por la citada ITC. A partir de la convalidación, para la renovación de los carnés deberán seguir el procedimiento común fijado en el reglamento.

Los carnés de instalador IG-I, IG-II e IG-IV con validez a la entrada en vigor de esta disposición se considerarán equivalentes a los C, B, y A, respectivamente, y como obtenidos de acuerdo con lo establecido en el reglamento y con la misma antigüedad de la fecha en que fueron concedidos. Los instaladores en posesión del carné IG-III se considerarán equivalentes al B.

Disposición transitoria segunda. Instalaciones pendientes de ejecución en la fecha de entrada en vigor del reglamento

La ejecución de aquellas instalaciones cuya documentación técnica hubiera sido presentada ante el órgano competente de la Comunidad Autónoma antes de la entrada en vigor del reglamento, podrá llevarse a cabo conforme a la normativa vigente en el momento de la presentación, en los dos años siguientes a dicha entrada en vigor.

Disposición derogatoria única. Derogación normativa

1. Quedan derogadas, en aquello que contradigan o se opongan a lo dispuesto en el reglamento y sus ITCs aprobados por este real decreto, las siguientes disposiciones:

- Decreto 2.913/1973, de 26 de octubre, por el que se aprueba el Reglamento general del servicio público de gases combustibles.

- Orden ministerial de 18 de noviembre de 1974, por la que se aprueba el Reglamento de redes y acometidas de combustibles gaseosos.
- RD 1085/1992 de 11 de septiembre, por el que se aprueba el Reglamento de la actividad de distribución de GLP.

2. Quedan derogadas las siguientes disposiciones:

- Resolución de la Dirección General de Industrias Siderometalúrgicas y Navales del Ministerio de Industria de 25 de febrero de 1963, referente a las normas a que debe supeditarse la construcción de los aparatos de uso doméstico que utilicen GLP como combustible y a la instalación de los mismos en viviendas y lugares de concurrencia pública.
- Resolución de la Dirección General de Industrias Siderometalúrgicas y Navales del Ministerio de Industria de 24 de julio de 1963, por la que se dictan normas a que deben supeditarse las instalaciones (de GLP) con depósitos móviles de capacidad superior a 15 kg.
- Orden ministerial de 30 de octubre de 1970, por la que se aprueba el Reglamento de centros de almacenamiento y distribución de gases licuados del petróleo envasados.
- Orden ministerial de 29 de marzo de 1974, sobre Normas Básicas de gas en edificios habitados.
- Orden ministerial de 24 de noviembre de 1982, por la que se aprueba el Reglamento de seguridad de centros de almacenamiento y suministro de gases licuados del petróleo (GLP) a granel para su utilización como carburante de vehículos con motor.
- Orden ministerial de 17 de diciembre de 1985, por la que se aprueba la instrucción sobre documentación y puesta en servicio de las instalaciones receptoras de gases combustibles y la instrucción sobre instaladores autorizados de gas y empresas instaladoras.
- Orden ministerial de 29 de enero de 1986, por la que se aprueba el Reglamento sobre instalaciones de almacenamiento de gases licuados del petróleo (GLP) en depósitos fijos.
- RD 494/1988, de 20 de mayo, por el que se aprueba el Reglamento de aparatos que utilizan gas como combustible.
- Orden ministerial de 19 de junio de 1990, por la que se establece la certificación de conformidad a normas como alternativa a la homologación de los aparatos que utilizan gas como combustible para uso doméstico.
- Orden ministerial de 18 de julio de 1991, por la que se establece la certificación de conformidad a normas como alternativa a la homologación de los aparatos que utilizan gas como combustible de uso no doméstico.
- RD 1853/1993, de 22 de octubre, por el que se aprueba el Reglamento de instalaciones de gas en locales destinados a usos domésticos, colectivos o comerciales.

Disposición final primera. Título competencial

Este real decreto constituye una norma reglamentaria de seguridad industrial, que se dicta al amparo de lo dispuesto en el artículo 149.1.13.ª de la Constitución.

Disposición final segunda. Actualización técnica

Se faculta al Ministro de Industria, Turismo y Comercio para:

a. Establecer, en atención al desarrollo tecnológico y a petición de parte interesada, con carácter general y provisional, prescripciones técnicas, diferentes de las previstas en el reglamento o sus instrucciones técnicas complementarias, que posibiliten un nivel de seguridad al menos equivalente a las anteriores, en tanto se procede a la modificación de los mismos.

b. Modificar la ITC-ICG 11 del reglamento con el fin de adaptarla al progreso técnico y a las modificaciones introducidas por la normativa de la Unión Europea.

Disposición final tercera. Entrada en vigor

El reglamento y sus instrucciones técnicas complementarias entrarán en vigor a los 6 meses de su publicación en el «Boletín Oficial del Estado», sin perjuicio de lo dispuesto en la disposición transitoria segunda, así como de su aplicación voluntaria desde el mismo día de tal publicación, siempre y cuando técnica y administrativamente sea posible hacerlo.

Dado en Palma de Mallorca, el 28 de julio de 2006

Juan Carlos R.

El Ministro de Industria, Turismo y Comercio,
José Montilla Aguilera

Reglamento técnico de distribución y utilización de combustibles gaseosos

Artículo 1. Objeto

Este reglamento, que se enmarca en los ámbitos establecidos por la Ley 34/1998, de 7 de octubre, del sector de hidrocarburos, y por la Ley 21/1992, de 16 de julio, de industria, tiene por objeto establecer las condiciones técnicas y garantías que deben reunir las instalaciones de distribución y utilización de combustibles gaseosos y aparatos de gas, con la finalidad de preservar la seguridad de las personas y los bienes.

Las prescripciones de este reglamento se aplicarán con carácter general a todas las instalaciones incluidas en su campo de aplicación, y con carácter específico a las contenidas en las respectivas instrucciones técnicas complementarias (en adelante también denominadas ITCs) para cada tipo de instalaciones.

La observancia de los requisitos dictados en este reglamento respecto a las instalaciones consideradas en su ámbito de aplicación no exime del cumplimiento de otras disposiciones que se refieran a estas mismas instalaciones, y que regulen materias distintas del objeto de este reglamento.

Artículo 2. Campo de aplicación

1. Este reglamento se aplica a las instalaciones y aparatos siguientes:

a. **Instalaciones de distribución de combustibles gaseosos por canalización.** Redes de distribución de gas de presión máxima de diseño igual o inferior a 16 bar, y sus instalaciones auxiliares, incluyendo estaciones de regulación y las acometidas conectadas a estas redes de distribución, así como los gasoductos de presión máxima de diseño superior a 16 bar comprendidos en el artículo 59.4 de la Ley 34/1998, de 7 de octubre, en la redacción dada por el RD-ley 6/2000, de 23 de junio, y las líneas directas definidas en el artículo 78.1 de esta misma Ley.

b. **Centros de almacenamiento y distribución de envases de GLP.** Centros destinados a la recepción y almacenamiento de los envases de gases licuados del petróleo (GLP) para su posterior distribución y venta a los clientes finales en los mismos centros y a domicilio.

c. **Instalaciones de almacenamiento de GLP en depósitos fijos.** Instalaciones de depósitos fijos de GLP, y todos sus accesorios dispuestos para alimentar a redes de distribución o directamente a instalaciones receptoras.

d. **Plantas satélite de GNL.** Instalaciones de almacenamiento de gas natural licuado (GNL) con capacidad de almacenamiento geométrica conjunta de hasta 1.000 m^3 y presión máxima de operación superior a 1 bar que tengan como finalidad el suministro directo a redes de distribución o instalaciones receptoras.

e. **Estaciones de servicio para vehículos a gas.** Instalaciones de almacenamiento y suministro de gas licuado del petróleo (GLP) a granel, o de gas natural comprimido (GNC) o licuado (GNL), o de hidrógeno en fase gas para su utilización como carburante para vehículos a motor.

f. **Instalaciones de envases de GLP.** Se consideran como tales las instalaciones compuestas por uno o varios envases de GLP, así como, en su caso, por el conjunto de tuberías y accesorios comprendidos entre los envases y la llave de acometida, incluida esta, teniendo como finalidad el suministro directo de GLP a instalaciones receptoras.

g. **Instalaciones de GLP de uso doméstico en caravanas y autocaravanas.** Instalaciones compuestas por uno o varios envases de GLP, tuberías, accesorios y aparatos, incluidos estos, para suministro doméstico en vehículos caravana o autocaravana. No se considerarán parte de la instalación los aparatos portátiles que incorporen su propia alimentación o los envases y aparatos de gas independientes y externos a la carrocería del vehículo.

h. **Instalaciones receptoras de combustibles gaseosos.** Están constituidas por el conjunto de tuberías y accesorios comprendidos entre la llave de acometida, excluida esta, y las llaves de conexión de aparato, incluidas estas, quedando excluidos los tramos de conexión de los aparatos y los propios aparatos. Se componen, en su caso más general, de acometida interior, instalación común e instalación individual.

    En instalaciones alimentadas desde envases de GLP de carga unitaria inferior a 15 kg, es el conjunto de tuberías y accesorios comprendidos entre el regulador o reguladores acoplados a los envases o botellas, incluidos estos, y las llaves de conexión de aparato, incluidas estas.

    No tendrán el carácter de instalación receptora las instalaciones alimentadas por un único envase o depósito móvil de gases licuados del petróleo (GLP) de contenido inferior a 15 kg, conectado por tubería flexible o acoplado directamente a un solo aparato de utilización móvil.

i. **Aparatos de gas.** Aparatos que utilizan los combustibles gaseosos.

2. En cuanto a instalaciones, el reglamento se aplicará:

- A las nuevas instalaciones, sus modificaciones y ampliaciones.
- A las instalaciones existentes antes de su entrada en vigor que sean objeto de modificación o ampliación.
- Las instalaciones existentes a la entrada en vigor de este reglamento quedarán sometidas al régimen de controles periódicos que se establecen en el mismo, en lo que se refiere a su periodicidad y agentes intervinientes en cada caso. Los criterios técnicos aplicables en dichas intervenciones serán los indicados en la correspondiente ITC o, en su defecto, los comprendidos en la reglamentación con la cual fueron construidas y aprobadas.

Artículo 3. Definiciones

A los efectos de este reglamento y sus ITCs, se entenderá lo siguiente:

a. **Acometida interior.** Conjunto de conducciones y accesorios comprendidos entre la llave de acometida, excluida esta, y la llave o llaves del edificio, incluidas estas, en el caso de instalaciones receptoras suministradas desde redes de distribución. En el caso de instalaciones individuales con contaje (equipo contador) situado en el límite de la propiedad no existe acometida interior.

b. **Agente a comisión en exclusiva.** Entidad integrada en las redes de distribución de GLP envasado de un operador al por mayor de GLP y vinculadas al mismo por un contrato de agencia en exclusiva.

c. **Cliente.** Persona física o jurídica que tiene una relación contractual con un suministrador.

d. **Combustibles gaseosos.** Los relacionados en las tres familias de gases de la norma UNE-EN 437 y el hidrógeno en fase gas para su utilización como combustible.

e. **Comercializador.** Entidad a la que se refiere el artículo 58 d) de la Ley 34/1998, de 7 de octubre, modificada por el RD-ley 6/2000, de 23 de junio.

f. **Comercializador al por menor de GLP envasado.** Entidad a la que se refiere el artículo 47 de la Ley 34/1998, de 7 de octubre.

g. **Control periódico.** Actividad por la que se examina una instalación para verificar el cumplimiento de la normativa vigente en materia de seguridad y aptitud de uso.

h. **Distribuidor.** Entidad a la que se refieren los artículos 58 c) y 77.1 de la Ley 34/1998, de 7 de octubre, modificada por el RD-ley 6/2000, de 23 de junio.

i. **Distribuidor al por menor de GLP a granel.** Entidad a la que se refiere el artículo 46 de la Ley 34/1998, de 7 de octubre.

j. **Empresa instaladora de gas.** Persona física o jurídica que ejerce las actividades de montaje, reparación, mantenimiento y control periódico de instalaciones de gas, cumpliendo los requisitos establecidos en la ITC-ICG 09 y habiendo presentado la correspondiente declaración responsable de inicio de actividad según lo prescrito en dicha Instrucción Técnica Complementaria.

k. **Entidad de certificación.** La que cumple la definición de «entidad de certificación» que figura en el artículo 20 del Reglamento de la infraestructura para la calidad y la seguridad industrial, aprobado por RD 2200/1995, de 28 de diciembre.

l. **Envases de GLP.** Depósitos móviles de GLP destinados a usos domésticos, colectivos, comerciales e industriales, que una vez agotada su carga deben ser trasladados a una planta específica para su llenado y posterior reutilización. Se incluyen en esta definición las botellas y botellones a presión, tal y como se definen en el Anexo A del ADR, transpuesto a la legislación española mediante el RD 2115/1998, de 2 de octubre, sobre transporte de mercancías peligrosas, y que cumplan con el RD 222/2001, de 2 de marzo, por el que se dictan las disposiciones de aplicación de la Directiva 1999/36/CE, del Consejo, de 29 de abril, relativa a equipos a presión transportables.

m. **Especialista criogénico.** Persona física o jurídica especialista en la realización de trabajos criogénicos y en equipos a presión.

n. **Fabricante.** Persona física o jurídica que se presenta como responsable de que un producto cumpla las prescripciones reglamentarias pertinentes.

o. **Instalación común.** Conjunto de conducciones y accesorios comprendidos entre la llave del edificio, o la llave de acometida si aquélla no existe, excluidas estas, y las llaves de usuario, incluidas estas.

p. **Instalación individual**. Conjunto de conducciones y accesorios comprendidos, según el caso, entre.
   - La llave del usuario, cuando existe instalación común, o
   - la llave de acometida o de edificio, cuando se suministra a un solo usuario;

   ambas excluidas e incluyendo las llaves de conexión de los aparatos.

   En instalaciones suministradas desde depósitos móviles de GLP de carga unitaria inferior a 15 kg, es el conjunto de conducciones y accesorios comprendidos entre el regulador o reguladores acoplados a los envases o botellas, incluidos estos, y las llaves de conexión de aparato, incluidas estas.

   No tendrá la consideración de instalación individual el conjunto formado por un depósito móvil de GLP de carga unitaria inferior a 15 kg y un aparato también móvil.

q. **Instalador de gas**. Persona física que, en virtud de poseer los conocimientos teórico-prácticos de la tecnología de la industria del gas y de su normativa, y cumpliendo los requisitos establecidos en la ITC-ICG 09, está capacitado para realizar y supervisar las operaciones correspondientes a su categoría.

r. **Organismo de control**. Entidad a la que se refiere el artículo 15 de la Ley 21/1992, de 16 de julio, y la Sección 1.ª del Capítulo IV del RD 2200/1995, de 28 de diciembre. Se entiende que la mención de «organismo de control» conlleva implícita la de «autorizado para el cometido que realiza en cada caso».

s. **Operador al por mayor de** GLP. Entidad a la que se refiere el artículo 45 de la Ley 34/1998, de 7 de octubre.

t. **Puesta en marcha de los aparatos a gas**. Conjunto de las operaciones necesarias que permiten verificar que el aparato funciona con el tipo de gas y la presión para los que fue diseñado y la combustión se realiza dentro de los parámetros establecidos por el fabricante.

u. **Suministrador**. Empresa que realiza el suministro de gas al cliente o al usuario. Puede ser un operador al por mayor de GLP, un distribuidor al por menor de GLP a granel, un distribuidor o un comercializador.

v. **Titular de una instalación**. Persona física o jurídica propietaria o beneficiaria de una instalación.

w. **Transportista**. Entidad a la que se refiere el artículo 58 a) de la Ley 34/1998, de 7 de octubre, modificada por el RD-ley 6/2000, de 23 de junio.

x. **Usuario**. Persona física o jurídica que utiliza el gas para su consumo.

Artículo 4. Materiales, equipos y aparatos de gas

1. Los materiales, equipos y aparatos de gas utilizados en las instalaciones objeto de este reglamento deberán cumplir lo estipulado en las disposiciones que apliquen directivas europeas y, en su caso, las nacionales que no contradigan las anteriores y sean de aplicación.

2. En ausencia de tales disposiciones:

a. Deberán cumplir con las prescripciones indicadas en este reglamento y en las ITCs que lo desarrollan. A tal efecto, se considerarán conformes los materiales, equipos y aparatos amparados por certificados y marcas de conformidad a normas, que sean otorgados por las entidades de certificación a que se refiere el capítulo III del RD 2200/1995, de 28 de diciembre.

b. Deberán ostentar de forma visible e indeleble las siguientes indicaciones mínimas:
   - Identificación del fabricante, representante legal o responsable de la comercialización;

- marca y modelo;
- las indicaciones necesarias para el uso específico del material o equipo.

c. Las instrucciones deberán estar redactadas, al menos, en castellano.

Artículo 5. Puesta en servicio de instalaciones

La puesta en servicio de las instalaciones contempladas en este reglamento se condiciona al procedimiento general que se indica en los apartados siguientes, de acuerdo con lo establecido en el artículo 12.3 de la Ley 21/ 1992, de 16 de julio. Los requisitos específicos para cada tipo de instalaciones se determinarán en las ITCs correspondientes que acompañan a este reglamento.

5.1 Diseño

Para cada instalación deberá elaborarse una documentación técnica, en la que se ponga de manifiesto el cumplimiento de las prescripciones reglamentarias. En función de las características de la instalación, según determine la correspondiente ITC, la documentación técnica revestirá la forma de proyecto suscrito por técnico facultativo competente, o memoria técnica que podrá suscribir, en su caso, el instalador autorizado en la categoría que indique la ITC-ICG 09. Cuando revista la forma de proyecto específico se mantendrá la necesaria coordinación con los restantes capítulos constructivos e instalaciones de forma que no se produzca una duplicación en la documentación.

El técnico facultativo competente o el instalador, según el caso, que firme dicha documentación técnica, será directamente responsable de que la misma se adapte a las exigencias reglamentarias.

5.2 Autorización administrativa

Las instalaciones contempladas en este reglamento solamente precisarán de autorización administrativa derivada del mismo cuando, por exigirlo la Ley 34/1998, de 7 de octubre, así lo disponga la correspondiente ITC.

Cuando ello ocurra y se determine el procedimiento en la citada ley y normativa de desarrollo, lo indicado en este reglamento se aplicará con carácter complementario al mismo.

5.3 Ejecución de las instalaciones

Las instalaciones reguladas por este reglamento deberán ser realizadas por las empresas que determine, en cada caso, la correspondiente ITC.

Cuando las instalaciones de gas concurran con las correspondientes a otras energías o servicios deberán adoptarse las medidas precautorias correspondientes, en especial por lo que se refiere a las canalizaciones y distancias en cruces y paralelismos, según lo establecido en los reglamentos específicos y las ITCs que les sean de aplicación.

5.4 Pruebas e inspecciones previas a la puesta en servicio de las instalaciones

A la terminación de la instalación, la empresa responsable de la ejecución, de acuerdo con el artículo 5.3, deberá comprobar la correcta ejecución y el funcionamiento seguro de la misma. En su caso, deberá realizar las pruebas especificadas en la correspondiente ITC.

Si así lo estipulase la correspondiente ITC, en función de sus características, y en la forma que allí se determine, deberá efectuarse una inspección de la instalación, o de las pruebas, por un organismo de control, el cual comprobará el cumplimiento de las correspondientes prescripciones de seguridad.

5.5 Certificados

Una vez finalizada la instalación y realizadas, en su caso, las pruebas previas con resultado favorable, así como la inspección citada en el artículo 5.4, deberá procederse como sigue:

a. La empresa responsable de la ejecución, de acuerdo con el artículo 5.3, emitirá un certificado de instalación y, en su caso, de las pruebas realizadas, en el que se hará constar que la misma se ha realizado de conformidad con lo establecido en el reglamento y sus ITCs y de acuerdo con la documentación técnica. En su caso, identificará y justificará las variaciones que se hayan producido en la ejecución con relación a lo previsto en dicha documentación.

b. Además, en las instalaciones que necesiten proyecto, el director de obra emitirá el correspondiente certificado de dirección de obra, en el cual se hará constar que la misma se ha realizado de acuerdo con el proyecto inicial y, en su caso, identificando y justificando las variaciones que se hayan producido en su ejecución con relación a lo previsto en el mismo y siempre de conformidad con las prescripciones del reglamento y las pertinentes ITCs.

c. En los casos en los que la ITC correspondiente de este reglamento así lo requiera, el organismo de control que realice la inspección emitirá un certificado de inspección y, en su caso, de las pruebas realizadas. En este caso el certificado se adjuntará a los certificados señalados en los párrafos a) y b) anteriores, según el tipo de instalación.

5.6 Puesta en servicio

Para la puesta en servicio de la instalación, el responsable de aquélla, según especifique la ITC correspondiente, deberá recibir la copia de los certificados a que se refiere el artículo 5.5.

a. En los casos en que se precise, y certificadas las actuaciones descritas en dicho artículo, la empresa instaladora, con el conocimiento y autorización del titular de la instalación, podrá solicitar al distribuidor o, en el caso de instalaciones no alimentadas desde redes de distribución, al suministrador, un suministro de gas provisional para realizar pruebas de funcionamiento de la instalación o de los aparatos. La responsabilidad sobre la instalación y sobre la realización de las pruebas recaerá en la empresa instaladora. Tras las pruebas, y si el resultado de las mismas es favorable, el distribuidor o, en el caso de instalaciones no alimentadas desde redes de distribución, el suministrador, podrá mantener el suministro provisional en tanto se tramita la documentación de la instalación.

b. Para restablecer el suministro a una instalación receptora con contrato resuelto, el peticionario, según se define en la ITC correspondiente, deberá entregar al responsable de su puesta en servicio copia del certificado de control periódico sin anomalías y en vigor. En su defecto, o cuando la instalación haya permanecido fuera de servicio más de un año, deberá seguirse lo dispuesto para nuevas instalaciones en la ITC correspondiente.

5.7 Comunicación a la Administración

Exceptuando los casos contemplados en las ITCs correspondientes, el titular de la instalación será responsable de presentar, antes de que transcurran treinta días desde la puesta en servicio, en el órgano competente de la Comunidad Autónoma la siguiente documentación:

a. Identificación de la instalación:
  – Titular de la instalación.

- Ubicación de la misma.
- Tipo de instalación.
- Fecha de la puesta en servicio.

b. Documentación técnica.
c. Certificado de instalación.
d. Certificado de dirección de obra, en su caso.
e. Certificado del organismo de control, en su caso.
f. Certificado de pruebas de funcionamiento, en su caso.

La presentación del certificado del organismo de control deberá siempre ir acompañada del certificado de instalación, así como del de dirección de obra, cuando proceda.

5.8 Puesta en marcha de aparatos

La puesta en marcha de los aparatos deberá ser realizada de acuerdo con lo indicado en el apartado 5.3 de la ITC-ICG 08.

En todos los casos, el agente que realice la puesta en marcha deberá emitir y entregar al usuario un certificado de puesta en marcha según el modelo establecido en la citada ITC.

Artículo 6. Información a los usuarios

En las instalaciones receptoras, como anexo al certificado de instalación que se entregue al titular de cualquier instalación de gas, la empresa instaladora deberá confeccionar unas instrucciones para el correcto uso y mantenimiento de la misma. Dichas instrucciones incluirán, en cualquier caso, un croquis del trazado de la instalación con indicación de sus principales características (materiales, uniones, válvulas, etc.). El suministrador facilitará a sus clientes, con una periodicidad al menos bienal y por escrito, las recomendaciones de utilización y medidas de seguridad para el uso de sus instalaciones.

Artículo 7. Mantenimiento de instalaciones y aparatos. Controles periódicos

7.1 Mantenimiento de instalaciones

Los titulares, o en su defecto, los usuarios de las instalaciones, estarán obligados al mantenimiento y buen uso de las mismas y de los aparatos de gas a ellas acoplados, siguiendo los criterios establecidos en el presente reglamento y sus ITCs, de forma que se hallen permanentemente en disposición de servicio con el nivel de seguridad adecuado. Asimismo atenderán las recomendaciones que, en orden a la seguridad, les sean comunicadas por el suministrador, el distribuidor, la empresa instaladora y el fabricante de los aparatos, mediante las normas y recomendaciones que figuran en el libro de instrucciones que acompaña al aparato de gas.

7.2 Control periódico de las instalaciones

Las instalaciones objeto de este reglamento estarán sometidas a un control periódico que vendrá definido en las ITCs correspondientes. Cuando el control periódico se realice sobre instalaciones receptoras (individuales o comunes) alimentadas desde redes de distribución (gas natural o GLP), este se denominará «inspección periódica». Asimismo, cuando el control periódico deba ser realizado obligatoriamente por un organismo de control, este se denominará «inspección periódica». En cualquier otro caso, se denominará «revisión periódica».

La ITC correspondiente, determinará:

- las instalaciones que deberán ser objeto de inspección periódica o revisión periódica, según el caso, y la persona o entidad competente para realizarlas;
- los criterios para la realización de las inspecciones o revisiones;
- los plazos para la realización de los controles periódicos.

En cualquier caso, el titular o usuario, según el caso, tendrá la facultad de elegir libremente la empresa encargada de realizar el control periódico y las adecuaciones que se deriven del proceso de dicho control.

De los resultados de los controles periódicos se emitirán los correspondientes certificados.

Las inspecciones periódicas de las instalaciones receptoras (individuales o comunes) alimentadas desde redes de distribución por canalización, de acuerdo con la Ley 34/1998, de 7 de octubre, del sector de hidrocarburos, deberán ser realizadas por una empresa instaladora de gas habilitada o por el distribuidor, utilizando medios propios o externos.

Es obligación del titular de la instalación, o en su defecto, del usuario, la realización de los controles periódicos, para lo que deberá solicitar los servicios de una de las entidades indicadas en la ITC correspondiente.

7.3 Control administrativo

De acuerdo con lo señalado en el artículo 14 de la Ley 21/1992, el órgano competente de la Comunidad Autónoma podrá comprobar en cualquier momento, por sí mismo o a través de un organismo de control, el cumplimiento de las disposiciones y requisitos de seguridad establecidos en este reglamento y sus ITCs, de oficio o a instancia de parte interesada, así como en casos de riesgo significativo para las personas, animales, bienes o medio ambiente.

Artículo 8. Habilitación para operar en instalaciones y aparatos de gas

8.1 Empresas instaladoras de gas

Cuando así lo exija la correspondiente instrucción técnica complementaria, las instalaciones se ejecutarán por empresas instaladoras de gas, habilitadas para el ejercicio de la actividad según lo establecido en la ITC-ICG 09, sin perjuicio de su posible proyecto y dirección de obra por técnicos titulados competentes.

8.2 Instaladores de gas

Los profesionales gasistas que realicen actividades como instaladores de gas, deberán cumplir los requisitos establecidos en el apartado 2 de la ITC-ICG 09 de este reglamento.

8.3 Agentes de puesta en marcha y adecuación de aparatos de gas

Los profesionales gasistas que realicen actividades de puesta en marcha y/o adecuación de aparatos de gas deberán cumplir con lo dispuesto en el punto 5.3 de la ITC-ICG 08.

Artículo 9. Cumplimiento de las prescripciones

Se considerará que las instalaciones realizadas de conformidad con las prescripciones del presente reglamento proporcionan las condiciones mínimas de seguridad que, de acuerdo con el estado de la técnica, son exigibles, a fin de preservar a las personas y los bienes, cuando se utilizan de acuerdo a su destino. Las prescripciones establecidas en este reglamento y sus ITCs tendrán la condición de mínimos obligatorios exigibles, en el sentido de lo indicado por el artículo 12.5 de la Ley 21/1992, de 16 de julio. Se considerarán cubiertos tales mínimos:

a. Por aplicación directa de dichas prescripciones;
b. Por aplicación de técnicas de seguridad equivalentes, siendo tales las que proporcionen, al menos, un nivel de seguridad equiparable al anterior, lo cual deberá ser justificado explícitamente por el diseñador de la instalación que se pretenda acoger a esta alternativa ante el órgano competente de la Comunidad Autónoma, para su aprobación por la misma, antes del inicio del procedimiento descrito en el artículo 5.

A efectos de determinación de responsabilidad, se entenderá que se ha cumplido el marco normativo exigible si se acredita que las instalaciones se han realizado de acuerdo con cualquiera de las alternativas anteriores.

Artículo 10. Excepciones

Cuando sea materialmente imposible cumplir determinadas prescripciones del presente reglamento, sin que sea factible tampoco acogerse a la letra b) del párrafo 3.º del artículo anterior, se deberá presentar, ante el órgano competente de la Comunidad Autónoma, y previamente al procedimiento contemplado en el artículo 5, una solicitud de excepción, firmada por técnico facultativo competente, exponiendo los motivos de la misma, así como las medidas que se propongan como compensación.

El citado órgano competente podrá desestimar la solicitud, o requerir la modificación de las medidas compensatorias, previo a conceder la autorización expresa de excepción.

Artículo 11. Equivalencia de normativa del Espacio Económico Europeo

Sin perjuicio de lo indicado en el artículo 4, se considerarán conformes con este reglamento los productos comercializados legalmente en otro Estado miembro de la Unión Europea, en Turquía, u originarios de un Estado de la Asociación Europea de Libre Comercio signatario del Acuerdo sobre el Espacio Económico Europeo y comercializados legalmente en él, siempre que garanticen un nivel equivalente al exigido en el presente reglamento en cuanto a su seguridad y al uso al que están destinados. La aplicación de la presente medida está sujeta al Reglamento (UE) n.º 2019/515 del Parlamento Europeo y del Consejo, de 19 de marzo de 2019, relativo al reconocimiento mutuo de mercancías comercializadas legalmente en otro Estado miembro y por el que se deroga el Reglamento (CE) n.º 764/2008.

Artículo 12. Normas

1. Las ITCs podrán prescribir el cumplimiento de normas (normas UNE u otras), de manera total o parcial, a fin de facilitar la adaptación al estado de la técnica en cada momento.

Dicha referencia se realizará sin indicar el año de edición de las normas en cuestión.

En la ITC-ICG 11 se recogerá el listado de todas las normas citadas en el texto de las Instrucciones, identificadas por sus títulos y numeración, la cual incluirá el año de edición.

2. Cuando una o varias normas sean objeto de revisión, deberán ser objeto de actualización en el listado de normas, mediante resolución del órgano directivo competente en materia de seguridad industrial

del Ministerio de Industria, Turismo y Comercio, en la que deberá hacerse constar la fecha a partir de la cual la utilización de la nueva edición de la norma será válida y la fecha a partir de la cual la utilización de la antigua edición de la norma dejará de serlo, a efectos reglamentarios. Para ello, el citado órgano directivo deberá examinar anualmente las normas que hayan sido publicadas durante el último año y modificar, si procede, la ITC-ICG 11. A falta de la resolución expresa anterior, se entenderá que cumple las condiciones reglamentarias la edición de la norma posterior a la que figure en el listado de normas, siempre que la misma no modifique criterios básicos y se limite a actualizar ensayos o incremente la seguridad intrínseca del material correspondiente.

Artículo 13. Infracciones y sanciones

En relación con las disposiciones del presente reglamento, se aplicará el régimen de infracciones y sanciones previsto en el Título V de la Ley 21/1992, de 16 de julio, y en el Título VI de la Ley 34/1998, de 7 de octubre.

Artículo 14. Accidentes

Cuando se produzca un accidente que ocasione daños importantes o víctimas, el suministrador deberá notificarlo lo más pronto posible y no en más de 24 horas al órgano competente de la Comunidad Autónoma, remitiendo posteriormente un informe del mismo en un plazo máximo de 7 días.

En los quince primeros días de cada trimestre, deberán remitir a los órganos correspondientes de las Comunidades Autónomas y al órgano directivo competente en materia de seguridad industrial del Ministerio de Industria, Turismo y Comercio, la información estadística que defina, a tal efecto, este último. Esta información estadística deberá incluir, al menos, los siguientes datos:

- Localidad y provincia.
- Fecha.
- Daños materiales.
- Daños personales.
- Clase (deflagración, explosión, intoxicación o incendio).
- Posible causa.

Resumen UNE 60670-2: 2023

Instalaciones receptoras de gas suministradas a una presión máxima de operación (MOP) inferior o igual a 5 bar

Parte 2: Terminología

Accesibilidad de grado 1. Se considera que un dispositivo de una instalación receptora de gas posee accesibilidad de grado 1 cuando puede ser manipulado sin necesidad de abrir cerraduras, y el acceso tiene lugar sin necesidad de disponer de escaleras convencionales o medios mecánicos especiales.

Accesibilidad de grado 2. Se considera que un dispositivo de una instalación receptora de gas posee accesibilidad de grado 2 cuando está protegido por un armario, un registro practicable o una puerta, provistos de cerradura con llave normalizada. Su manipulación debe poder efectuarse sin disponer de escaleras convencionales o medios mecánicos especiales.

Accesibilidad de grado 3. Se considera que un dispositivo de una instalación receptora de gas posee accesibilidad de grado 3 cuando para su manipulación se requieren escaleras convencionales o medios mecánicos especiales, o bien que para llegar hasta él es necesario pasar por una zona privada o que, aun siendo común, sea de uso privado.

Acometida. Parte de la canalización de gas comprendida entre la red de distribución y la llave de acometida, incluida esta. La acometida no se considera parte de la instalación receptora.

Acometida interior. Conjunto de conducciones y accesorios ubicados entre la llave de acometida, sin incluir esta, y la llave o llaves de edificio, incluyéndolas, en el caso de instalaciones receptoras suministradas desde redes de distribución.
En el caso de instalaciones individuales con contaje situado en el límite de la propiedad no existe acometida interior.

Analizador de atmósfera (véase Dispositivo de control de contaminación de la atmósfera).

Aparato a gas. Aparato que usa un combustible gaseoso que esté incluido en alguna de las familias mencionadas en la Norma UNE-EN 437.

Aparato a gas de circuito abierto. Aparato que toma el aire necesario para la combustión de la atmósfera del local en el que está instalado. Puede ser del tipo A o B.

Aparato a gas de tipo A. Aparato no destinado a conectarse a un conducto o a un dispositivo de evacuación de los productos de la combustión hacia el exterior del local donde está instalado el mismo, estando el aire comburente tomado directamente de este local.

Aparato de gas de tipo B. Aparato destinado a conectarse a un conducto de evacuación de los productos de la combustión hacia el exterior del local donde se encuentra instalado el aparato, estando el aire comburente tomado directamente de este local. Estos aparatos pueden ser de tiro natural o forzado.

Aparato de gas de tipo C. Aparato en el que el circuito de combustión –entrada de aire, cámara de combustión y evacuación de los productos de la combustión– no tiene comunicación alguna con la atmósfera del local en el que se encuentra instalado. Estos aparatos pueden ser de tiro natural o forzado.

Aparato móvil. Aparato diseñado para poder ser desplazado. Se considera como tal todo aquel aparato que no está fijo al local, estructura o cualquier otro mueble o elemento que esté fijado a la estructura del local, y que por tanto puede moverse, ya sea para su utilización o su reubicación.

Aparato popular. Aparato que solo puede conectarse a un envase móvil de GLP de carga unitaria inferior o igual a 3 kg.

Aparcamiento. Edificio, establecimiento o zona independiente o accesoria de otro uso principal, destinado a estacionamiento de vehículos y cuya superficie construida exceda de 100 m^2, incluyendo las dedicadas a revisiones tales como lavado, puesta a punto, montaje de accesorios, comprobación de neumáticos y faros, etc., que no necesiten la manipulación de productos o de útiles de trabajo que puedan presentar riesgo adicional y que se produce habitualmente en la reparación propiamente dicha.
Quedan excluidos de este uso los aparcamientos en espacios exteriores del entorno de los edificios, aunque sus plazas estén cubiertas.

Aparcamiento abierto. Aparcamiento que cumple con las siguientes condiciones:

a) Sus fachadas presentan en cada planta un área total permanentemente abierta al exterior no inferior a 1/20 de su superficie construida, de la cual al menos 1/40 está distribuida de manera uniforme entre las dos paredes opuestas que estén a menor distancia.

b) La distancia desde el borde superior de las aberturas hasta el techo no excede de 0,5 m.

Aparcamiento cerrado. Aparcamiento que no cumple las condiciones de un aparcamiento abierto.

Armario de contadores y/o regulación. Recinto ventilado con puertas cuya finalidad se limita a la de contener los contadores y/o reguladores de gas y su instalación, no pudiendo entrar personas en él. Debe tener las dimensiones suficientes para que se pueda instalar, mantener y sustituir los contadores y/o reguladores.

Armario-cocina. Recinto que se destina a usos de cocción y cuya anchura utilizable (lado menor) sea como máximo de 30 cm estando la puerta cerrada.

Atmósfera de gas explosiva. Mezcla de gas inflamable con el aire, en condiciones atmosféricas, en la que después de la ignición, la combustión se propaga a toda la mezcla que aún no ha sido consumida.

Cámara sanitaria. Espacio hueco no practicable que está situado entre el terreno y el forjado estructural del suelo del edificio.

Campana. Elemento generalmente situado sobre aparatos de cocción, que se usa para favorecer la salida de los vapores de cocción del local donde están instalados estos aparatos. Puede ser con o sin extracción mecánica.

Caudal de diseño. Caudal a considerar para el diseño de una instalación receptora, calculado a partir de los consumos caloríficos nominales de los aparatos a gas conectados a la misma. Se mide en metros cúbicos por hora (m^3/h) o kilogramos por hora (kg/h). Símbolo: q_s

Chimenea. Estructura que consiste en una pared o paredes que encierran uno o varios conductos de humos.

Collarín de evacuación. Parte del aparato de tipo B que se destina a la conexión al conducto de evacuación de los productos de combustión.

Condiciones de referencia. Las condiciones de referencia son, para el gas y el aire, gas seco, a la temperatura de 288,15 K (15 ºC) y a la presión absoluta de 1.013,25 mbar (760 mm Hg).

Condiciones normales. Las condiciones normales son, para el gas y el aire, gas seco, a la temperatura de 273,15 K (0 ºC) y a la presión absoluta de 1.013,25 mbar (760 mm Hg).

Conducto de evacuación de los productos de la combustión. Conducto continuo y estanco cuya finalidad es conducir los productos de la combustión de los aparatos de gas de tipo B o C hasta la chimenea o hasta el terminal (deflector).

Conducto de tuberías. Canal cerrado de obra o metálico que puede contener varias tuberías de gas.

Conducto técnico. Conducto continuo construido en general en las proximidades de los rellanos de un edificio, de forma y dimensiones adecuadas para contener en cada planta el o los contadores/reguladores que dan servicio exclusivamente de gas a las viviendas.

Conductos de entrada de aire y de evacuación de los productos de combustión. En los aparatos de tipo C son los elementos destinados a conducir el aire comburente hasta el quemador y los productos de la combustión hasta el terminal o hasta la pieza de acoplamiento. Se distinguen:

- *Conductos concéntricos o completamente rodeados*: el conducto de evacuación de los productos de combustión está totalmente rodeado por el aire comburente en todo su recorrido.
- *Conductos independientes o separados*: el conducto de evacuación de los productos de combustión y el conducto de entrada de aire comburente no son concéntricos, ni están completamente rodeados.

Los conductos de entrada de aire y de evacuación de los productos de combustión y el terminal, incluyendo cualquier pieza de acoplamiento que se utilice para conectar un aparato a gas conducido a una chimenea o a un sistema de conducto, forman parte del aparato, salvo que se indique lo contrario.

Conexión de aparato. Conjunto de conducciones y accesorios comprendidos entre la llave de conexión de aparato, excluyendo esta, y el propio aparato, excluyendo este. Puede ser flexible o rígida.

En instalaciones suministradas desde un único envase de GLP de contenido inferior a 15 kg, acoplado directamente a un único aparato de utilización móvil, la conexión de aparato está formada por el regulador acoplado al envase, incluido este, y la tubería flexible conectada al propio aparato.

Conjunto de regulación con o sin medida. Conjunto formado por el regulador de presión y los elementos y accesorios que acompañan al mismo, tales como: el filtro, las llaves de corte, las tomas de presión, la tubería de conexión, las válvulas de seguridad, etc. y los elementos necesarios para poder contabilizar el consumo de gas, en su caso.

Cuando este conjunto va alojado en el interior de un armario, este se denomina armario de regulación.

En caso de instalaciones suministradas desde envases de GLP móviles de carga unitaria inferior a 15 kg, el conjunto de regulación está constituido por los propios reguladores acoplados a los envases.

Consumo calorífico. Cantidad de energía consumida por un aparato a gas en una unidad de tiempo, referida al poder calorífico del gas, en las condiciones de referencia.

Se calcula como el producto del consumo volumétrico o másico por el poder calorífico del gas, expresado en el mismo sistema de unidades. Se expresa en kW. Símbolo: Q

Consumo calorífico nominal. Valor del consumo calorífico indicado por el fabricante del aparato. Normalmente referido al poder calorífico inferior (H_i). Se expresa en kilovatios (kW). Símbolo: Q_n

Consumo másico. Masa de gas consumida por el aparato en funcionamiento continuo en una unidad de tiempo. Se expresa en kilogramos por hora (kg/h) o en gramos por hora (g/h). Símbolo: q_m

Consumo volumétrico. Volumen de gas consumido por un aparato durante su funcionamiento continuo en una unidad de tiempo. Se expresa en metros cúbicos por hora (m^3/h). Símbolo: q_v

Cortatiro. Parte de un aparato a gas tipo B que está situada en el circuito de los productos de la combustión y que está destinada a disminuir la influencia del tiro y a prevenir la del retroceso sobre la estabilidad de las llamas del quemador y sobre la combustión.

Corte automático de gas. Sistema normalmente cerrado (sin corriente eléctrica corta el paso de gas) que permite el corte del suministro de gas al recibir una señal determinada procedente de un detector de gas, de una central de alarmas o de cualquier otro dispositivo previsto como elemento de seguridad en la instalación receptora, siendo la reapertura del suministro solamente posible mediante un rearme manual.

Deflector (véase Tiro).

Detector de gas. Aparato que detecta la presencia de gas en el aire y que, a una concentración determinada, emite una señal de aviso e incluso puede poner en funcionamiento un sistema de corte automático de gas.

Detector de llama. Parte del dispositivo de control de llama sobre el que actúa directamente la llama vigilada y que transforma el efecto de la llama en una señal transmitida, ya sea directa o indirectamente, a un elemento obturador.

Dispositivo de ayuda a la evacuación de los productos de la combustión. Dispositivo ubicado después del cortatiro, destinado a forzar mediante un ventilador de extracción la evacuación de los productos de la combustión.

Dispositivo de control de contaminación de la atmósfera (AS). Dispositivo diseñado para interrumpir la alimentación de gas al quemador cuando el índice de dióxido de carbono en la atmósfera sobrepasa un nivel establecido. Un dispositivo de este tipo incorpora normalmente un piloto de control de atmósfera y un dispositivo de control de llama adecuado.

Dispositivo de control de la evacuación de los productos de la combustión. Dispositivo incorporado en los aparatos del tipo B_{BS} que origina, al menos, una parada del quemador principal por un mal funcionamiento, cuando se produce un desbordamiento inaceptable de los productos de combustión al nivel del cortatiro antirretorno.

Dispositivo de control de llama. Dispositivo que mantiene abierta la alimentación del gas, y que la interrumpe en caso de desaparecer la llama vigilada, en función de una señal de un elemento detector de llama.

Emplazamiento no peligroso. Espacio en el que no se prevé la presencia de una atmósfera de gas explosiva en una cantidad tal como para necesitar precauciones especiales en la construcción, instalación y uso de aparatos.

Emplazamiento peligroso. Espacio en el que una atmósfera de gas explosiva está o puede estar presumiblemente presente en una cuantía tal, como para requerir precauciones especiales en la construcción, instalación y utilización de aparatos.

Envase de GLP. Depósito móvil de GLP destinado a usos domésticos, colectivos, comerciales o industriales, que una vez agotada su carga debe ser trasladado a una planta específica para su llenado y posterior reutilización.

Estación de Regulación y Medida (ERM). Conjunto cuya misión es regular y mantener la presión del gas de suministro aguas abajo, así como contabilizar el consumo de gas.

Fachada ventilada. Fachada de un edificio que, sobre el cerramiento principal, tiene una estructura o capa abierta al espacio exterior, o con juntas abiertas, que permite la ventilación entre esta y el cerramiento principal, espacio por donde discurre la tubería de gas. Los sistemas de unión entre el cerramiento principal y la estructura o capa abierta al espacio exterior deben ser mediante enganches metálicos, no debiendo necesitar ningún material de agarre o rejuntado.

En caso de que la tubería discurra en todo su recorrido por detrás de la fachada ventilada, esta debe ser desmontable o permitir el acceso a la tubería para efectuar labores de mantenimiento, inspección o modificación.

También se considera como fachada ventilada aquella en la que el tubo de gas esté situado en un canal que discurra por la fachada del edificio y protegido por una rejilla o celosía. Si este canal estuviera protegido por un cerramiento continuo, se considera como un conducto en muro exterior, debiendo estar ventilado por sus extremos.

Garaje. Local que puede ser destinado al estacionamiento simultáneo de vehículos y cuya superficie construida sea inferior o igual a 100 m².

Gases de la primera familia. Gases manufacturados (fabricados a partir de cracking de naftas o reforming de gas natural), el aire metanado (mezcla de aire-gas natural) y el aire propanado (mezcla aire-propano) con un índice de Wobbe superior comprendido entre 22,4 MJ/m³ y 24,8 MJ/m³, en condiciones de referencia.

Gases de la segunda familia. Son el gas natural y el aire propanado con un índice de Wobbe superior comprendido entre 39,1 MJ/m³ y 54,7 MJ/m³, en condiciones de referencia.

Gases de la tercera familia. Son los gases licuados del petróleo (GLP) con un índice de Wobbe superior comprendido entre 72,9 MJ/m³ y 87,3 MJ/m³, en condiciones de referencia.

Índice de Wobbe. Relación entre el poder calorífico del gas por unidad de volumen y la raíz cuadrada de su densidad relativa, en las mismas condiciones de referencia. El índice de Wobbe se denomina superior o inferior según que el poder calorífico considerado sea el superior o el inferior.

Índice de Wobbe superior: W_s

Índice de Wobbe inferior: W_i

Unidades:

MJ/m³ (ref.), megajulios por metro cúbico de gas seco tomado en las condiciones de referencia.

MJ/kg, megajulios por kilogramo de gas seco.

Instalación común. Conjunto de conducciones y accesorios comprendidos entre la llave del edificio, o la llave de acometida si aquella no existe, excluidas estas, y las llaves de usuario, incluidas estas.

Instalación de suministro y almacenamiento de GLP. Conjunto de conducciones, elementos y equipos destinado al suministro y almacenamiento de GLP, pudiendo estar constituido por depósitos fijos o recipientes móviles. Aunque no sea precisa la instalación de todos ellos, puede constar de los siguientes elementos: boca de carga, depósitos fijos o recipientes móviles, equipos de trasvase, de vaporización, de regulación y de medida, y válvula de salida en fase gaseosa.

Instalación individual. Conjunto de conducciones y accesorios comprendidos, según el caso, entre la llave de usuario, cuando existe instalación común, o la llave de acometida o de edificio, cuando se suministra a un solo usuario. Ambas excluidas e incluyendo las llaves de conexión de los aparatos.

En instalaciones suministradas desde envases de GLP de carga unitaria inferior a 15 kg, es el conjunto de conducciones y accesorios comprendidos entre el regulador o reguladores acoplados a los envases, incluidos estos, y las llaves de conexión de aparato, incluidas estas.

No tiene la consideración de instalación individual el conjunto formado por un envase de GLP de carga unitaria inferior a 15 kg y un aparato también móvil.

Instalación receptora de gas. Conjunto de conducciones y accesorios comprendidos entre la llave de acometida, excluida esta, y las llaves de conexión de aparato, incluidas estas, quedando excluidos los tramos de conexión de los aparatos y los propios aparatos. Puede suministrar a varios edificios siempre que estén ubicados en terrenos de una misma propiedad.

Intemperie. A cielo descubierto, sin techo ni otro reparo alguno.

Límite inferior de explosividad (LIE). Concentración de combustible gaseoso expresada en tanto por ciento de volumen de gas en aire a partir del cual la mezcla aire-gas es explosiva.

Límite superior de explosividad (LSE). Concentración de combustible gaseoso expresada en tanto por ciento de volumen de gas en aire a partir del cual la mezcla aire-gas deja de ser explosiva.

Local de aseo. Recinto destinado solo a la higiene personal.

Local de ducha o baño. Recinto destinado a la higiene personal, en el cual existe al menos una bañera o un plato de ducha.

Local destinado a usos colectivos, comerciales o industriales. Local no destinado a usos domésticos.

Local destinado a usos domésticos. Aquel destinado a vivienda de personas.

Local o edificio industrial. Construcción techada y delimitada por paredes, de acceso autorizado, en la cual se albergan los procesos de producción industriales que se llevan a cabo, el almacenamiento de los bienes industriales y el personal que trabaja en la actividad correspondiente.

Local técnico. Local o recinto destinado exclusivamente al emplazamiento centralizado de contadores y/o reguladores de gas y sus accesorios cuya lectura y mantenimiento se realizan desde el interior del mismo.

Loft. Local que se destina a un uso doméstico o residencial, caracterizado por la ausencia de paredes o divisiones entre sus espacios.

Llave de acometida. Dispositivo de corte accesible desde el exterior de la propiedad e identificable, que puede interrumpir el paso de gas a la instalación receptora.
En las instalaciones que dispongan de armario de regulación situado en el límite de propiedad o en la fachada del edificio, con el acuerdo previo de la empresa distribuidora, puede hacer las funciones de llave de acometida el dispositivo de corte que antecede al conjunto de regulación que contiene el citado armario, accionable desde el exterior y que puede interrumpir el paso de gas al citado conjunto de regulación.
En las instalaciones individuales suministradas desde depósitos de GLP fijos o envases, la función de llave de acometida la desempeña la llave de salida en fase gaseosa desde la instalación de almacenamiento o batería de botellas, o bien la llave de salida incorporada al regulador acoplado a las propias botellas, según el caso.
En instalaciones individuales con depósitos de almacenamiento de gases de producción propia o de subproductos de otras producciones, la función de llave de acometida la desempeña la válvula o llave de salida de la instalación de almacenamiento.

Llave de conexión de aparato. Dispositivo de corte que, formando parte de la instalación individual, está situado lo más próximo posible a la conexión con cada aparato a gas y que puede interrumpir el paso del gas al mismo.

La llave de conexión de aparato no se debe confundir con la llave o válvula de mando de corte que lleva incorporado el propio aparato.

Llave de contador. Llave que está colocada inmediatamente a la entrada del contador o del regulador de usuario cuando este se acople directamente al contador.

Llave de edificio. Dispositivo de corte más próximo al edificio o situado en el muro de cerramiento del edificio, accionable desde el exterior mismo, que puede interrumpir el paso del gas a la instalación que suministra.

En las instalaciones que dispongan de estación de regulación y/o medida, las funciones de llave de edificio las podrá desempeñar el dispositivo de corte situado lo más próximo posible a la entrada de dicha estación, accionable desde el exterior del recinto que delimita la estación, y que puede interrumpir el paso del gas a la citada estación de regulación y/o medida.

Llave de montante colectivo. Llave que permite cortar el paso del gas al tramo de instalación común que suministra gas a varios usuarios situados en un mismo sector o ala de un edificio.

Llave de regulador. Aquella que, situada muy próxima a la entrada del regulador, permite el cierre del paso de gas al mismo.

En el caso de instalaciones suministradas desde envases de GLP de carga unitaria inferior a 15 kg, es la llave incorporada al propio regulador acoplado a cada envase.

Llave de usuario. Llave de usuario, o llave de inicio de la instalación individual del usuario, es el dispositivo de corte que, perteneciendo a la instalación común, establece el límite entre esta y la instalación individual y que puede interrumpir el paso de gas a una sola instalación individual.

En instalaciones individuales suministradas desde depósitos fijos o envases de GLP, la llave de usuario coincide con la llave de acometida.

Llave de vivienda o de local privado. Llave con la cual el usuario desde el interior de su vivienda o local puede cortar el paso del gas al resto de su instalación.

En el caso de instalaciones suministradas desde envases de GLP de carga unitaria inferior a 15 kg situados en el interior del local, es la llave incorporada al propio regulador o reguladores acoplados a cada envase.

Mantenimiento. Conjunto de actuaciones destinadas a garantizar el estado y el funcionamiento correcto de las instalaciones y los aparatos de gas.

Metro cúbico normal ($m^3(n)$). Cantidad de gas seco contenida en un metro cúbico a la temperatura de 273,15 K (0 ºC) y una presión absoluta de 1,01325 bar (760 mm Hg), es decir, en condiciones normales.

Metro cúbico estándar ($m^3(s)$). Cantidad de gas seco contenida en un metro cúbico a la temperatura de 288,15 K (15 ºC) y una presión absoluta de 1,01325 bar (760 mm Hg), es decir, en condiciones normales.

Pasamuros. Vaina o conducto destinado a alojar la tubería o tuberías de gas para darle protección cuando deba atravesar un muro o pared.

Patio de ventilación. Espacio situado dentro del volumen del edificio, y en comunicación directa con el exterior en su parte superior, que es susceptible de ser utilizado para realizar la ventilación (entrada y/o salida de aire y/o evacuación de los productos de la combustión) de los locales que den al citado espacio y en los cuales estén ubicados aparatos a gas.

Patio inglés. Espacio abierto entre el muro del edificio y un muro de contención del terreno que evita el contacto entre ambos y permite el acceso de luz y aire al sótano.

Piloto de control de llama. Quemador de encendido que se destina también a activar un detector de llama.

Piloto de encendido. Pequeño quemador destinado a asegurar el encendido de un quemador principal por medio de una llama permanente.

Poder calorífico. Cantidad de calor producido por la combustión completa de una unidad de volumen o de masa del gas, a una presión constante e igual a 1.013,25 mbar, tomando los componentes de la mezcla de combustible en las condiciones de referencia y llevando los productos de la combustión a las mismas condiciones. Se distinguen dos tipos de poder calorífico:

- Poder calorífico superior, el agua producida por la combustión está supuestamente condensada, H_s
- Poder calorífico inferior, el agua producida por la combustión permanece en estado de vapor, H_i

Unidades:

    Megajulios por metro cúbico de gas seco tomado en la condiciones de referencia (MJ/m^3 (ref)).

    Megajulios por kilogramo de gas seco (MJ/kg).

Potencia útil. Cantidad de energía térmica transmitida al fluido portador de calor por unidad de tiempo. Su unidad es kW. Símbolo: P

Potencia útil nominal. Valor máximo de la potencia útil indicada por el fabricante de un aparato. Su unidad es kW. Símbolo: P_n

Presión de diseño (DP)[2]. Máxima presión efectiva a la que técnicamente puede funcionar un aparato una instalación, utilizada para la determinación de las características de resistencia mecánica de las conducciones, equipos y accesorios. Símbolo: DP.

Presión de garantía. Presión mínima que, contractualmente, se debe disponer en el inicio de la instalación receptora, es decir, a la salida de la llave de acometida. Esta presión es la que se toma como punto de partida para el cálculo del tramo inicial de una instalación receptora.

Presión de operación. Presión a la cual trabaja una instalación en un momento determinado. Símbolo: OP.

Presión de prueba conjunta de resistencia y estanquidad (CTP). Presión a la que es sometida una instalación durante la prueba conjunta de resistencia y estanquidad.

Presión de prueba de estanquidad. Presión a la que es sometida una instalación durante la prueba de estanquidad.

Presión de prueba de resistencia (STP). Presión a la que es sometida una instalación durante la prueba de resistencia mecánica.

---

(2) Todas las presiones mencionadas en esta norma son presiones relativas.

Presión de tarado. Presión predeterminada a la que se ajustan cada una de las funciones de un dispositivo de regulación o de seguridad.

Presión máxima de operación (MOP). Máxima presión a la que la instalación se puede ver sometida de forma continuada en condiciones normales de operación.

Presión máxima en caso de incidente (MIP). Presión máxima a la que se prevee se puede ver sometida una instalación durante un breve instante de tiempo, limitada por los sistemas de seguridad.

Presión temporal de operación (TOP). Presión máxima a la que puede operar temporalmente una instalación, bajo control de los elementos de regulación.

Producto certificado. Producto debidamente identificado cuya confianza en la conformidad con una norma, documento normativo o especificación técnica ha sido obtenida y declarada por una entidad certificadora que actúa por tercera parte.

Productos de la combustión. Conjunto de gases y de vapor de agua originados por la combustión del gas. Su composición es variable en función del tipo de gas y de las características de la combustión.

Puerta o registro estanco. Puerta o registro que siendo ciego se ajusta a su marco en todo su perímetro mediante una junta de estanquidad.

Quemador de encendido. Quemador de pequeño consumo cuya llama está destinada a encender un quemador principal.

Regulador de presión. Dispositivo que permite reducir la presión aguas abajo del punto donde está instalado, manteniéndola dentro de unos límites establecidos para un rango de caudal determinado.

Revoco. Efecto inducido por un defecto de tiro, mediante el cual parte de los productos de la combustión invaden el local donde se encuentra ubicado el aparato a gas, a través del cortatiro. Este efecto puede ser puntual o continuado.

Sala de máquinas. Local técnico donde se alojan los equipos de frío o calor y otros equipos auxiliares y accesorios de la instalación, con potencia útil nominal conjunta superior a 70 kW. Los locales anexos a las sala de máquinas que comuniquen con el resto del edificio o con el exterior a través de la misma sala se consideran parte de la misma.

No tienen consideración de sala de máquinas ni los locales en los que se sitúen equipos del tipo indicado con una potencia útil nominal conjunta inferior o igual que 70 kW ni los equipos autónomos de cualquier potencia. Tampoco tendrán la consideración de sala de máquinas los locales con calefacción mediante generadores de aire caliente o aparatos suspendidos de calefacción por radiación o aquellos locales que alberguen aparatos destinados a la cocción de alimentos, aparatos de iluminación, aparatos de lavado, secado o planchado o aparatos destinados a procesos industriales.

Semisótano. Primera planta del edificio cuyo suelo se encuentra, en todo su contorno, por debajo del suelo exterior del edificio o del de un patio de ventilación contiguo en más de 60 cm.

Shunt. Conducto de evacuación vertical especialmente diseñado para la evacuación de los productos de la combustión de los aparatos de gas tipo B conectados al mismo, o para la evacuación del aire interior de un local. La salida de cada planta no va unida directamente al conducto general principal sino a un conducto auxiliar que desemboca en aquel después de un recorrido vertical de una planta.

El conducto general es del tipo vertical ascendente, terminando por encima del nivel superior del edificio.

Shunt invertido. Conducto general especialmente diseñado para proporcionar la entrada de aire necesaria a los locales de cada planta por la que discurre.

El conducto general es del tipo vertical ascendente y toma el aire de la atmósfera libre en su base.

La entrada de aire a cada planta se efectúa a través de un conducto auxiliar de recorrido vertical que se inicia en la planta inferior, lugar donde se bifurca del conducto principal.

Soldadura blanda. Soldadura en la que la temperatura de fusión del material de aportación es inferior a 450 ºC, e igual o superior a 220 ºC.

Soldadura fuerte. Soldadura en la que la temperatura de fusión del material de aportación es superior o igual a 450 ºC.

Tallo. Elemento de transición o conexión que facilita el tránsito de la parte enterrada a la parte aérea de la instalación receptora, o viceversa.

Terminal (deflector). Dispositivo situado en el exterior del edificio que se conecta:

- En los aparatos del tipo B, al conducto de evacuación de los productos de combustión.
- En los aparatos de tipo C, a los conductos de entrada de aire comburente y/o de evacuación de los productos de combustión.

Este dispositivo está destinado a mantener la calidad de la combustión en caso de viento.

Tiro. Depresión que se genera entre los extremos de un conducto de evacuación o chimenea y que hace que los productos de la combustión puedan circular a su través hacia el exterior.

Vaina. Conducto de material adecuado a su función que solo puede contener una tubería de gas.

Válvula automática de corte. Válvula diseñada para abrirse cuando recibe energía y cerrarse automáticamente en ausencia de la misma, cuyo rearme debe ser manual.

Válvula de seguridad por sobrepresión (válvula de alivio de seguridad, VAS). Dispositivo que conecta la instalación receptora de gas con el exterior y que permite reducir la presión de la instalación por evacuación directa de una pequeña cantidad de gas al exterior cuando esta presión supera un valor predeterminado.

Válvula de seguridad por máxima presión ($VIS_{máx}$). Dispositivo que tiene por objeto interrumpir el suministro de gas aguas abajo del punto donde se halla instalado cuando la presión del gas excede de un valor predeterminado.

Válvula de seguridad por mínima presión ($VIS_{mín}$). Dispositivo que tiene por objeto interrumpir el suministro de gas aguas abajo del punto donde se encuentra instalado cuando la presión del gas a la salida desciende de un valor predeterminado. Este dispositivo puede estar integrado en otro elemento de la instalación.

Ventilación cruzada. Aquella que se obtiene mediante dos aberturas al exterior en paredes opuestas o adyacentes de un mismo local o estancia, facilitando así la renovación de aire de forma natural

Zonas comunitarias. Son aquellas que no están destinadas para una utilización con cierta permanencia, siendo por lo general lugares de paso de personas tales como vestíbulos, escaleras, rellanos, etc.

Índice de Wobbe

Es la relación entre el poder calorífico del gas por unidad de volumen y la raíz cuadrada de su densidad, en las mismas condiciones referenciadas.

El índice de Wobbe se denomina superior (W_s) o inferior (W_i) según si el poder calorífico considerado sea superior e inferior.

Unidades

- Megajulio por metro cúbico de gas seco tomado en las condiciones de referencia (MJ/m^3).
- Megajulio por kilogramo de gas seco (MJ/kg).

Densidad (d)

Relación entre las masas de volúmenes iguales de gas y aire secos tomadas en las mismas condiciones de temperatura y presión, 15 ºC (0 ºC) y 1.013,25 mbar.

Condiciones de referencia

Se fijan en 15 ºC y 1.013,25 mbar.

Poder calorífico

Cantidad de calor producido por la combustión completa a presión constante de 1.013,25 mbar, de la unidad de volumen o de masa de gas, estando tomados los componentes de la mezcla combustible en las condiciones de referencia y siendo conducido los PdC (productos de la combustión) en las mismas condiciones.

Existen dos tipos de poder calorífico:

H_s: poder calorífico superior donde el agua producida por la combustión, se supone que está condensada.

H_i: poder calorífico inferior donde el agua producida por la combustión permanece supuestamente en estado de vapor.

Clasificación de los gases

Se clasifican en tres familias divididas en grupos según el índice de Wobbe, conforme la tabla siguiente:

Familia y grupo de gas	Índice de Wobbe superior a 15 ºC y 1.013,25 mbar MJ/m^3	
	Mínimo	Máximo
Primera familia • Grupo a	22,4	24,8
Segunda familia • Grupo H • Grupo L • Grupo E	39,1 45,7 39,1 40,9	54,7 54,7 44,8 54,7

Familia y grupo de gas	Índice de Wobbe superior a 15 °C y 1.013,25 mbar MJ/m³	
	Mínimo	Máximo
Tercera familia	72,9	87,3
• Grupo B/P	72,9	87,3
• Grupo P	72,9	76,8
• Grupo B	81,8	87,3

Tabla 1 Clasificación de los gases

Familia y grupos de gas	Gases de ensayo	Denominación	Composición en volumen % [c]	W_i MJ/m³	H_i MJ/m³	W_s MJ/m³	H_s MJ/m³	d
Gases de primera familia [b]								
Grupo a	Gas de referencia Gas límite de combustión incompleta, de desprendimiento de llama y depósito de hollín	G 110	$CH_4 = 26$ $H_2 = 50$ $N_2 = 24$	21,76	13,95	24,75	15,87	0,411
	Gas límite de retroceso de llama	G112	$CH_4 = 17$ $H_2 = 59$ $N_2 = 24$	19,48	11,81	22,36	13,56	0,367
Gases de la segunda familia [b]								
Grupo H	Gas de referencia	G 20	$CH_4 = 100$	45,67	34,02	50,72	37,78	0,555
	Gas límite de combustión incompleta y de depósito de hollín	G 21	$CH_4 = 87$ $C_3H_8 = 13$	49,60	41,01	54,76	45,28	0,684
	Gas límite de retroceso de llama	G 222	$CH_4 = 77$ $H_2 = 23$	42,87	28,53	47,87	31,86	0,443
	Gas límite de desprendimiento de llama	G 23	$CH_4 = 92,5$ $N_2 = 7,5$	41,11	31,46	45,66	34,95	0,586
	Gas límite de sobrecalentamiento [d]	G24	$CH_4 = 68$ $C_3H_8 = 12$ $H_2 = 20$	47,01	35,70	52,09	39,55	0,577
Grupo L	Gas de referencia y gas límite de retroceso de llama	G 25	$CH_4 = 86$ $N_2 = 14$	37,38	29,25	41,52	32,49	0,612
	Gas límite de combustión incompleta y depósito de hollín	G 26	$CH_4 = 80$ $C_3H_8 = 7$ $N_2 = 13$	40,52	33,36	44,83	36,91	0,678
	Gas límite de desprendimiento de llama	G 27	$CH_4 = 82$ $N_2 = 18$	35,17	27,89	39,06	30,98	0,629

Familia y grupos de gas	Gases de ensayo	Denominación	Composición en volumen % [c]	W_i MJ/m³	H_i MJ/m³	W_s MJ/m³	H_s MJ/m³	d
Grupo E	Gas de referencia	G 20	$CH_4 = 100$	45,67	34,02	50,72	37,78	0,555
	Gas límite de combustión incompleta y de depósito de hollín	G 21	$CH_4 = 87$ $C_3H_8 = 13$	49,60	41,01	54,69	45,28	0,684
	Gas límite de retroceso de llama	G 222	$CH_4 = 77$ $H_2 = 23$	42,87	28,53	47,87	31,86	0,443
	Gas límite de desprendimiento de llama	G 231	$CH_4 = 85$ $N_2 = 15$	36,82	28,91	40,90	32.11	0,617
	Gas límite de sobrecalentamiento [d]	G 24	$CH_4 = 68$ $C_3H_8 = 12$ $H_2 = 20$	47,01	35,70	52,09	39,55	0,577

a Para los gases distribuidos nacional o localmente, véase el capítulo B.5.

b Para los otros grupos véase el capítulo B.5.

c Véase también el anexo A

d Gas límite utilizado únicamente para determinados tipos de aparatos, especificado en las normas del aparato individuales.

Tabla 2 Características de los gases de ensayo [a] de la primera y de la segunda familia, gas seco a 15 ºC y 1.013,25 mbar

Familia y grupos de gas	Gases de ensayo	Denominación	Composición en volumen % [d]	W_i MJ/m³	H_i MJ/m³	H_i MJ/kg	W_s MJ/m³	H_s MJ/m³	H_s MJ/kg	d
Gases de la tercera familia [b]										
Tercera familia y Grupos B/P	Gas de referencia Gas límite de combustión incompleta y de depósito de hollín	G 30	$n\text{-}C_4H_{10} = 50$ $i\text{-}C_4H_{10} = 50$	80,58	116,09	45,65	87,33	125,81	49,47	2,075
	Gas límite de desprendimiento de llama	G 31	$C_3H_8 = 100$	70,69	88,00	46,34	76,84	95,65	50,37	1,550
yB	Gas límite de retroceso de llama	G 32	$C_3H_6 = 100$	68,14	82,78	45,77	72,86	88,52	48,94	1,476

Familia y grupos de gas	Gases de ensayo	Denominación	Composición en volumen % [d]	W_i MJ/m³	H_i		W_s MJ/m³	H_s		d
					MJ/m³	MJ/kg		MJ/m³	MJ/kg	
Grupo P	Gas de referencia, gas límite de combustión incompleta, de desprendimiento de llama y gas de depósito de hollín	G 31	$C_3H_8 = 100$	70,69	88,00	46,34	76,84	95,65	50,37	1,550
	Gas límite de retroceso de llama y depósito de hollín	G 32	$C_3H_6 = 100$	68,14	82,78	45,77	72,86	88,52	48,94	1,476

[a] Para los gases distribuidos nacional o localmente, véase el capítulo B.5.

[b] Para los otros grupos véase el capítulo B.5.

[c] Las normas de aparatos pueden establecer un único gas límite de depósito de hollín.

[d] Véase también el anexo A.

Tabla 3 Características de los gases de ensayo de la tercera familia, gas seco a 15 ºC y 1.013,25 mbar

Marcado

El marcado en una categoría de aparato se presenta:

- en números romanos el número de familias de gas utilizables (categoría I, II, III),
- en números árabes y en subíndice el número de la familia de gas considerado: 1 para la 1.ª familia, 2 para la 2.ª familia y 3 para la 3.ª familia.

El subíndice de número romano indica todas las familias con todos los grupos de gas que pueda utilizar el aparato, con o sin reglaje y/o adaptación a cada grupo.

En los casos en que los aparatos puedan utilizar gases pertenecientes a los grupos E o B/P que engloban total o parcialmente grupos más restrictivos, cuya amplitud se expresa por el índice de Wobbe, la presión de alimentación se fija siguiendo el principio de par presión. Esta condición se indica por el símbolo «+» a continuación de la letra E o el número 3 para el grupo B/P.

Clasificación de los aparatos

Se clasifican en categorías según el tipo de gas y las presiones de diseño.

Categoría I

Categoría I_{1a}: esta categoría no se utiliza.

Aparatos diseñados para la utilización únicamente de los gases de la 2.ª familia:

Categoría	
I_{2H}	Gases del grupo H de la 2.ª familia a la presión de alimentación fijada
I_{2L}	Gases del grupo L de la 2.ª familia a la presión de alimentación fijada
I_{2E}	Gases del grupo E de la 2.ª familia a la presión de alimentación fijada
I_{2E+}	Gases del grupo E de la 2.ª familia y que funcionan sin intervención en el aparato con un par de presión, si existe el dispositivo de regulación del aparato inoperacional
I_{2N}	Utilizan solo gases de la 2.ª familia a la presión de alimentación fijada y que se adaptan automáticamente a todos los gases de la 2.ª familia
I_{2R}	Aparatos con dispositivos de regulación de presión que se pueden regular manualmente para utilizar uno de los diferentes grupos de gas: H, E, L, LL

Aparatos diseñados para la utilización únicamente de gases de la 3.ª familia:

Categoría	
$I_{3B/P}$	Aparatos susceptibles de utilizar gases de la 3.ª familia (butano, propano) o la presión de alimentación fijada
I_{3+}	Utilizan gases de la tercera familia (butano, propano) y funcionan sin intervención en el aparato con un par de presión. En algunos tipos de aparatos especificados en normas particulares, puede autorizarse el reglaje del aire primario para el paso del butano o propano e inversamente, no se admite ningún dispositivo de regulación de la presión de gas en el aparato
I_{3P}	Utilizan únicamente los gases del grupo P de la 3.ª familia (propano) a la presión de alimentación fijada
I_{3B}	Utilizan únicamente los gases del grupo B de la 3.ª familia (butano) a la presión de alimentación fijada
I_{3R}	Aparatos con regulador de presión que utilizan gases de la 3.ª familia que pueden regularse manualmente para poder utilizar los diferentes gases de la 3.ª familia en las condiciones locales de distribución

Categoría II

Los aparatos de esta categoría están diseñados para la utilización de gases de dos familias.

Aparatos diseñados para la utilización de gases de la 1.ª y 2.ª familia

Categoría II_{1a2H}: puede utilizar los gases del grupo de la 1.ª familia y los gases del grupo H de la 2.ª familia. Las condiciones para la 1.ª familia serán las mismas que en I_{1a}, para la 2.ª familia serán las mismas que en I_{2H}.

Aparatos diseñados para la utilización de gases de la 2.ª y 3.ª familia:

Categoría	
$II_{2H3B/P}$	Utilizan los gases del grupo H de la 2.ª familia, en las mismas condiciones que en I_{2H}, y para la 3.ª familia las mismas condiciones que en $I_{3B/P}$

Categoría	
II_{2H3+}	Utilizan gases del grupo H 2.ª familia, en las mismas condiciones que en I_{2H}. Para la 3.ª familia en las mismas condiciones que en I_{3+}
II_{2H3P}	Utilizan gases del grupo H 2.ª familia, en las mismas condiciones que en I_{2H}. Para la 3.ª familia en las mismas condiciones que en I_{3P}
$II_{2L3B/P}$	Utilizan gases del grupo L 2.ª familia, en las mismas condiciones que en I_{2L}. Para la 3.ª familia las mismas condiciones que en $I_{3B/P}$
II_{2L3P}	Utilizan gases del grupo L 2.ª familia, en las mismas condiciones que en I_{2L}. Para la 3.ª familia gases del grupo P y en las mismas condiciones que en I3P
$II_{2E3B/P}$	Utilizan gases del grupo E 2.ª familia, en las mismas condiciones que en I_{2E}. Para la 3.ª familia en las mismas condiciones que en $I_{3B/P}$
$II_{2E+3B/P}$	Utilizan gases del grupo E 2.ª familia, en las mismas condiciones que en I_{2E+}. Para los de la 3.ª familia en las mismas condiciones que en $I_{3B/P}$
II_{2E+3+}	Utilizan gases del grupo E, 2.ª familia en las mismas condiciones que en I_{2E+}. Para la 3.ª familia en las mismas condiciones que en I_{3+}
II_{2E+3P}	Utilizan gases del grupo E, 2.ª familia en las mismas condiciones que en I_{2E+}. Para la 3.ª familia gases del grupo P, en las mismas condiciones que en I_{3P}
II_{2R3R}	Aparatos con regulador de presión que utilizan todos los gases de la 2.ª y 3.ª familia, que pueden regularse manualmente con la finalidad de usar los diferentes gases de los dos grupos, en las condiciones locales de distribución. Los aparatos de la 2.ª familia en condiciones de la I_{2R} y la 3.ª familia en condiciones de la I_{3R}

Categoría III

Los aparatos de esta categoría están diseñados para utilizar los gases de las tres familias.

Por lo general esta categoría no se usa.

ITC-ICG 6 Instalaciones de envases de gases licuados del petróleo (GLP) para uso propio

1 Objeto y campo de aplicación

La presente Instrucción Técnica Complementaria (en adelante, también denominada ITC) tiene por objeto establecer los criterios técnicos, así como los requisitos de seguridad, que son de aplicación para el diseño, construcción y explotación de las instalaciones de almacenamiento para uso propio y suministro de GLP en envases cuya carga unitaria sea superior a 3 kg destinadas a alimentar a instalaciones receptoras (en adelante, instalaciones), a las que se refiere el artículo 2 del Reglamento técnico de distribución y utilización de combustibles gaseosos.

2 Diseño y construcción de instalaciones

2.1 Instalaciones de GLP con envases de capacidad unitaria no superior a 15 kg

La capacidad total de almacenamiento, obtenida como suma de las capacidades unitarias de todos los envases incluidos tanto los llenos como los vacíos, no deberá superar los 300 kg.

La ejecución de las instalaciones será realizada por una empresa instaladora de gas.

No se permitirá la instalación de envases en viviendas o locales cuyo piso esté más bajo que el nivel del suelo (sótanos o semisótanos), en cajas de escaleras y en pasillos, salvo expresa autorización del órgano competente de la Comunidad Autónoma.

Cuando los envases estén instalados en el exterior (terrazas, balcones, patios, etc.) y los aparatos de consumo estén en el interior, la instalación deberá estar provista, en el interior de la vivienda, de una llave general de corte de gas fácilmente accesible.

No se permitirá que en el interior de la vivienda o local estén conectados más de dos envases en batería para descarga o en reserva.

Los envases que dispongan de válvula de seguridad, tanto llenos como vacíos, deberán colocarse siempre en posición vertical.

Los armarios, destinados a alojar los envases, deberán estar provistos en su base o suelo inferior de aberturas de ventilación permanente con el exterior del mismo. La superficie libre de paso de la ventilación debe ser superior a 1/100 de la superficie de la pared o fondo del armario en que se encuentren colocados los envases y de forma que una dimensión no sea mayor del doble de la otra. Ningún envase debe obstruir, parcial o totalmente, la superficie de ventilación.

En el interior de la vivienda, el envase de reserva, si no está acoplado al de servicio con una tubería flexible, deberá colocarse obligatoriamente en un cuarto independiente de aquel donde se encuentre el envase en servicio y alejado de toda clase de fuentes de calor, disponiendo además de la ventilación adecuada.

Queda absolutamente prohibida la conexión de envases y aparatos sin intercalar un regulador, salvo que los aparatos hayan sido aprobados para funcionar a presión directa, en cuyo caso para la conexión deberá utilizarse una canalización rígida.

Las conexiones a los aparatos de consumo y a la instalación receptora se harán de acuerdo con la norma UNE 60670-7.

La regulación de presión desde el envase a los aparatos de consumo se realizará según la norma UNE 60670-4, y cuando se utilicen reguladores de presión no superior a 200 mbar, estos deberán cumplir la norma UNE-EN 12864.

Las distancias mínimas entre los envases conectados y diferentes elementos de la vivienda o local serán las siguientes:

Elemento	Distancia m
Hogares para combustibles sólidos y líquidos y otras fuentes de calor	1,5 [1]
Hornillos y elementos de calefacción	0,3 [2]
Interruptores y conductores eléctricos	0,3
Tomas de corriente	0,5
(1) Cuando, por falta de espacio, no pueda respetarse esta distancia, esta se podrá reducir hasta 0,5 m mediante la colocación de una protección contra la radiación, sólida y eficaz, de material clase A2-s3,d0, según norma UNE-EN 13501-1. (2) Con protección contra radiación, esta distancia podrá reducirse hasta 0,10 m.	

Cuadro 1 Distancias entre envases conectados y elementos de la vivienda o local

2.2 Instalaciones de GLP con envases de capacidad unitaria superior a 15 kg

2.2.1 Condiciones generales

La capacidad total de almacenamiento, obtenida como suma de las capacidades unitarias de todos los envases, incluidos tanto los llenos como los vacíos, no deberá superar los 1.000 kg.

Aquellos envases que, por su diseño y construcción, dispongan de los elementos adecuados para su llenado en su emplazamiento deberán cumplir la ITC correspondiente a instalaciones de GLP en depósitos fijos en lo relativo a su clasificación, diseño, construcción y puesta en servicio.

La ejecución de las instalaciones será realizada por una empresa instaladora de gas.

La instalación de los envases se realizará normalmente en baterías, habiendo un grupo en servicio y otro en reserva.

En las conexiones al colector deberá existir válvula antirretorno.

Las conexiones flexibles cumplirán la norma UNE 60712-3.

Las instalaciones deberán incorporar un inversor, que deberá cumplir la norma UNE-EN 13786, que ejerza la primera etapa de regulación y en el caso de que no haya envases de reserva, un regulador que ejerza dicha primera etapa de regulación.

Los envases que dispongan de válvula de seguridad, tanto llenos como vacíos, se colocarán en posición vertical y con las válvulas hacia arriba.

Excepcionalmente, previa autorización del órgano competente de la Comunidad Autónoma, se podrán invertir los envases en instalaciones con utilización del gas en fase líquida.

2.2.2 Ubicación de los envases

No se permitirá la instalación de envases en locales cuyo piso esté más bajo que el nivel del suelo (sótanos o semisótanos), en cajas de escaleras y en pasillos, salvo expresa autorización del órgano competente de la Comunidad Autónoma.

Tampoco se permitirá su colocación en locales en los que se encuentren instalados conductos de ventilación forzada, salvo que se efectúe dicha instalación de ventilación con modo de protección antiexplosivo y los conductos no discurran por otros locales, o bien se dote al local de un sistema de detección de fugas que actúe los equipos de extracción y cierre de salida de gas de los envases.

Los envases estarán ubicados siempre en el exterior de las edificaciones, protegidos por una caseta que cumpla las especificaciones detalladas en el apartado 2.2.3, salvo para las instalaciones con un contenido total de GLP no superior a 70 kg, que podrán ubicarse en el interior del local cuando este cumpla los siguientes requisitos:

- Volumen superior a 1.000 m^3.
- Superficie mínima, 150 m^2.
- Huecos de ventilación con superficie libre mínima de 1/15 de la superficie del local, sirviendo al efecto cualquier abertura permanente (puertas, ventanas, etc.) que llegue a ras de suelo.
- Protección contra incendios: dos extintores de eficacia 21A-113B según UNE-EN 3-7, que deberán estar colocados en la proximidad de los envases y en lugar de fácil acceso.

2.2.3 Condiciones de la caseta

La caseta estará construida con materiales de clase A2-s3, d0.

Deberá tener huecos de ventilación en zonas altas y bajas (a menos de 15 cm del nivel del suelo y de la parte superior de la caseta), con amplitud como mínimo de 1/10 de la superficie de la misma no pudiendo ser una dimensión mayor del doble de la otra.

Si la caseta es accesible a personas extrañas al servicio, el acceso estará dotado de puerta con cerradura.

El piso de la caseta deberá estar ligeramente inclinado hacia el exterior.

Las casetas podrán realizarse en la fachada del edificio, hacia el interior de este, siempre que la resistencia de paredes, suelo y techo sea equivalente a la de la fachada, se guarden las medidas y condiciones de las casetas exteriores y dupliquen la superficie de ventilación directa que se exige a aquellas.

La distancia de los envases, tanto en uso como de reserva, con diferentes elementos, se especifican en el siguiente cuadro:

Elemento	Contenido total en kg de GLP en envases instalados		
	hasta 70 kg		superior a 70 kg
	sin caseta	con caseta	
Hogares de cualquier tipo	>1,5	>1,5	>3
Interruptores y enchufes eléctricos [1]	>0,5	>0,5	>1,5
Conductores eléctricos [1]	>0,3	>0,3	>1

Elemento	Contenido total en kg de GLP en envases instalados		
	hasta 70 kg		superior a 70 kg
	sin caseta	con caseta	
Motores eléctricos y de explosión [1] [2]	>1,5	>1,5	>3
Registro de alcantarillas, desagües, etc.	>1,5	>0,5	>2
Aberturas a sótanos	>1,5	>0,5	>2
[1] Si el material eléctrico no es antiexplosivo.			
[2] Los motores móviles (incorporados en vehículos) no se consideran motores a efectos de distancias de seguridad.			

Cuadro 2 Distancias, en metros, entre envases y distintos elementos

En caso de que el contenido total de GLP sobrepase los 350 kg, se dispondrán dos extintores de eficacia 21A-113B, ubicados en el exterior de la caseta y en lugar de fácil acceso.

2.2.4 Cambio de envases

Durante los cambios de envases se tomarán las siguientes precauciones:

- No se encenderá ni se mantendrá encendido ningún punto de fuego.
- No se accionará ningún interruptor eléctrico.
- No funcionarán motores de ningún tipo.

Estas instrucciones no serán exigibles cuando entre los envases y los elementos mencionados medie una distancia superior a 20 m si los envases están emplazados en el interior de locales o 10 m si están al exterior, no siendo precisas las dos últimas precauciones si los motores eléctricos e interruptores están dotados de modos de protección antiexplosiva.

2.2.5 Conducciones

Las canalizaciones, uniones, llaves de corte y elementos auxiliares existentes entre los envases y la instalación receptora deberán cumplir con los requisitos expuestos para tales en la norma UNE 60250.

3 Documentación y puesta en servicio

3.1 Exclusiones

Quedarán excluidas de este apartado las instalaciones consistentes en un único envase de GLP de contenido inferior o igual a 15 kg, conectado por tubería flexible o acoplado directamente a un solo aparato de gas móvil.

3.2 Autorización administrativa

Las instalaciones de envases de GLP no precisan para su construcción de autorización administrativa previa a su diseño y construcción.

3.3 Pruebas previas

Antes de poner en servicio una instalación de envases de GLP, la empresa instaladora deberá realizar las siguientes pruebas:

- Canalizaciones: prueba de estanquidad a una presión de 1,5 veces la presión de operación de la instalación durante 10 minutos con aire, gas inerte o GLP en fase gaseosa.
- Verificación de la estanquidad de las llaves y otros elementos a la presión de prueba.
- Se verificará el cumplimiento general, en cuanto a las partes visibles, de las disposiciones señaladas en esta ITC.

Durante la realización de las pruebas, deberá tomarse por parte de la empresa instaladora todas las precauciones necesarias, y en particular si se realizan con GLP:

- Prohibir terminantemente fumar.
- Evitar en lo posible la existencia de puntos de ignición.
- Vigilar que no existan puntos próximos que puedan provocar inflamaciones en caso de fuga.
- Evitar zonas de posible embolsamiento de gas en caso de fuga.
- Purgar y soplar las canalizaciones antes de efectuar una reparación.

La empresa instaladora, una vez realizadas con resultado positivo las pruebas y verificaciones especificadas en el primer párrafo, deberá emitir el certificado de instalación.

3.4 Puesta en servicio

La puesta en servicio se realizará conjuntamente con la instalación receptora.

3.5 Comunicación a la Administración

No es precisa ninguna comunicación. No obstante, tanto el titular como la empresa instaladora conservarán, y tendrán a disposición de la Administración, el certificado de instalación que refleje la instalación de envases de GLP y la instalación receptora.

4 Mantenimiento y revisiones periódicas

Los titulares o, en su defecto, los usuarios de las instalaciones de envases de GLP, serán los responsables de la conservación y buen uso de dicha instalación, siguiendo los criterios establecidos en la presente ITC, de tal forma que se halle permanentemente en disposición de servicio, con el nivel de seguridad adecuado. Asimismo atenderán las recomendaciones que, en orden a la seguridad, les sean comunicadas por el operador al por mayor o el comercializador de GLP que les suministre.

El titular de la instalación deberá encargar a una empresa instaladora la revisión de las instalaciones de envases de GLP, coincidiendo con la revisión periódica de la instalación receptora a la que alimentan, de acuerdo con el apartado 4.2 de la ITC-ICG 07.

La revisión anterior no es obligatoria en las instalaciones con un único envase de GLP de capacidad inferior a 15 kg conectado por tubería flexible o acoplado directamente a un solo aparato de gas móvil.

Resumen UNE 60670-7:2023
Instalaciones receptoras de gas suministradas a una presión máxima de operación (MOP) inferior o igual a 5 bar

Parte 7: Requisitos de instalación y conexión de los aparatos a gas

Los aparatos de gas deben incluir las disposiciones y reglamentos que les sean de aplicación. La conexión de los aparatos a las instalaciones receptoras se debe efectuar según la legislación vigente y siguiendo las instrucciones del fabricante.

En la instalación de los aparatos a gas se debe tener en cuenta lo siguiente:

- Los aparatos de tipo B y los de tipo C deben ser fijos.

- La proyección del extremo más próximo de cualquier aparato de gas de circuito abierto situado a mayor altura que un aparato de cocción (sea de gas o no) debe guardar una distancia horizontal mínima de 40 cm con el quemador más cercano del aparato de cocción para protegerse del foco de calor. Esta distancia puede reducirse hasta 10 cm si se interpone una pantalla de protección según se indica en la figura.

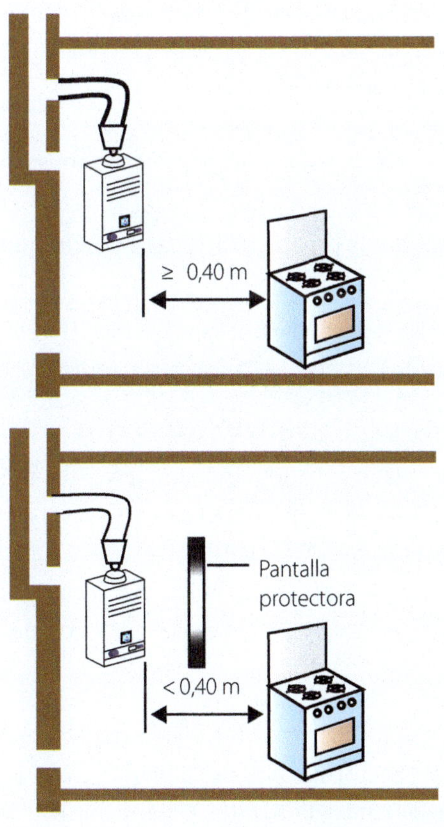

Para el caso de aparatos de tipo C, la distancia debe ser siempre igual o superior a 10 cm (aunque exista pantalla.

Clasificación de los aparatos

A efectos de su conexión a la instalación receptora de gas, se clasifican en:

Aparatos con conexión rígida	Aparatos de cocción encastrables (encimeras convencionales, encimeras vitrocerámicas de fuegos cubiertos, hornos independientes, etc.)
	Aparatos de calefacción fijos (radiadores murales por convección, chimeneas de hogar abierto, etc.)
	Aparatos de producción de ACS para uso sanitario, calderas de calefacción y generadores de aire caliente
	Aparatos de aire acondicionado o bombas de calor
	Aparatos de lavar o secar ropa
	Cabinas de pintura
	Hornos industriales
Aparatos a gas móviles	Aparatos de cocción móviles (cocinas, planchas, barbacoas, etc.).
	Aparatos de calefacción móviles (radiadores infrarrojos, etc.).
	Aparatos suspendidos de calefacción por radiación (tubo radiante o radiante cerámico).
	Generadores de aire caliente para granjas de animales.
	Aparatos de lavar o secar ropa móviles.
	Frigoríficos.
	Sopletes, mecheros de laboratorio tipo Bunsen o similares.

Conexión de aparatos a gas a la instalación receptora o a un envase de GLP

Las conexiones de los aparatos a la instalación receptora o a un envase de GLP de contenido igual o inferior a 15 kg, a través de la llave de aparato o al tramo de tubería rígida, se deben realizar por uno de los tipos establecidos en la tabla 1 y tabla 2 (al final del resumen de la UNE 60670-7), según sea el caso..

a) Conexión rígida

La conexión rígida se debe realizar con tubo de cobre, acero, acero inoxidable, multicapa o acero inoxidable corrugado de las mismas características y métodos de unión indicados en la UNE 60670-3 para tubería de gas, y será exclusiva para aparatos fijos, con independencia del uso al que se destinen.

Las uniones mecánicas de estas conexiones se deben efectuar mediante enlaces por junta plana según la Norma UNE 60719.

b) Conexión flexible de acero inoxidable corrugado

Será conforme a la UNE 60713 para aparatos de uso doméstico. Si el diámetro nominal del flexible es suficiente para aportar el caudal requerido, su uso será preferente para aparatos de uso no doméstico. En caso contrario, será de acero inoxidable corrugado para aparatos de uso no doméstico y conforme con UNE-EN-ISO 10380.

La longitud de la conexión será la mínima necesaria para garantizar que en ninguna circunstancia el tubo quede bajo la acción de las llamas, y en ningún caso será superior a 2 m si el DN > 15, o a 47 cm cuando el DN ≤ 15.

Las uniones mecánicas se realizarán por enlaces por junta plana según UNE 60719, una de ellas puede realizarse por unión roscada conforme a la Norma UNE 10226-1.

c) Conexión flexible espirometálica con enchufe de seguridad

Será conforme a la Norma UNE 60715-1, en cuanto a la tubería flexible, y el enchufe de seguridad cumplirá las exigencias de la UNE-EN 15069, siendo exclusiva para aparatos domésticos.

La longitud de la conexión flexible debe ser aquella que garantice que en ninguna circunstancia el tubo flexible pueda quedar bajo la acción de las llamas, y en ningún caso será superior a 1,5 m.

En la unión de los aparatos de calefacción móviles, su longitud no debe ser superior a 60 cm.

Los tubos flexibles espirometálicos se deben instalar de manera que bajo ninguna circunstancia puedan entrar en contacto con las partes calientes del aparato y no deben cruzar por la parte trasera de los aparatos de cocción que tengan horno (sea de gas o no) salvo que este disponga de aislamiento térmico en su parte posterior y se haya verificado en los ensayos de calentamiento del aparato que no se superan los 30 ºC de sobrecalentamiento y tal circunstancia conste en el manual de instalación y/o instrucciones de funcionamiento.

Las uniones mecánicas de estas conexiones se efectuarán por unión roscada según la UNE-EN 10226-1, no admitiéndose en ningún caso enlace por racor de dos piezas.

d) Conexión flexibles de acero inoxidable coarrugado con enchufe de seguridad

Serán conformes a la Norma UNE-EN 14800 en cuanto a la tubería flexible y a la UNE-EN 15069 para las exigencias que debe cumplir el enchufe de seguridad, siendo exclusiva para aparatos de uso doméstico.

La longitud de la conexión flexible debe ser tal que garantice que en ninguna circunstancia el tubo flexible pueda quedar bajo la acción de las llamas y en ningún caso debe ser superior a 2 m.

En la unión de aparatos de calefacción móviles su longitud no ha de ser superior a 75 cm.

Las uniones mecánicas de estas conexiones se efectuarán por unión roscada según la UNE-EN 10226-1, no admitiéndose en ningún caso enlace por racor de dos piezas

e) Conexión flexible de elastómero con armadura interna o externa

Este tipo está limitado a aparatos móviles de uso no doméstico suministrados por GLP y será conforme a la clase 3 de la UNE-EN 16436-1 y 2.

Los sopletes serán conformes con la UNE-EN-ISO 3821.

Este tipo de conexión será conforme a la Norma UNE 60712-1 y 2 para gases de la 2.ª familia y conformes a la UNE 60712-1 y 3 para los gases de la 3.ª familia.

La longitud de la conexión flexible debe garantizar que en ningún caso el tubo flexible pueda quedar bajo la acción de las llamas, así como tampoco será superior a 1,5 m.

En la unión de aparatos de calefacción móviles, su longitud no debe ser superior a 60 cm.

En instalaciones industriales con aparatos móviles de calefacción por radiación, la conexión de los mismos se realizará siguiendo las normas del fabricante

Se instalarán de tal forma que en ningún caso pueda entrar en contacto con las partes calientes del aparato y no pueden cruzar por la parte trasera de los aparatos de cocción que dispongan de hornos (sea o no de gas), salvo que dispongan de aislamiento térmico en su parte posterior y se haya verificado en los ensayos de calentamiento del aparato que no se superan los 30 ºC de sobrecalentamiento y tal circunstancia conste en el manual de instalación y/o instrucciones de funcionamiento.

Las uniones mecánicas de estas conexiones se efectuarán por enlaces de junta plana según UNE 60719, si bien una de ellas se puede realizar por unión roscada conforme a la UNE-EN 10226-1

f) Conexión flexible de elastómero

Debe ser conforme a la Norma UNE 53539, o a la clase 1 indicada en la UNE 16436, y quedará limitada a aparatos móviles, mecheros y sopletes, quedando restringida al suministro con GLP conforme a la UNE-EN 16436.

La longitud del tubo flexible debe ser la mínima posible y en ningún caso superior a 1,5 m. En los aparatos móviles de calefacción la longitud no debe ser superior a 60 cm.

La unión del tubo flexible de elastómero con los extremos de la instalación y del aparato se debe realizar mediante boquillas de conexión según la Norma UNE 60714, ambas del mismo diámetro que el tubo flexible cuyos extremos deben estar sujetos a las boquillas mediante abrazaderas metálicas.

Se instalarán de tal forma que en ningún caso pueda entrar en contacto con las partes calientes del aparato y no pueden cruzar por la parte trasera de los aparatos de cocción que dispongan de horno (sea de gas o no), salvo que tenga aislamiento térmico en su parte posterior y se haya verificado en los ensayos de calentamiento del aparato que no superan los 30 ºC de sobrecalentamiento y esta circunstancia conste en el manual de instalación y/o instrucciones de funcionamiento del aparato.

g) Conexión flexible metálica corrugada

Debe ser conforme a la Norma UNE-EN 14800.

La longitud no será en ningún caso superior a 2 m y su conexión debe ser tal que no pueda quedar bajo la acción de las llamas.

Las uniones mecánicas de estas conexiones se efectuarán por enlaces de junta plana o enlaces de conexión a tetina, en los dos casos cumplirán la UNE 60719. En el caso que los dos enlaces sean por junta plana, uno de ellos se puede realizar por unión roscada según la UNE-EN 10226-1.

Tabla 1

Tipo de aparato	Uso del aparato *	Conexión rígida		Conexión flexible de acero inoxidable corrugado				Conexión flexible espirometálica con enchufe de seguridad		Conexión flexible de acero inoxidable corrugado con enchufe de seguridad		Conexión flexible de elastómero con armadura interna o externa		Conexión flexible de elastómero		Conexión flexible metálica coarrugada sin enchufe de seguridad	
				Conforme UNE 60713-1		Conforme UNE-EN-ISO 10380		En enchufe de seguridad según UNE-EN 15069. En tubería flexible según UNE-EN 60715-1		En enchufe de seguridad según UNE-EN 15069. En tubería flexible según UNE-EN 14800		Conforme UNE-EN 16436 clase 3		Conforme UNE 53539 o UNE-EN 16436 clase 1		Conforme UNE-EN 14800
		D	ND	D	ND	ND	ND	D	ND	D	ND	D	ND	D	ND	D	ND
	Fijo	Sí	Sí	Sí	Sí	No	Sí	Sí	No	Sí	No	No	No	No	No	Sí	No
	Móvil	No	No	No	No	No	Sí	Sí	No	Sí	No	No	solo para aparatos conectados a instalaciones suministradas con GLP	Sí, en el caso de conexión conforme UNE-EN 16436 clase 1, solo para aparatos conectados a envases de GLP		Sí, solo aparatos conectados a instalaciones suministradas desde envases de GLP y accesorios según UNE 60719	No

Encabezado de grupo: **Tipo de conexión** (agrupa todas las columnas de conexión).

* **D:** uso doméstico. **ND:** uso no doméstico (sea colectivo/comercial o industrial).

	Conexión rígida	Conexión flexible de acero inoxidable corrugado		Conexión flexible espirometálica con enchufe de seguridad	Conexión flexible de acero inoxidable corrugado con enchufe de seguridad	Conexión flexible de elastómero con armadura interna o externa	Conexión flexible de elastómero	Conexión flexible metálica coarrugada sin enchufe de seguridad
Tipo de conexión								
		Conforme UNE 60713-1	Conforme UNE-EN-ISO 10380	En enchufe de seguridad según UNE-EN 15069. En tubería flexible según UNE-EN 60715-1	En enchufe de seguridad según UNE-EN 15069. En tubería flexible según UNE-EN 14800	Conforme UNE-EN ISO 3821	Conforme UNE 53539 o UNE-EN 16436 clase 1	Conforme UNE-EN 14800
Mecheros	No	No	No	Sí	Sí	No	Sí, en caso de conexión conforme UNE-EN 16436 clase 1, solo para suministro con GLP	Sí
Sopletes	No	No	No	Sí	Sí	Sí	Sí, en caso de conexión conforme UNE-EN 16436 clase 1, solo para suministro con GLP	No

Tabla 2

Resumen UNE 60670-3: 2023
Instalaciones receptoras de gas suministradas a una presión máxima de operación (MOP) inferior o igual a 5 bar

Parte 3: Tuberías, elementos, accesorios y sus uniones

Materiales de las tuberías y accesorios

Las tuberías y accesorios que forman parte de las instalaciones receptoras deberán estar fabricados con materiales que no sufran deterioro ni por el gas distribuido ni por el medio exterior con el que estén en contacto, o bien, en este último caso, que estén protegidos con un recubrimiento eficaz contra la corrosión.

Los materiales que se deben emplear en la construcción de las instalaciones receptoras cumplirán la legislación vigente (Reglamento de productos de la construcción UE n.º 305/2011, que indica cuales son los materiales que deben tener Marcado CE) y son los indicados a continuación.

a) Polietileno

El tubo y los accesorios de polietileno usados deben ser de calidad PE 80 o PE 100 y según la UNE-EN 1555.

El empleo del polietileno queda limitado a tuberías enterradas y a tramos alojados en vainas empotradas que discurran por muros exteriores o enterradas que suministran a armarios de regulación y/o contadores de las edificaciones, dichos armarios deben disponer de al menos una pared colindante con el exterior.

b) Cobre

El tubo de cobre debe ser redondo de precisión estirado en frío sin soldadura, del tipo denominado Cu-DHP según UNE-EN 1057 o cuando sea tubo de cobre preaislado con recubrimiento macizo, según UNE-EN 13349.

Las características mecánicas, medidas y tolerancias de los tubos de cobre cumplirán la UNE-EN 1057. Se puede usar tubo en estado duro o recocido en rollo con un espesor mínimo de 1 mm para tuberías vistas, alojadas en vainas, empotradas o para la conexión de aparatos, y con un espesor mínimo de 1,5 mm para tuberías enterradas.

Los accesorios para las uniones, reducciones, derivaciones, cambios de dirección, etc., mediante soldadura por capilaridad deben estar fabricados con materiales de las mismas características que el tubo al que deben unirse y cumplir la UNE-EN 1254-1, o pueden ser accesorios mecanizados de aleación de cobre conforme a las UNE-EN 12164, 12165 o 1982 según corresponda.

Las medidas y tolerancias de los accesorios de cobre o aleación de cobre serán conformes a la UNE 60719 y a la UNE-EN 1254-1.

En el caso de cambios de dirección de tuberías de cobre en estado duro, se permite el curvado del tubo en frío por máquina curvadora, manual o eléctrica. No se debe usar mandril interno para su ejecución según la UNE-EN ISO 8491; los radios mínimos de curvatura se establecen en la UNE-EN 1057.

Para el curvado de los tubos de cobre en estado recocido, existen diversos utillajes, como el muelle curvatubos; siempre se mantendrá la superficie del tubo sin defectos ni arrugas.

Los accesorios de cobre para las uniones mediante presión radial o axial (*press-filting*) deben ser según la UNE-EN 1254-7.

c) Acero

El tubo de acero debe estar fabricado sin soldadura por laminado en caliente o con soldadura longitudinal conformado en frío.

En lo relativo a dimensiones y características, serán conformes con la UNE-EN 10255. Los accesorios para la ejecución de uniones, reducciones, derivaciones, cambios de dirección, etc., mediante soldadura deben estar fabricados según la UNE-EN 10253-2.

Los accesorios para las uniones, reducciones, derivaciones cambios de dirección, etc., mediante unión roscada se deben realizar con accesorios siguiendo la UNE-EN 10242.

En el caso de cambios de dirección se permite el curvado del tubo en frío mediante máquina curvadora manual o eléctrica, debiendo usar preferentemente tubo de acero hasta diámetro nominal de 2", no se debe utilizar mandril interno para su ejecución, según UNE-EN ISO 8491.

d) Acero inoxidable

El tubo debe estar fabricado a partir de banda de acero inoxidable soldada longitudinalmente.

Las características mecánicas, medidas y tolerancias serán conformes con la UNE-EN 10312, serie 2, debiendo ser los materiales alguno de los indicados en la UNE-EN 10088-1. La elección del tipo de acero inoxidable depende de las condiciones ambientales del lugar de la instalación.

Los accesorios para las uniones, reducciones, derivaciones, cambios de dirección mediante soldadura por capilaridad, deben estar fabricados en acero inoxidable de las mismas características que el tubo al que han de unirse.

En el caso de cambios de dirección, se permite el curvado en frío por máquina curvadora manual o eléctrica, no se debe utilizar mandril interno para su ejecución según lo indicado en UNE-EN ISO 8491.

Los accesorios de presión en acero inoxidable se deben utilizar con tubería de la serie 2.

e) Sistema de tubo multicapa

Los sistemas de tubo multicapa deben ser del tipo polímero–Al–polímero y cumplir con las UNE 53008-1 y UNE 53008-2 (con atención especial a los elementos de seguridad indicados como son el limitador de caudal y el limitador de temperatura).

Las medidas, tolerancias y características mecánicas de los tubos multicapa serán las indicadas en la UNE 53008-1.

Los materiales de aluminio cumplirán lo especificado en la UNE-EN 573-3 (con un espesor mínimo de acuerdo a lo indicado en la tabla 2 de la Norma UNE 53008-1:2014).

Los accesorios utilizados deben incluir los elementos de seguridad para la unión de tubos multicapa y deben ser conformes con los requisitos especificados en las Normas UNE 53008-1 y UNE 53008-2.

f) Tubos de acero inoxidable coarrugado

Estarán compuestos por dos capas: una de acero inoxidable coarrugado con función estructural en el diseño mecánico y otra capa, externa, de protección. Las características dimensionales, físicas, mecánicas y sus accesorios serán conformes a UNE-EN 15266.

g) Otros materiales

Se pueden emplear también materiales que sean aceptados en la UNE-EN 1775.

Materiales de las vainas, conductos y pasamuros

Los materiales deben ser adecuados a las funciones a que se destinen, según lo indicado para cada caso en UNE 60670-4, siendo generalmente metálicos, plásticos rígidos, de obra u otros.

Elementos de las instalaciones de gas y de la conexión de los aparatos a gas

A efectos de diseño y de este capítulo, se consideran las siguientes denominaciones para las instalaciones receptoras en función de la presión del tramo:

Presión del tramo (bar)	Denominación
2 < MOP ≤ 5	MOP 5
0,4 < MOP ≤ 2	MOP 2
0,15 < MOP ≤ 0,4	MOP 0,4
0,05 < MOP ≤ 0,15	MOP 0,15
MOP ≤ 0,05	MOP 0,05

Tabla. Tramos de presión para el diseño

a) Tallos de polietileno

Permiten realizar la transición entre tramos vistos y enterrados de las instalaciones receptoras y la acometida. Pueden ser de polietileno-cobre, de polietileno-acero, de polietileno-acero inoxidable o de polietileno-multicapa y conformes a la UNE 60405.

Se debe tener en cuenta que el tramo de polietileno debe encontrarse enterrado o protegido por la vaina de transición para que queden siempre protegidos de la acción de los rayos UV.

b) Estaciones de regulación con o sin medida, conjuntos de regulación con o sin medida y reguladores de presión para instalaciones suministradas con gases de la 2.ª familia

b.1) Estaciones de regulación con o sin medida para $MOP_e > 5$ bar

Estas estaciones deben ser conformes a las características constructivas, dimensionales, mecánicas y de funcionamiento indicadas en la UNE 60620-3.

b.2) Conjunto de regulación con o sin medida para instalaciones suministradas desde redes de distribución

Se clasifican en función de su tramo de entrada en conjuntos para MOP_e 5, conjuntos para MOP_e 0,4, o MOP_e 0,15.

Conjuntos de regulación con o sin medida para MOP$_e$ 5 bar. Los conjuntos MOP$_e$ 0,4, MOP$_e$ 0,15 y MOP$_e$ 0,05, serán conformes a las características constructivas, dimensionales, mecánicas y de funcionamiento según UNE 60404, partes 1, 2, 3 y 4, según corresponda.

Conjuntos de regulación con o sin medida para MOP$_e$ 0,4 o MOP$_e$ 0,15. Los conjuntos MOP$_e$ 0,4, MOP$_e$ 0,15 y MOP$_e$ 0,05, serán conformes a las características constructivas, dimensionales, mecánicas y de funcionamiento según UNE 60410.

b.3) Reguladores de presión

Se clasifican en:

- Reguladores con MOP$_e$ 0,4 y MOP$_s$ 0,1, con caudal equivalente inferior o igual a 4,8 m^3 (n)/h de aire, que serán conformes a la UNE 60402-1.
- Reguladores con MOP$_e$ entre 0,15 y 0,4 y MOP$_s$ 0,15, con caudal equivalente inferior o igual a 4,8 m^3 (n)/h de aire, que serán conformes a la UNE 60402-2.
- Reguladores con MOP$_e$ 0,4 y 5 y MOP$_s$ inferior o igual a 0,4, con caudal nominal inferior o igual a 250 m^3 (n)/h, que serán conformes a la UNE 60411.

c) Conjuntos de regulación con o sin medida y reguladores de presión para instalaciones suministradas con gases de la 3.ª familia

c.1) Conjuntos de regulación con o sin medida para instalaciones receptoras suministradas desde redes de distribución, depósitos fijos o envases de capacidad superior a 15 kg

Los conjuntos de regulación con o sin medida con MOP$_e$ 5 y MOP$_s$ 0,4; MOP$_s$ 0,15 o MOP$_s$ 0,05, serán conformes en cuanto a sus características constructivas, dimensionales, mecánicas y de funcionamiento con UNE 60404-1.

Los conjuntos de regulación no amparados por la UNE 60404-1 deben cumplir con las normas de aplicación referentes a los reguladores que forman parte de las etapas de regulación indicadas en el apartado siguiente.

c.2) Reguladores a presión

Los reguladores de presión para instalaciones receptoras desde redes de distribución, depósitos fijos o envases de capacidad superior a 15 kg, cumplirán con las características indicadas en UNE-EN 13785 o UNE-EN 13786 según corresponda.

Los reguladores para acoplar a envases de capacidad igual o inferior a 15 kg y MOP$_s$ inferior o igual a 200 mbar, serán conformes a UNE-EN 12864.

Los adaptadores de salida libre para acoplar a envases de GLP de capacidad igual o inferior a 15 kg serán conformes con UNE 60408.

d) Válvulas de seguridad

d.1) Válvulas de seguridad por mínima presión independientes (VIS$_{mín}$)

Son aquellas que no están incorporadas a un regulador, se clasifican en función de que su caudal nominal sea inferior o igual a 4,8 m^3 (n)/h de aire, o superior a este valor, siendo conformes con las características mecánicas y de funcionamiento indicadas en la UNE 60403.

d.2) Válvulas de seguridad por máxima presión

Este tipo de válvula puede ir incorporada en el mismo regulador, en cuyo caso será conforme con la UNE 60402-2, o bien ser independiente, y en este caso debe cumplir lo siguiente:

- Ser de rearme manual.
- Las válvulas de interrupción de seguridad por máxima presión deben tener el acceso a los elementos de tarado convenientemente precintados.
- La presión de tarado para la interrupción de paso debe cumplir con UNE 60402-2 o UNE-EN 60404-1, según corresponda.

e) Contadores de gas

Deben ser conforme, según el caso, a las siguientes Normas UNE:

- Contadores de paredes deformables: UNE-EN 1359 y 60510.
- Contadores de turbina: UNE-EN 12261.
- Contadores de pistones: UNE-EN 12480.
- Contadores domésticos ultrasónicos: UNE-EN 14236.

f) Soportes de contador

En caso de ser necesarios para interior de viviendas o locales, cumplirán lo indicado en la UNE 60495-1.

Los soportes, cuando se instalen a la intemperie, deben ser conformes a la UNE 60495-2.

g) Centralización de contadores

Cuando se utilicen módulos prefabricados para la centralización de contadores, serán conformes con las características mecánicas y dimensionales que se indican en la UNE 60490, también cuando no se usen módulos prefabricados.

h) Dispositivos de corte

h.1) Llaves no enterrables

Estas llaves serán conformes, respecto a sus características mecánicas y de funcionamiento, con la UNE-EN 331, para diámetros iguales o inferiores a DN 50, salvo lo que respecta al caudal nominal en el caso de las llaves de conexión a aparatos de cocción doméstico que lleven incorporado el limitador de exceso de flujo, según apartado c "Llave de montante colectivo" (página 105) en Dispositivos de corte dentro del resumen de la UNE 60670-4: 2023, que deben cumplir la UNE 60719, y en cuanto al marcado lo indicado en UNE 60718.

Los dispositivos de corte de obturador esférico de diámetro nominal inferior o igual a DN 50 deben ser como mínimo de clase de temperatura -20 ºC según UNE-EN 331.

Los dispositivos de corte de diámetro nominal igual o inferior a DN 100 serán fácilmente bloqueables y precintables en posición cerrada, en cuanto a su dimensión y su conexión serán conformes a la UNE 60718.

Para diámetros superiores a DN 100, las llaves serán del tipo obturador esférico, mariposa u otras de adecuadas características mecánicas y de funcionamiento.

h.2) Llaves enterrables

Las llaves enterrables de PE de la instalación receptora serán conformes con la UNE-EN 1555-4 y las mecánicas con la UNE-EN 13774.

En las llaves metálicas con extremos de PE, estos serán conformes con la UNE-EN 1555-2.

h.3) Obturador de cierre

Este tipo de dispositivo se podrá instalar cuando se tenga autorización expresa de la empresa distribuidora para instalar las llaves de usuario sin accesibilidad de grado 2 desde zona común o límite de la propiedad, y deben cumplir los requisitos exigidos por la misma, por lo que habrá de consultar sobre su necesidad y características. Por ejemplo: electroválvulas o dispositivos de interrupción de suministro o distancia.

i) Conexión de aparatos a la instalación receptora o a un envase GLP

Se puede realizar por conexión rígida o flexible, en función del tipo de aparato a conectar de acuerdo con la UNE 60670-7.

j) Conexión de envases GLP a la instalación receptora

Los tubos flexibles que unan la salida de los envases de GLP con la tubería de la instalación receptora se deben considerar como parte integrante de la instalación, debiendo tener una longitud máxima no superior a la indicada en la UNE 60670-7.

Los tubos flexibles de elastómero serán conformes con la UNE 53539, los tubos flexibles no metálicos con armadura y conexión mecánica con la UNE 16436-1 y 2 y tubos los flexibles metálicos con la UNE-EN 14800.

k) Conexión de contadores por tubería flexible

Los tubos flexibles de acero inoxidable corrugado con conexiones roscadas, según UNE 60713-1, se deben considerar como parte integrante de una instalación receptora para la conexión de contadores de gas y con una longitud máxima en este caso de 80 cm.

l) Tomas de presión

Las tomas de presión que se deben utilizar en los distintos tramos de una instalación receptora dependerán de la MOP del tramo y cumplirán la UNE 60719.

l.1) Tomas de presión para MOP ≤ 150 mbar

Las tomas de presión para tramos con MOP igual o inferior a 150 mbar pueden ser del tipo: débil calibre, Peterson o similares.

Las tomas de débil calibre se deben instalar soldadas o roscadas según UNE 60719 en las tuberías de la instalación, en el tramo donde se necesiten, o bien se deben incorporar en algún elemento de la misma, reguladores, contadores o dispositivos de corte.

l.2) Tomas de presión para MOP > 150 mbar

Pueden ser del tipo Peterson o similares, para MOP superior a 150 mbar e igual o inferior a 5 bar.

Para instalar estas tomas de presión en el tramo de la instalación donde se necesiten, se deben intercalar accesorios conforme a la UNE 60719 y adecuados al efecto.

También pueden estar incorporadas en algún elemento de la misma, como pueden ser reguladores, contadores o dispositivo de corte.

Tipos de uniones para tuberías, elementos y accesorios

Las uniones de los tubos entre sí y de estos con los accesorios y elementos de las instalaciones receptoras, se deben realizar de forma que el sistema utilizado asegure la estanquidad, sin que esta se pueda ver afectada ni por los distintos tipos y presiones de gas que se prevea suministrar ni por el medio exterior con el que está en contacto.

a) Uniones mediante soldadura

En general las técnicas de soldadura y en su caso, los materiales de aportación para su ejecución deben cumplir con unas características mínimas de temperatura y tiempo de aplicación, resistencia a la tracción, resistencia a la presión y al gas distribuido y deben ser adecuadas al material a unir.

En la ejecución de las soldaduras se debe tener en cuenta la composición química de los elementos a soldar y del material de aportación, teniendo especial precaución en la limpieza previa de las superficies a soldar, en el uso del decapante adecuado al tipo de soldadura y la eliminación de los residuos del fundente.

Las uniones soldadas deberán realizarse siempre mediante soldadura fuerte en los tramos con MOP superior a 0,05 bar e inferior o igual a 5 bar, así como en los tramos que discurran por aparcamientos cerrados.

La soldadura blanda solo se puede utilizar en las tuberías con MOP inferior o igual a 0,05 bar de instalaciones que suministren a:

- Locales destinados a uso doméstico.

- Locales de uso colectivo, comercial e industrial en los que la suma de la potencia de los aparatos de cocción de tipo A no sea superior a 30 kW.

a.1) Unión polietileno-polietileno

Las uniones de los tubos y accesorios de PE se deben realizar mediante soldadura por electrofusión o a tope cuando el diámetro nominal sea igual o superior a DN 110, que sean compatibles con los tubos y accesorios a unir.

a.2) Unión cobre-cobre o aleación de cobre

Se realizará con soldadura por capilaridad, a través de accesorios adecuados de cobre o aleación de cobre, conformes a UNE-EN 1254-1, los materiales de aportación deberán ser conformes a la UNE-EN ISO 1762 en caso de soldadura fuerte y a la UNE-EN ISO 9453 en caso de soldadura blanda.

El punto de fusión mínimo debe ser 450 ºC para soldadura por capilaridad fuerte y 220 ºC para la blanda.

No se debe utilizar aleación estaño-plomo como material de aportación.

No se abocardará el tubo de cobre para soldar por capilaridad, excepto en la construcción de baterías de contadores centralizados, siempre que el espesor resultante después de la unión sea como mínimo el espesor del tubo.

No se debe realizar la extracción de la tubería principal para soldar derivaciones, excepto en los módulos de centralización de contadores o en los colectores de llaves que se hará conforme a la UNE 60490.

a.3) Unión acero–acero

La unión del tubo de acero y sus accesorios de acero se realizará mediante soldadura a tope eléctrica, también podrá realizarse mediante soldadura oxiacetilénica para DN ≤ 50.

a.4) Unión acero inoxidable–acero inoxidable

Se realizarán mediante soldadura por capilaridad a través de accesorios adecuados de acero inoxidable o de aleación de cobre conformes a la UNE-EN 1254-1, o bien a tope directamente entre tubos utilizando materiales de aportación de acuerdo con la UNE-EN ISO 17672 en soldadura fuerte y UNE-EN ISO 9453 en soldadura blanda. El punto de fusión mínimo para soldadura por capilaridad fuerte es de 450 ºC y de 220 ºC para soldadura blanda.

No se debe utilizar aleación estaño-plomo como material de aportación.

No se deben abocardar los tubos para soldar por capilaridad, excepto en la construcción de baterías de contadores centralizados, siempre que una vez realizada la unión, el espesor resultante sea como mínimo el del tubo.

a.5) Unión cobre o aleación de cobre-acero

No se permite la unión directa entre tubos de cobre y acero. La unión de un tubo o accesorio de cobre con tubo o accesorio de acero, se realizará intercalando un accesorio de aleación de cobre.

La unión de dicho accesorio de aleación de cobre con un tubo o accesorio de acero se debe efectuar por soldadura fuerte a tope con bordón, con material de aportación de aleación de cobre conforme UNE-EN ISO 17672 y punto de fusión mínimo de 850 ºC.

a.6) Unión cobre o aleación de cobre-acero inoxidable

No se deben unir directamente los tubos de cobre con acero inoxidable, se realizará intercalando un accesorio de aleación de cobre.

Este tipo de unión se debe realizar con las técnicas de soldadura descritas en "acero inoxidable-acero inoxidable", o bien unión "cobre-cobre o aleación de cobre".

a.7) Unión cobre o aleación de cobre-plomo

Este tipo de unión se debe realizar mediante soldadura estaño-plomo.

La aleación del material de aportación debe garantizar una temperatura de fusión superior a 200 ºC.

El uso de este tipo de unión queda limitado exclusivamente a ampliaciones o modificaciones de instalaciones receptoras que ya estén en servicio, siempre que no sean suministradas por encima de 0,05 bar de presión y estén en locales destinados a usos domésticos.

a.8) Unión acero o acero inoxidable-plomo

No se debe realizar la unión directa de tubos de plomo y acero o acero inoxidable, se debe intercalar un manguito de aleación de cobre.

El uso de este tipo de unión queda limitado exclusivamente a ampliaciones o modificaciones de instalaciones receptoras que ya estén en servicio, siempre que no estén suministradas por encima de 0,05 bar de presión y estén en locales destinados a usos domésticos.

b) Uniones mecánicas desmontables

Son la unión por junta plana, bridas y las uniones metal-metal. Pueden realizarse hasta un MOP de 5 bar.

b.1) Uniones por junta plana

El enlace mecánico y la junta plana de esta unión deben ser conformes a las características, materiales y dimensiones de la UNE 60719 que le son de aplicación.

La junta plana puede ser de elastómero conforme a las características indicadas en la UNE-EN 549 en cuanto al material o bien otro material adecuado a esta aplicación.

Este tipo de unión se puede utilizar exclusivamente para conectar a las tuberías los accesorios desmontables pertenecientes a la instalación receptora (dispositivos de corte, contadores, reguladores, válvulas de seguridad por mínima presión, etc.) y en las conexiones rígidas de aparatos a gas fijos.

También se puede utilizar la unión con juntas planas en las conexiones flexibles de aparatos a las instalaciones receptoras o a un envase de GLP.

b.2) Unión por bridas

Se intercalará entre ellas una junta y serán conformes a las características y dimensiones que se indican en las UNE-EN 1092-1 y 2.

La junta puede ser de elastómero conforme a las características indicadas en la UNE-EN 549 en cuanto al material, o bien otro material adecuado a esta aplicación.

Este tipo de unión se puede utilizar exclusivamente en accesorios desmontables pertenecientes a la instalación receptora (dispositivos de corte, contadores, líneas de regulación, etc.) y en los tramos de conexión rígida de aparatos y quemadores a gas fijos.

b.3) Uniones metal-metal

Deben ser del tipo esfera-cono por compresión, de anillos cortantes o similar, su uso queda limitado a las conexiones en conjuntos de regulación.

b.4) Enlaces desmontables de transición PE-metal

Cumplirán lo dispuesto en UNE 60405-1 y 3.

c) Uniones mecánicas no desmontables

Son las uniones roscadas, la unión de tubos multicapas, de tubos de cobre o de acero inoxidable, mediante accesorios de compresión radial *(press-fitting)* y axial, y de tubos de acero inoxidable coarrugado flexibles.

Pueden realizarse hasta MOP 5 bar.

c.1) Uniones roscadas

Serán conformes con UNE 19500. Los accesorios para estas uniones (reducciones, derivaciones, etc.) cumplirán la UNE-EN 10242.

c.2) Uniones de tubos multicapa

Deben efectuarse mediante accesorios para compresión radial *(press-fitting)* o compresión axial (anillo corredizo), conformes a la UNE 53008-1. También se admite la utilización de accesorios de unión rápida *(push-fitting)*, siempre que se efectúe de acuerdo con una norma de reconocido prestigio que avale la seguridad de esta técnica en la distribución de combustibles gaseosos.

c.3) Uniones de tubos de cobre o de acero inoxidable mediante accesorios de compresión radial (press-fitting) y axial

Las uniones de este tipo se realizarán de acuerdo con una norma de reconocido prestigio o, en su defecto, por las instrucciones dadas por el fabricante de los mismos.

La junta tórica debe ser conforme con UNE-EN 549.

c.4) Uniones de tubos de acero inoxidable coarrugado flexibles

Las uniones de este tipo se realizarán de acuerdo con una norma de reconocido prestigio o en su defecto por las instrucciones dadas por el fabricante de los mismos.

c.5) Enlaces de transición fijos PE-metal

Cumplirán lo dispuesto en UNE 60405-1 y 2.

d) Otros tipos de uniones

Se pueden emplear también en la construcción de instalaciones receptoras las uniones que sean aceptadas en la UNE-EN 1775.

Resumen UNE 53539
Tubos flexibles no metálicos para conexiones a instalaciones y aparatos que utilicen combustibles gaseosos de la 1.ª, 2.ª y 3.ª familia. Características y métodos de ensayo

Objeto

Tiene por objeto fijar las dimensiones, características y métodos de ensayo que deben cumplir los tubos flexibles no metálicos destinados a conducir combustibles gaseosos de la 1.ª, 2.ª y 3.ª familia.

Campo de aplicación

Se aplica a los tubos flexibles no metálicos empleados para la conexión mediante boquillas normalizadas, a los aparatos o a las instalaciones receptoras de uso doméstico colectivo o comercial que utilicen combustibles gaseosos de la 1.ª y 2.ª familia a presión inferior a 5 kPa (50 mbar) y 3.ª familia a presión inferior a 15 kPa (150 mbar).

Designación y marcado

Los tubos deben llevar inscrito cada 500 mm de forma indeleble con caracteres de 3 a 6 mm de altura los siguientes datos: Diámetro nominal del tubo en mm, la palabra "GAS", la referencia a esta misma UNE 53539, la designación comercial, la identificación del año y mes límite de empleo, que resultará de sumar 5 años y medio a la fecha de fabricación y el número de lote.

Por ejemplo:

Ø 15 mm - GAS - UNE 53539 - ANAGRAMA DEL FABRICANTE-CADUCIDAD ENERO 2007. N.º LOTE 69

Los tubos deben ser de color naranja para gases de la 3.ª familia y de color distinto al naranja para los gases de la 1.ª y 2.ª familia.

Resumen UNE 60250: 2008
Instalaciones de suministro de gases licuados del petróleo en depósitos fijos

Canalizaciones en fase gaseosa

Las tuberías de conexión en superficie de las botellas y los equipos complementarios de regulación pueden ser de acero o cobre.

Si el material es cobre, tendrá un espesor mínimo de 1,5 mm, su diámetro no debe ser superior a DN 20, los accesorios cumplirán la UNE-EN 1254-1 y la unión de la tubería con los accesorios se realizará mediante soldadura fuerte cuyo punto de fusión es superior a 450 ºC. En este caso todo el tramo de la tubería debe estar situado a una distancia inferior a 1 m, medida desde la protección ortogonal de la pared del depósito, ya sea de superficie o enterrado.

Canalización en fase líquida

Serán calculadas para soportar una presión máxima de 20 bar y una presión de prueba de 29 bar. Los materiales serán los mismos que los indicados en fase gaseosa.

Las tuberías pueden instalarse aéreas o enterradas, no pueden ser empotradas, si están en canaleta serán registrables y ventiladas en toda su longitud. Cuando atraviesen paramentos o forjados lo harán mediante pasamuros, siendo su diámetro 10 mm, como mínimo, mayor que el diámetro exterior de la tubería.

Los tramos de tubería que no estén en servicio, estarán aislados con un cierre estanco (tapón roscado, disco ciego o brida ciega).

Las uniones entre tuberías que puedan formar pares galvánicos se realizarán por juntas aislantes.

Los tramos de tuberías destinados a fase líquida que puedan quedar aislados entre válvulas de corte, deben disponer de una válvula de seguridad (alivio térmico) o de *bypass* de funcionamiento automático que libere cualquier sobrepresión interior excesiva.

Canalizaciones aéreas

La distancia mínima medida desde la parte inferior de la tubería al suelo debe ser de 5 cm. Cuando discurran por un muro estarán separadas de este como mínimo 2 cm.

Las tuberías estarán protegidas contra la corrosión externa por pintura u otro medio apropiado. Las tuberías de "fase líquida" se pintarán de color rojo y las de "fase gas" de color amarillo.

Uniones

Cuando no se utilice soldadura para las uniones entre tuberías, elementos auxiliares y equipos o entre sí, se podrá realizar por uno de los siguientes medios:

- bridas con asiento plano trabajando a compresión,

- rosca cónica según UNE 19009-1, pudiéndose utilizar un encintado o un producto que complemente la estanquidad, este tipo de unión no debe ser utilizado para diámetros superiores a 50,

- racores con asiento plano a compresión, no será utilizado para diámetros superiores a 50,

- uniones metal-metal de tipo esferocónico, se utilizará solamente para conexiones accidentales como las realizadas con las mangueras de trasvase en las instalaciones que dispongan de este equipo,

- no se permiten las uniones roscadas entre tuberías, ni tampoco en los acoplamientos de elementos auxiliares con diámetros nominales superiores a 50,

- no se permiten uniones roscadas entre tuberías en tramos de "fase líquida".

Válvulas de seguridad

La descarga de las válvulas se realizará en todos los casos a la atmósfera en sentido vertical y estará protegida para evitar la entrada de agua y suciedad a su interior pero sin obstruir su funcionamiento.

Las válvulas de seguridad que pueden expulsar "fase líquida" y se encuentren en el interior de "edificaciones de servicio", deben descargar a una altura mínima de 4 m sobre el suelo y 1 m sobre el punto más alto de la cubierta techo y a más de 3 m de salida de los productos de la combustión.

Llaves de corte

Deben ser estancas al exterior en todas sus posiciones, herméticas en su posición cerrada, precintables y para una presión máxima superior o igual a 25 bar.

Resumen UNE 53008: 2016
Sistemas de canalización en materiales plásticos

Parte 2: Diseño, instalación y mantenimiento

Compresión radial o *press-fitting*

Para su correcta instalación se atenderá a las instrucciones de montaje del fabricante que también facilitará las herramientas y accesorios (casquillos, abrazaderas, etc.) y el procedimiento adecuado para el sistema de unión que debe realizar el instalador.

No se permite la intercambiabilidad de tubos y sus accesorios, de un fabricante a otro, salvo que ambos así lo indiquen.

Este tipo de unión no debe ser desmontable.

Compresión axial o anillo corredizo

Se caracteriza por tener estanquidad en la unión del tubo y el accesorio, cuando se aplica fuerzas de compresión a un anillo opresor situado en el exterior del tubo y que abarque toda la superficie de contacto entre tubo y accesorio.

Unión por empuje o *push-fitting*

Este tipo de unión de forma manual no siendo necesario el uso de ningún tipo de herramienta o accesorio externo. La fijación se consigue por mecanismos internos del propio accesorio.

ITC-ICG 7 Instalaciones receptoras de combustibles gaseosos

1 Objeto y campo de aplicación

La presente instrucción técnica complementaria (en adelante, también denominada ITC) tiene por objeto establecer los requisitos técnicos y las medidas de seguridad que deben observarse en el diseño, ejecución y utilización de las instalaciones receptoras a las que se refiere el artículo 2 del Reglamento técnico de distribución y utilización de combustibles gaseosos (en adelante, también denominado reglamento), así como los requisitos de los locales que las contienen.

También se aplica a la instalación y revisión de los aparatos de gas asociados a la instalación.

2 Diseño y ejecución de las instalaciones receptoras

En edificios de nueva construcción y edificios rehabilitados, cuando dispongan de chimeneas para la evacuación de los productos de la combustión, estas se diseñarán y calcularán de acuerdo con los procedimientos descritos en las normas UNE 123001, UNE-EN 13384-1 y UNE-EN 13384-2, y los materiales deberán ser conformes a la norma UNE-EN 1856-1 cuando estos sean metálicos o a la norma NTE-ISH-74 cuando sean no metálicos.

Con carácter general, la evacuación de los productos de la combustión deberá efectuarse por cubierta. Excepcionalmente, cuando se trate de aparatos estancos o de tiro forzado de potencia útil nominal igual o inferior a 70 kW, así como de tiro natural para la producción de agua caliente sanitaria de potencia útil nominal igual o inferior a 24,4 kW, la evacuación de los productos de la combustión podrá realizarse mediante salida directa al exterior (fachada o patio de ventilación), sin perjuicio de lo que establezca el Reglamento de instalaciones térmicas de los edificios.

En edificaciones ya existentes que se reformen, si disponen de conducto de evacuación adecuado al nuevo aparato a conectar y si este reúne las condiciones establecidas en la reglamentación vigente, la evacuación de los productos de la combustión se realizará por el conducto existente.

Aquellos patios de ventilación destinados a la evacuación de los productos de combustión de aparatos conducidos, deben tener como mínimo una superficie en planta, medida en metros cuadrados, igual a $0,5 \cdot N_T$, con un mínimo de 4 m², siendo N_T el número total de locales que puedan contener aparatos conducidos que desemboquen en el patio. En caso de patios de ventilación en edificios de nueva edificación, la superficie mínima en planta será igual a 1 N_T, y siempre mayor que 6 m².

Además, si el patio está cubierto en su parte superior con un techado, este debe dejar libre una superficie permanente de comunicación con el exterior del 25 % de su sección en planta, con un mínimo de 4 m².

Las instalaciones de calderas a gas para calefacción y/o agua caliente de potencia útil superior a 70 kW se realizarán, en cuanto a los requisitos de seguridad exigibles a los locales y recintos que alberguen calderas de agua caliente o vapor, conforme a la norma UNE 60601. Asimismo, los equipos de llama directa para refrigeración por absorción, así como los equipos destinados a la generación de energía eléctrica o a la cogeneración, siempre que su potencia útil nominal conjunta sea superior a 70 kW, deberán instalarse en salas de máquinas o integrarse como equipos autónomos de conformidad con los requisitos recogidos en la norma UNE 60601.

Las instalaciones receptoras con presión máxima de operación hasta 5 bar se realizarán conforme a la norma UNE 60670 y, en concreto, los aparatos de gas de circuito abierto conducido para locales de uso doméstico deberán instalarse en galerías, terrazas, recintos o locales exclusivos para estos aparatos, o en otros locales de uso restringido (lavaderos, garajes individuales, etc.). También podrán instalarse este tipo de aparatos en cocinas, siempre que se apliquen las medidas necesarias que impidan la interacción entre los dispositivos de extracción mecánica de la cocina y el sistema de evacuación de los productos de la combustión. No obstante, estas limitaciones no son de aplicación a los aparatos de uso exclusivo para la producción de agua caliente sanitaria.

Las instalaciones receptoras suministradas desde redes que trabajen a una presión de operación superior a 5 bar se realizarán conforme a la norma UNE 60620.

Los tramos enterrados de las instalaciones receptoras se realizarán conforme a las especificaciones técnicas sobre acometidas descritas en las normas UNE 60310 y UNE 60311.

Para el diseño de las acometidas interiores enterradas, la empresa instaladora o el técnico facultativo que realiza el proyecto, deberán solicitar al distribuidor información sobre el tipo de material de la red.

3 Documentación y puesta en servicio de una instalación receptora de gas

3.1 Autorización administrativa

Las instalaciones receptoras de combustibles gaseosos no precisan de autorización administrativa para su ejecución.

3.2 Instalaciones que precisan proyecto

La ejecución de instalaciones receptoras precisará de un proyecto en los siguientes casos:

- Las instalaciones individuales, cuando su potencia útil sea superior a 70 kW.
- Las instalaciones comunes, cuando su potencia útil sea superior a 2.000 kW.
- Las acometidas interiores, cuando su potencia útil sea superior a 2.000 kW.
- Las instalaciones suministradas desde redes que trabajen a una presión de operación superior a 5 bar, para cualquier tipo de uso e independientemente de su potencia útil.
- Las instalaciones que empleen nuevas técnicas o materiales, o bien que por sus especiales características no puedan cumplir alguno de los requisitos establecidos en la normativa que les sea de aplicación, siempre y cuando no supongan una disminución de la seguridad de las mismas.
- Las ampliaciones de las instalaciones indicadas anteriormente, cuando la instalación resultante supere en un 30 % la potencia de diseño de la inicialmente proyectada, o cuando, a causa de la ampliación, se dan los supuestos antes señalados.

El proyecto de una instalación de gas contendrá todas las descripciones, cálculos y planos necesarios para su ejecución, así como las recomendaciones e instrucciones necesarias para su buen funcionamiento, mantenimiento y revisión.

En las instalaciones receptoras que precisen proyecto el técnico competente emitirá un certificado de dirección de obra.

3.3 Pruebas y verificaciones para la entrega de la instalación

La empresa instaladora deberá realizar una prueba de estanquidad de las instalaciones receptoras de acuerdo con la norma UNE 60670-8 o la norma UNE 60620, según proceda, y cuyo resultado positivo se indicará en el correspondiente certificado de instalación.

En las instalaciones receptoras que tengan acometida interior enterrada, la empresa instaladora entregará al distribuidor antes de la puesta en marcha de la instalación el certificado de acometida interior indicado en el anexo de esta ITC.

3.4 Certificados de instalación

En función del tipo de instalación receptora o de la parte de la misma que se trate, la empresa instaladora deberá cumplimentar el correspondiente certificado de instalación entre los que se indican a continuación, siguiendo en cada caso el modelo establecido en el anexo 1 de esta ITC:

a. Certificado de acometida interior de gas. El certificado de acometida interior de gas incluirá el correspondiente croquis de la instalación especificando el trazado, tipo de material, longitudes de tubería, diámetros, accesorios, caudales previstos para cada tramo, la servidumbre de paso, cuando proceda, y esquemas necesarios para definir la instalación y hará una especial mención a que las pruebas de resistencia mecánica y estanquidad que le correspondan, según las normas UNE 60310 y UNE 60311, han arrojado resultados positivos.

b. Certificado de instalación común de gas. El certificado de instalación común de gas incluirá el correspondiente croquis de la instalación especificando el trazado, tipo de material, longitudes de tubería, diámetros, elementos o sistemas de regulación, medida y control, accesorios, caudales previstos para cada tramo y esquemas necesarios para definir la instalación.

c. Certificado de instalación individual de gas. El certificado de instalación individual incluirá el correspondiente croquis de la instalación especificando el trazado, tipo de material, longitudes de tubería, diámetros, elementos o sistemas de regulación, medida y control, accesorios, aparatos de consumo conectados o previstos, indicando su consumo calorífico nominal y esquemas necesarios para definir la instalación.

Adicionalmente, de forma previa a la puesta en servicio de una instalación receptora que alimente a un edificio de nueva planta, y en el caso de que este disponga de chimeneas para la evacuación de los productos de la combustión, será necesaria una certificación, acreditativa de que las chimeneas cumplen con lo dispuesto en las normas UNE 123001, UNE-EN 13384-1 y UNE-EN 13384-2, en cuanto a su diseño y cálculo, y en cuanto a materiales con lo indicado en las normas UNE-EN 1856-1 o NTE-ISH-74, según se trate de materiales metálicos o no. Si el certificado de dirección de obra no incluye ya dicha acreditación, será necesaria una certificación extendida por el técnico facultativo competente responsable de su construcción o por un organismo de control.

3.5 Puesta en servicio

En general, para la puesta en servicio de una instalación receptora se deberá comprobar que quedan cerradas, bloqueadas y precintadas las llaves de inicio de las instalaciones individuales que no se vayan a poner en servicio en ese momento, así como las llaves de conexión de aquellos aparatos de gas pendientes de instalación o pendientes de poner en marcha. Además, se taponarán dichas llaves en caso de que la instalación individual, o el aparato correspondiente, estén pendientes de instalación. Asimismo, se deberán purgar las instalaciones que van a quedar en servicio, asegurándose que al terminar no existe mezcla de aire-gas dentro de los límites de inflamabilidad en el interior de la instalación dejada en servicio.

3.5.1 Instalaciones receptoras individuales con contrato de suministro domiciliario

En estos casos, de forma previa a la puesta en servicio, el futuro usuario deberá formalizar la póliza de abono o el contrato de suministro con el suministrador aportando la documentación pertinente.

En el caso de instalaciones receptoras alimentadas desde redes de distribución, una vez firmado el contrato de suministro, el usuario o, en su caso, el suministrador en su nombre, solicitará al distribuidor la puesta en servicio de la instalación receptora. Esta solicitud será asimismo de aplicación en el caso de modificación de la instalación de acuerdo a como se define en el apartado 5.

El distribuidor procederá, utilizando personal propio o autorizado, a realizar las siguientes pruebas previas al inicio del suministro:

1. Comprobar que la documentación se halla completa.

2. Comprobar que las partes visibles y accesibles de la instalación receptora cumplen con la normativa vigente.

3. Comprobar, en las partes visibles y accesibles, la adecuación a normas de los locales donde se ubiquen aparatos conectados a la instalación de gas, incluyendo los conductos de evacuación de humos de dichos aparatos, situados en los citados locales.

4. Comprobar la maniobrabilidad de las válvulas.

5. En los casos en que la instalación incorpore una estación de regulación, deberá también:

   – Comprobar el correcto funcionamiento de los sistemas de regulación.
   – Comprobar el correcto funcionamiento de los dispositivos de seguridad.

Una vez realizadas con resultado satisfactorio, el distribuidor podrá efectuar la puesta en servicio, para lo cual procederá a:

6. Precintar los equipos de medida.

7. Verificar la estanquidad de la instalación.

8. Dejar la instalación en servicio, si obtiene resultados favorables en las comprobaciones.

9. Extender un certificado de pruebas previas y puesta en servicio, del que se entregará una copia al titular o usuario.

En el resto de instalaciones no alimentadas desde redes de distribución el suministrador deberá efectuar las tareas descritas como pruebas previas y extender el certificado de pruebas previas y puesta en servicio para poder realizar el suministro de gas a la instalación.

El distribuidor o, en el caso de instalaciones no alimentadas desde redes de distribución, el suministrador, deberá archivar un ejemplar del certificado de instalación y del certificado de pruebas previas y puesta en servicio de la instalación de gas, de forma que los documentos puedan ser consultados en todo momento por el órgano competente de la Comunidad Autónoma.

En la reapertura de instalaciones después de una resolución de contrato, que entren de nuevo en servicio tras un periodo de interrupción de suministro de más de un año se actuará de igual forma que en las nuevas instalaciones. La empresa distribuidora procederá a verificar la existencia del certificado de la instalación individual archivado, procediendo a continuación a verificar, emitir y archivar por parte de la distribuidora el certificado de pruebas previas y puesta en servicio conforme a lo indicado en la ITC.

3.5.2 Instalaciones receptoras individuales sin contrato de suministro domiciliario

En este caso, una vez concluida la instalación, la empresa instaladora encargada del montaje realizará las pruebas y verificaciones para la entrega de la instalación descritas en el apartado

3.3 y emitirá, en todos los casos, el correspondiente certificado de instalación, del cual entregará una copia al titular.

3.6 Comunicación a la Administración

Salvo en el caso de las instalaciones que requieren proyecto, no es precisa ninguna comunicación. No obstante, el suministrador tendrá a disposición de la Administración la documentación descrita en esta ITC que sea necesaria para cada instalación.

4 Mantenimiento de las instalaciones receptoras. Inspecciones y revisiones

El titular de la instalación o en su defecto los usuarios, serán los responsables del mantenimiento, conservación, explotación y buen uso de la instalación de tal forma que se halle permanentemente en servicio, con el nivel de seguridad adecuado. Asimismo atenderán las recomendaciones que, en orden a la seguridad, les sean comunicadas por el suministrador.

Las modificaciones de las instalaciones deberán ser realizadas en todos los casos por instaladores autorizados quienes, una vez finalizadas, emitirán el correspondiente certificado que quedará en poder del usuario.

4.1 Inspecciones periódicas de las instalaciones receptoras alimentadas desde redes de distribución

Cada cinco años, y dentro del año natural de vencimiento de este periodo desde la fecha de puesta en servicio de la instalación o, en su caso, desde la última inspección periódica, las empresas instaladoras de gas habilitadas o los distribuidores de gases combustibles por canalización deberán efectuar una inspección de las instalaciones receptoras de los usuarios, repercutiéndoles el coste de la misma que, en caso de que la inspección sea realizada por el distribuidor, no podrá superar los costes regulados y teniendo en cuenta lo siguiente:

En instalaciones de hasta 70 kW de potencia instalada, la inspección comprenderá desde la llave de usuario hasta los aparatos de gas, incluidos estos.

En instalaciones centralizadas de calefacción e instalaciones de más de 70 kW de potencia instalada, la inspección comprenderá desde la llave de edificio hasta la conexión de los aparatos de gas, excluidos estos.

De forma general, y con independencia de la potencia instalada, en las instalaciones suministradas a una presión máxima de operación superior a 5 bar la inspección comprenderá desde la llave de acometida hasta la conexión de los aparatos de gas, excluidos estos. El mantenimiento de los aparatos será responsabilidad del titular de la instalación y deberá contemplarse en los planes generales de mantenimiento de la planta.

Adicionalmente, las empresas instaladoras de gas habilitadas o los distribuidores a cuyas instalaciones se hallen conectadas las instalaciones receptoras individuales de los usuarios, procederán a inspeccionar la parte común de las mismas con una periodicidad de cinco años.

La inspección periódica de una instalación receptora alimentada desde una red de distribución de presión igual o inferior a 5 bares, consistirá básicamente en la comprobación de la estanquidad de la instalación receptora y la verificación del buen estado de conservación de la misma, la combustión higiénica de los aparatos, la comprobación de los requisitos de ventilación y el volumen mínimo del local, la verificación de los sistemas de detección de gas sustitutivos de la ventilación rápida y la correcta evacuación de los productos de la combustión. A este respecto se consideran adecuados los procedimientos de inspección que estén de acuerdo con las normas UNE 60670-12 y UNE 60670-13.

Los criterios técnicos aplicables en las inspecciones periódicas se referirán a la versión de las normas descritas anteriormente que fueran aplicables en el momento de puesta en servicio de la instalación o de modificación o ampliación de la misma, excepto en lo que se refiere a la presencia de aparatos de gas de tipo A o tipo B instalados en dormitorio, o en local de baño o ducha, y a la falta de sistema de detección y corte de gas. En estos casos, los criterios técnicos aplicables serán los de la versión vigente de la norma, para cuyo cumplimiento se dispone de un periodo de adaptación a la misma, equivalente al periodo comprendido hasta la siguiente inspección periódica.

La inspección periódica de una instalación receptora alimentada desde una red de presión superior a 5 bar, se realizará de acuerdo con los procedimientos descritos en la norma UNE 60620-6.

En cualquier caso, se requerirá que el personal que realice la inspección sea instalador habilitado de gas en los términos que se establecen en la ITC-ICG 09.

4.1.1 Procedimiento general de actuación

a) El distribuidor deberá comunicar a los usuarios, con una antelación de tres meses, la obligación de que en su instalación se debe realizar la inspección, pudiéndola realizar una empresa instaladora habilitada o él mismo.

b) La inspección será realizada por:

b.1 En el caso de empresa instaladora de gas habilitada, por instaladores categoría A, B o C para instalaciones individuales, e instaladores categorías A o B para instalaciones comunes.

b.2 En el caso de empresa distribuidora, por personal propio o contratado por el distribuidor. Tanto el personal contratado como el propio deberán disponer de las habilitaciones correspondientes según se indica en el apartado b.1 o estar debidamente certificado para esta actividad por una entidad acreditada para la certificación de personas según el RD 2200/1995, de 28 de diciembre. Asimismo, el personal contratado deberá actuar en el seno de una empresa instaladora habilitada.

c) Procedimiento general de actuación realizada por empresa instaladora habilitada de gas:

c.1. Si por elección del cliente, la empresa instaladora habilitada de gas realiza la inspección con resultado favorable, emitirá el correspondiente certificado de inspección, entregando una copia al titular de la instalación, remitiendo otra copia a la empresa distribuidora por los medios que se determinen, asimismo, mantendrá otra copia en su poder. El certificado deberá estar firmado por el instalador habilitado y con el sello de la empresa instaladora responsable.

c.2. Si la empresa instaladora realiza la inspección, y en la misma se detectan anomalías, se procederá del siguiente modo:

Se remitirá a la empresa distribuidora el informe de anomalías, en el que se indica el plazo máximo de corrección de las mismas, y se entregará una copia al titular de la instalación, no pudiendo proceder a la reparación de las anomalías la misma empresa o instalador que realice la inspección.

d) Procedimiento general de actuación realizada por empresa distribuidora.

d.1. Si la empresa distribuidora realiza la inspección por elección del cliente, avisará con una antelación mínima de 5 días, la fecha de la visita de inspección y solicitará que se facilite el acceso a la instalación el día indicado.

Si el resultado es favorable, se emitirá el certificado correspondiente de inspección entregando una copia al titular y manteniendo una copia en su poder.

Si se detectan anomalías al finalizar la inspección se entregará el correspondiente informe de anomalías, indicando el plazo de corrección de las mismas, no pudiendo proceder a la reparación de las anomalías por la misma empresa o instalador.

d.2. En caso de que la distribuidora no reciba el certificado de inspección periódica de las instalaciones en la fecha límite indicada en la comunicación del distribuidor, se entenderá que el titular desea que la inspección sea realizada por el propio distribuidor, quien comunicará la fecha y hora de la inspección con una antelación mínima de cinco días.

e) En el caso de que sea la empresa distribuidora quien realice la inspección, si no fuera posible efectuar la inspección por encontrarse ausente el usuario, el distribuidor notificará a aquel la fecha de una segunda visita.

f) En el caso de que se detecten anomalías de las indicadas en la norma UNE 60670 o UNE 60620, según corresponda, se cumplimentará y entregará al usuario un informe de anomalías, que incluirá los datos mínimos que se indican en el anexo de esta ITC. Dichas anomalías deberán ser corregidas por el usuario.

En el caso de que se detecte una anomalía principal, si esta no puede ser corregida en el mismo momento, se deberá interrumpir el suministro de gas y precintar la parte de la instalación pertinente o el aparato afectado, según proceda. A estos efectos se considerarán anomalías principales las contenidas en la norma UNE 60670 o UNE 60620, según corresponda. Todas las fugas detectadas en instalaciones de gas serán consideradas como anomalía principal.

En el caso de faltas de estanquidad consideradas anomalías secundarias se dará un plazo de quince días hábiles para su corrección. A estos efectos se considerarán anomalías secundarias las contenidas en la norma UNE 60670 o UNE 60620, según corresponda.

g) El distribuidor dispondrá de una base de datos, permanentemente actualizada, que contenga, entre otras informaciones, la fecha de la última inspección de las instalaciones receptoras, así como su resultado, conservando esta información durante diez años. Todo el sistema deberá poder ser consultado por el órgano competente de la Comunidad Autónoma, cuando este lo considere conveniente.

h) El titular, o en su defecto, el usuario, es el responsable de la corrección de las anomalías detectadas en la instalación, incluyendo la acometida interior enterrada, y en los aparatos de gas, utilizando para ello los servicios de un instalador habilitado de gas o de un servicio técnico según corresponda, que entregará al usuario un justificante de corrección de anomalías según el modelo incluido en el anexo de esta ITC, y enviará copia al distribuidor. Cuando la anomalía secundaria a corregir sea la estipulada en el punto 4.2.4 (imposibilidad de comprobación de los productos de la combustión del aparato, cuando sea de tipo B o C) de la norma UNE 60670-13, esta corrección requerirá la comprobación de la composición de los productos de la combustión, con resultado favorable. Se considerará que la inspección ha sido favorable cuando se emita el justificante de corrección de las anomalías sin necesidad de emitir ningún certificado adicional.

i) Cuando la empresa instaladora habilitada haya resuelto las anomalías principales que ocasionaron el precintado de la instalación, podrá proceder al desprecintado y a dejar la instalación en funcionamiento, comunicándoselo a la empresa Distribuidora mediante la presentación del correspondiente certificado de subsanación.

4.2 Revisión periódica de las instalaciones receptoras no alimentadas desde redes de distribución

Los titulares o, en su defecto, los usuarios actuales de las instalaciones receptoras no alimentadas desde redes de distribución, son responsables de encargar una revisión periódica de su instalación, utilizando para dicho fin los servicios de una empresa instaladora de gas de acuerdo con lo establecido en la ITC-ICG 09.

Dicha revisión se realizará cada cinco años, y comprenderá desde la llave de usuario hasta los aparatos de gas, incluidos estos, cuando la potencia instalada sea inferior o igual a 70 kW, o desde la llave de usuario hasta la llave de conexión de los aparatos, excluidos estos, cuando la potencia instalada supere dicho valor.

Además, la revisión periódica de la instalación receptora se hará coincidir con la de la instalación que la alimenta.

La revisión periódica de una instalación receptora no alimentada desde una red de distribución y suministrada a una presión igual o inferior a 5 bar, consistirá básicamente en la comprobación de la estanquidad de la instalación receptora, y la verificación del buen estado de conservación de la misma, la combustión higiénica de los aparatos, la comprobación de los requisitos de ventilación y volumen mínimo del local, la verificación de los sistemas de detección de gas sustitutivos de la ventilación rápida y la correcta evacuación de los productos de la combustión. A este respecto se consideran adecuados los procedimientos de revisión que estén de acuerdo con las normas UNE 60670-12 y UNE 60670-13. También se comprobará el estado de la protección catódica de las canalizaciones de acero enterradas.

Los criterios técnicos aplicables en las revisiones periódicas se referirán a la versión de las normas descritas anteriormente que fueran aplicables en el momento de puesta en servicio de la instalación o de modificación o ampliación de la misma, excepto en lo que se refiere a la presencia de aparatos de gas de tipo A o tipo B instalados en dormitorio, o en local de baño o ducha, y a la falta de sistema de detección y corte de gas. En estos casos, los criterios técnicos aplicables serán los de la versión vigente de la norma, para cuyo cumplimiento se dispone de un periodo de adaptación a la misma, equivalente al periodo comprendido hasta la siguiente revisión periódica.

La revisión periódica de una instalación receptora no alimentada desde una red de distribución y suministrada a una presión superior a 5 bar, se realizará de acuerdo con los procedimientos descritos en la norma UNE 60620-6. También se comprobará el estado de la protección catódica de las canalizaciones de acero enterradas.

Cuando la visita arroje un resultado favorable, se cumplimentará y entregará al usuario un certificado de revisión periódica, que seguirá en cada caso los modelos que se presentan en el anexo de esta ITC para receptoras comunes o individuales.

En el caso de que se detecten anomalías de las indicadas en la norma UNE 60670 o UNE 60620, según corresponda, se cumplimentará y entregará al usuario un informe de anomalías que incluya los datos mínimos que se indican en el anexo de esta ITC.

En el caso de que se detecte una anomalía principal, si esta no puede ser corregida en el mismo momento, se deberá interrumpir el suministro de gas y precintar la parte de la instalación pertinente o el aparato afectado, según proceda. A estos efectos se considerarán anomalías principales las contenidas en la norma UNE 60670 o UNE 60620, según corresponda. Todas las fugas detectadas en instalaciones de GLP serán consideradas como anomalía principal.

Las anomalías secundarias se comunicarán al usuario para que proceda a su corrección. A estos efectos se considerarán anomalías secundarias las contenidas en la norma UNE 60670 o UNE 60620, según corresponda.

5 Modificación de instalaciones receptoras

Siempre que se modifique una instalación receptora, la empresa instaladora que realice los trabajos deberá comunicar tal circunstancia al suministrador. A estos efectos, se entenderá por modificación de una instalación receptora cualquier modificación de la instalación de gas que conlleve un cambio de material o de trazado en una longitud superior a 1 m, así como cualquier ampliación de consumo o sustitución de aparatos por otros de diferentes características técnicas.

Una vez comunicada la modificación al suministrador, este solicitará el enganche al distribuidor, quien realizará las pruebas previas establecidas reglamentariamente, repercutiéndose el coste de los derechos de enganche al usuario final.

Anexo
Documentación técnica de las instalaciones receptoras de gas. Modelos de impresos

1. Objeto y campo de aplicación

Este anexo tiene por objeto establecer los modelos de impresos a utilizar para la documentación de la construcción, comprobación de la adecuación a normas y puesta en servicio, y la información mínima a incluir en los informes de inspección periódica y revisión de las instalaciones receptoras de gas.

2. Modelos de impresos

Se establecen los siguientes modelos de documentos para la documentación de las instalaciones de gas y aparatos de gas y las operaciones que se realizan en las mismas:

- IRG-1 Certificado de acometida interior de gas.
- IRG-2 Certificado de instalación común de gas.
- IRG-3 Certificado de instalación individual de gas.
- IRG-4 Certificado de revisión periódica de instalaciones individuales y aparatos no alimentados desde redes de distribución.
- IRG-5 Certificado de revisión periódica de instalaciones comunes no alimentadas desde redes de distribución.

Asimismo, se establece la información mínima que deben contener los siguientes documentos:

- Certificado de pruebas previas y puesta en servicio de instalaciones de gas alimentadas desde una red de distribución.
- Certificado de inspección de instalación común, instalación individual de gas y aparatos (inspección periódica de instalaciones alimentadas desde redes de distribución).
- Informe de anomalías en inspección de instalación común, instalación individual de gas y aparatos (inspección periódica de instalaciones alimentadas desde redes de distribución).
- Informe de anomalías en revisión periódica de instalaciones individuales y aparatos no alimentados desde redes de distribución.
- Informe de anomalías en revisión periódica de instalaciones comunes no alimentadas desde redes de distribución.

MODELO IRG-1
CERTIFICADO DE ACOMETIDA INTERIOR DE GAS

Empresa instaladora o empresa contratista

Nombre   CIF

Dirección   Teléfono de atención

Categoría   Número de Registro   expedido por

Instalador o soldador de polietileno

Nombre   DNI o NIE

(o en su defecto, número de pasaporte   )

Categoría de instalador   Número de carné   expedido por

DECLARA:

Haber   realizado/   modificado/   ampliado la acometida interior siguiente:

Dirección: Calle   número

Población:

Potencia de diseño de la instalación

Número de instalaciones comunes que alimenta

Tipo de trazado: Aéreo   Enterrado

Que la misma ha sido efectuada de acuerdo con la normativa vigente que le es de aplicación, que se han realizado con resultado satisfactorio las pruebas de estanquidad que la misma prevé, y que los dispositivos de maniobra funcionan correctamente.

Y acompaña la siguiente documentación (indicar la que proceda):

   Croquis de la acometida interior

   Plano con detalle de la situación de la acometida interior en planta y alzado

   Derecho de servidumbre de paso permanente de la acometida interior enterrada a favor del suministrador

La empresa firmante de este documento garantiza, por un periodo de cuatro años contados a partir de la fecha abajo indicada, contra cualquier deficiencia de la instalación realizada atribuible a una mala ejecución, así como contra toda consecuencia que de ello se derive.

       Fecha   Firma del instalador   Sello de la empresa instaladora

MODELO IRG-2
CERTIFICADO DE INSTALACIÓN COMÚN DE GAS

Empresa instaladora

Nombre _____________________________ CIF _____________

Dirección _____________________________ Teléfono de atención _____________

Categoría _______ Número de Registro _______ expedido por _______

Instalador

Nombre _____________________________ DNI o NIE _____________

(o en su defecto, número de pasaporte _____________)

Categoría de instalador _______ Número de carné _______ expedido por _______

DECLARA:

Haber _______ realizado/ _______ modificado/ _______ ampliado la acometida interior siguiente:

Dirección: Calle _____________________________ número _______ piso _______

Población: _____________________________

Potencia de diseño de la instalación _____________________________

Número de instalaciones comunes que alimenta _____________

Que la misma ha sido efectuada y cumple con todas las disposiciones y normativas de la legislación vigente que le sean de aplicación, tanto en materiales como en ventilaciones, que se han realizado con resultado satisfactorio las pruebas de estanquidad que las mismas prevén, y que los dispositivos de maniobra funcionan correctamente.

Y acompaña la siguiente documentación (indicar la que proceda):

_______ Croquis de la acometida interior

_______ Otros (indicar) _____________________________

La empresa firmante de este documento garantiza, por un período de cuatro años contados a partir de la fecha abajo indicada, contra cualquier deficiencia de la instalación realizada atribuible a una mala ejecución, así como contra toda consecuencia que de ello se derive.

Fecha   Firma del instalador   Sello de la empresa instaladora

MODELO IRG-3
CERTIFICADO DE INSTALACIÓN INDIVIDUAL DE GAS

Empresa instaladora

Nombre   CIF

Dirección   Teléfono de atención

Categoría   Número de Registro   expedido por

Instalador

Nombre   DNI o NIE

(o en su defecto, número de pasaporte   )

Categoría de instalador   Número de carné   expedido por

DECLARA:

Haber   realizado/   modificado/   ampliado la acometida interior siguiente:

Dirección: Calle   número   piso

Población:

Potencia de diseño de la instalación

Número de instalaciones comunes que alimenta

Que la misma ha sido efectuada y cumple con todas las disposiciones y normativas de la legislación vigente que le sean de aplicación, tanto en materiales como en ventilaciones, que se han realizado con resultado satisfactorio las pruebas de estanquidad que las mismas prevén, y que los dispositivos de maniobra funcionan correctamente.

Y acompaña la siguiente documentación (indicar la que proceda):

  Croquis de la acometida interior

  Relación de aparatos instalados o previstos

Uso

  Doméstico individual

  Doméstico colectivo

  Comercial

  Industrial

Aparatos de gas instalados o previstos	
Tipo de aparato instalado o previsto	Potencia nominal (kW)

La empresa firmante de este documento garantiza, por un periodo de cuatro años contados a partir de la fecha abajo indicada, contra cualquier deficiencia de la instalación realizada atribuible a una mala ejecución, así como contra toda consecuencia que de ello se derive.

    Fecha   Firma del instalador   Sello de la empresa instaladora

MODELO IRG-4

CERTIFICADO DE REVISIÓN PERIÓDICA DE INSTALACIONES INDIVIDUALES Y APARATOS NO ALIMENTADOS DESDE REDES DE DISTRIBUCIÓN

Datos del titular y de la instalación

Nombre del usuario

Dirección

Población y DP

Tipo de gas

Tipo de alimentación (gas natural, GGLP a granel o GLP envasado

Datos de la empresa instaladora

Razón social

CIF

Categoría

Datos del instalador

Nombre

DNI o NIE   (o en su defecto, número de pasaporte   )

Acreditación

La persona que suscribe CERTIFICA que, en el día de hoy

- ha sido comprobada en sus partes visibles y accesibles la **instalación receptora individual de gas**

- ha sido comprobado el funcionamiento de los aparatos de gas conectados a la instalación reseñada habiéndose obtenido como resultado que NO EXISTEN ANOMALÍAS PRINCIPALES NI SECUNDARIAS, de acuerdo con la norma:

☐ UNE 60670

☐ UNE 60620

El plazo de validez de este certificado es de 5 años

Fecha:	Enterado del resultado de las operaciones
Firma del instalador y sello de la empresa instaladora	Nombre y firma del cliente o usuario

MODELO IRG-5

**CERTIFICADO DE REVISIÓN PERIÓDICA DE INSTALACIÓN COMÚN NO ALIMENTADA
DESDE REDES DE DISTRIBUCIÓN**

Datos del titular y de la instalación

Nombre del titular o representante

Dirección del inmueble

Población y DP

Suministrador

Tipo de gas

Tipo de alimentación (gas natural, GGLP a granel o GLP envasado

Datos de la empresa instaladora

Razón social

CIF

Categoría

Datos del instalador

Nombre

DNI o NIE   (o en su defecto, número de pasaporte   )

Acreditación

<table>
<tr><td>

La persona que suscribe CERTIFICA que, en el día de hoy

- ha sido comprobada en sus partes visibles y accesibles la **instalación receptora común de gas reseñada**

- habiéndose obtenido como resultado que NO EXISTEN ANOMALÍAS PRINCIPALES NI SECUNDARIAS, de acuerdo con la norma:

☐ UNE 60670

☐ UNE 60620

El plazo de validez de este certificado es de 5 años

</td></tr>
</table>

Fecha:	Enterado del resultado de las operaciones
Firma del instalador y sello de la empresa instaladora	Nombre y firma del cliente o usuario

CERTIFICADO DE PRUEBAS PREVIAS Y PUESTA EN SERVICIO DE INSTALACIONES DE GAS ALIMENTADAS DESDE UNA RED DE DISTRIBUCIÓN

Debe contener la siguiente información:

Datos del distribuidor:

Nombre.

Dirección.

Teléfono de atención.

Datos del suministrador:

Nombre.

Dirección.

Teléfono de atención.

Representante de la empresa.

Datos de la instalación de gas:

Código de identificación del punto de suministro para instalaciones de gas natural.

Número de póliza para instalaciones de GLP.

Tipo de instalación.

Tipo de gas

Dirección.

Datos del contador:

Número de serie.

Lectura inicial

Datos del titular o representante:

Nombre.

DNI o NIE: (o, en su defecto, número de pasaporte).

Dirección.

Otros datos:

Fecha.

Firma del técnico y sello del distribuidor.

Firma del cliente o representante.

Una declaración como la que sigue:

«El distribuidor responsable de la puesta en servicio de la instalación certifica que han sido efectuadas las pruebas y comprobaciones indicadas por la reglamentación vigente, que el resultado de las mismas es correcto, y que la instalación queda en disposición de servicio.»

CERTIFICADO DE INSPECCIÓN DE INSTALACIÓN COMÚN, INSTALACIÓN INDIVIDUAL DE GAS Y APARATOS (inspección periódica de instalaciones alimentadas desde redes de distribución)

Debe contener la siguiente información:

Datos del usuario y de la instalación:

Código de identificación del punto de suministro para instalaciones de gas natural.

Número de póliza para instalaciones de GLP.

Nombre del usuario.

Dirección.

Distribuidor.

Suministrador.

Tipo de gas.

Datos de la empresa habilitada (empresa instaladora/distribuidora) y de la persona habilitada autorizada y de la que realiza las operaciones:

Razón social y NIF de la empresa distribuidora.

Nombre del instalador.

DNI o NIE (o, en su defecto, número de pasaporte).

Tipo de habilitación y categoría del instalador.

Razón social y NIF de la empresa habilitada.

Tipo de entidad y categoría.

Otros datos:

Fecha del informe.

Situación en que queda la instalación.

Firma del instalador y sello de la empresa instaladora o distribuidor, según proceda.

Firma del cliente o representante.

INFORME DE ANOMALÍAS DE INSTALACIÓN COMÚN, INSTALACIÓN INDIVIDUAL DE GAS Y APARATOS (inspección periódica de instalaciones alimentadas desde redes de distribución)

Debe contener la siguiente información:

Datos del usuario y de la instalación:

Código de identificación del punto de suministro para instalaciones de gas natural.

Número de póliza para instalaciones de GLP.

Nombre del usuario.

Dirección.

Distribuidor.

Suministrador.

Tipo de gas.

Datos de la empresa habilitada (empresa instaladora/distribuidora) y de la persona habilitada autorizada y de la que realiza las operaciones:

Razón social y NIF de la empresa distribuidora.

Nombre del instalador.

DNI o NIE (o, en su defecto, número de pasaporte).

Tipo de habilitación y categoría del instalador.

Razón social y NIF de la empresa habilitada.

Tipo de entidad y categoría.

Otros datos:

Fecha del informe.

Situación en que queda la instalación.

Firma del instalador y sello de la empresa instaladora o distribuidor, según proceda.

Firma del cliente o representante.

INFORME DE ANOMALÍAS EN REVISIÓN PERIÓDICA DE INSTALACIÓN INDIVIDUAL DE GAS Y APARATOS NO ALIMENTADOS DESDE REDES DE DISTRIBUCIÓN

Debe contener la siguiente información:

Datos del usuario y de la instalación:

Número de póliza.

Nombre del usuario.

Dirección.

Suministrador.

Tipo de gas.

Datos de la entidad autorizada y de la persona acreditada que realiza las operaciones:

Nombre, DNI o NIE (o, en su defecto, número de pasaporte).

Razón social, CIF.

Tipo de entidad.

Relación de anomalías detectadas:

Anomalías principales.

Anomalías secundarias.

Plazo para corrección de anomalías (cuando proceda).

Otros datos:

Fecha del informe.

Situación en que queda la instalación.

Firma del técnico y sello de la empresa.

Firma del cliente o representante.

INFORME DE ANOMALÍAS EN REVISIÓN PERIÓDICA DE INSTALACIONES COMUNES NO ALIMENTADAS DESDE REDES DE DISTRIBUCIÓN

Debe contener la siguiente información:

Datos del usuario y de la instalación:

Número de póliza.

Nombre del usuario.

Dirección.

Suministrador.

Tipo de gas.

Datos de la entidad autorizada y de la persona acreditada que realiza las operaciones:

Nombre, DNI o NIE (o, en su defecto, número de pasaporte).

Razón social, CIF.

Tipo de entidad.

Relación de anomalías detectadas:

Anomalías principales.

Anomalías secundarias.

Plazo para corrección de anomalías (cuando proceda).

Otros datos:

Fecha del informe.

Situación en que queda la instalación.

Firma del técnico y sello de la empresa.

Firma del cliente o representante.

Resumen UNE 60601: 2013
Salas de máquinas y equipos autónomos de generación de calor o frío o para cogeneración, que utilizan combustibles gaseosos

Objeto y campo de aplicación

Se establecen los requisitos exigibles a los locales o recintos en los que se instalen generadores de calor o frío mediante fluido caloportador, excluido el aire e incluido el vapor de agua a una presión máxima de trabajo inferior o igual a 0,5 bar, cuya potencia útil nominal conjunta sea superior a 70 kW.

Equipos autónomos, bien de generación de calor o frío, o bien para cogeneración, ubicados en el exterior.

Para calcular la potencia, cuando en un mismo local coexistan generadores de calor o frío y equipos de cogeneración, se sumará el valor de la potencia útil nominal conjunta de los primeros y el consumo calorífico nominal de los cogeneradores.

No es de aplicación en los siguientes casos:

▫ Aparatos destinados a la cocción de alimentos.
▫ Generadores de aire caliente para calefacción por convección forzada.
▫ Aparatos suspendidos de calefacción por radiación.
▫ Aparatos de iluminación.
▫ Aparatos para lavado, secado o planchado.
▫ Aparatos destinados a procesos industriales.

Emplazamiento

En instalaciones compartidas, cuando la suma de las potencias nominales de los generadores instalados en ellas sea superior a 70 kW, deberán instalarse en una sala de máquinas que albergue elementos exclusivos de su instalación o que forme parte de un equipo autónomo.

a) Salas de máquinas

Para un edificio de nueva construcción, la sala de máquinas se ubicará en un lugar que tenga una pared en contacto con el exterior del edificio, que esté unido a este o no, podrá hacerse en la cubierta, si no fuese así deberá justificarse la solución adoptada.

Si la sala de máquinas existente es reformada o se construye nueva, puede situarse en el exterior del edificio, unida o no al mismo. También en el interior del mismo, pudiendo establecerse en planta a nivel de calle o del terreno colindante, cubierta o en semisótano* siempre que en semisótano la diferencia entre el nivel del suelo de este y el suelo de la calle o terreno colindante no sea superior a 4 m.

Las salas de máquinas cumplirán con lo indicado en la siguiente tabla:

---

* Eliminamos el término **primer sótano** para dejar únicamente el de **semisótano**, según UNE 60670-2: Terminología.

Factores que condicionan la posibilidad de ubicación de una sala de máquinas y los sistemas de ventilación y seguridad a emplear					
Tipo de edificio	Tipo de gas	Emplazamiento	Superficie de baja resistencia	Sistemas de ventilación y de seguridad a emplear	Emplazamiento permitido
Nueva construcción	Menos denso que el aire	Sobre semisótano	SÍ	(A o B)+D	SÍ
			NO	*	NO
		En semisótano	SÍ	*	NO
			NO	*	NO
		Bajo semisótano	SÍ	*	NO
			NO	*	NO
	Más denso que el aire	Sobre semisótano	SÍ	(A o B)+D+E**	SÍ
			NO	*	NO
		En semisótano	SÍ	*	NO
			NO	*	NO
		Bajo semisótano	SÍ	*	NO
			NO	*	NO
Edificio existente	Menos denso que el aire	Sobre semisótano	SÍ	(A o B)+D	SÍ
			NO	C+D	SÍ
		En semisótano	SÍ	B+D	SÍ
			NO	C+D	SÍ
		Bajo semisótano	SÍ	*	NO
			NO	*	NO
	Más denso que el aire	Sobre semisótano	SÍ	(A o B)+D+E**	SÍ
			NO	C+D+E	SÍ
		En semisótano	SÍ	B+D+E	SÍ
			NO	C+D+E	SÍ
		Bajo semisótano	SÍ	*	NO
			NO	*	NO

SISTEMAS:

A Ventilación natural, apartado a.1) y apartado a.2) de la página 88-89.

B Ventilación forzada (impulsión), caudal normal, apartado a.3) de la página 89.

C Ventilación forzada (impulsión), caudal aumentado, apartado a.3) de la página 89.

D Sistema de detección y sistema de corte asociado, este último, a la impulsión y/o a la detección.

E Extracción.

* En las condiciones indicadas, el emplazamiento de la sala de máquinas no está permitido, con independencia del sistema de ventilación y de seguridad a emplear.

** El sistema de extracción solo es exigible cuando la sala de máquinas no disponga de orificio o conducto inferior para evacuación de eventuales fugas de gas al exterior de sección mínima de acuerdo con lo establecido en apartados a.1) y a.2) de la página 88-89.

Tabla 1

b) Equipos autónomos

Los equipos autónomos de generación de calor o frío, o para cogeneración se deben instalar en el exterior de los edificios, a la intemperie, en zonas no transitadas por el uso habitual del edificio, salvo por el personal de mantenimiento de estos u otros equipos, en plantas a nivel de calle o terreno colindante, azoteas o terrazas.

En el caso de que se sitúen en zonas de tránsito de personas o bienes se debe dejar una franja libre alrededor del equipo que garantice el mantenimiento del mismo y de como mínimo 1 m, delimitada por medio de elementos que impidan el acceso a la misma a personal no autorizado.

Cuando los equipos autónomos no tengan ningún registro en su parte posterior y el fabricante así lo autorice, podrán instalarse adosados al muro, respetando 1 m en su parte frontal y lateral. También podrán instalarse de forma contigua por sus paredes laterales, sin separación, siempre que no tengan accesos o registros laterales.

Cuando se alimenten de gases más densos que el aire, no debe existir comunicación con niveles inferiores (desagües, sumideros, conductos de ventilación a ras de suelo, etc.) en la zona de influencia del equipo de 1 m alrededor.

Si en la zona de seguridad existe algún desagüe específico del equipo autónomo, tendrá un sellado hidráulico cuyo correcto funcionamiento debe ser verificado con periodicidad por personal de mantenimiento.

Características constructivas y dimensiones

En general, los locales y equipos autónomos deben cumplir con la legislación vigente en materia de seguridad, protección contra incendios, ruido, seguridad estructural, electricidad e iluminación. Los equipos autónomos deben tener marcado de conformidad que indique el cumplimiento de la legislación.

No se permite el uso de salas de máquinas para otros fines distintos a su propósito, ni la realización en ellas de trabajos ajenos a los propios de la instalación.

Debe asegurarse que los elementos estructurales puedan soportar los esfuerzos mecánicos a que vayan a ser sometidos por los equipos e instalaciones utilizadas.

Los motores y sus transmisiones, elementos móviles o giratorios, deben estar convenientemente protegidos contra accidentes fortuitos del personal.

La conexión entre generadores y sus conductos de evacuación o chimeneas debe ser accesibles.

Salas de máquinas

Las especificaciones de seguridad en caso de incendio serán las indicadas en la legislación vigente en esta materia para recintos de riesgo especial.

a) Cerramientos

Las paredes y techos exteriores de la sala de calderas deben tener un elemento o disposición constructiva de baja resistencia mecánica, en comunicación directa con una zona exterior, patio de ventilación o patio inglés, con una superficie mínima en m^2 que sea la centésima parte del volumen del local expresado en m^3, con un mínimo de 1 m^2.

Se consideran como patios de ventilación, los que cumplen los requisitos indicados en la Norma UNE 60670-6 (ver resumen más adelante).

Las salas de máquinas que no comuniquen directamente con el exterior o con un patio de ventilación o patio inglés de dimensiones mínimas, podrán hacerlo a través de un conducto de sección mínima equivalente a la del elemento o disposición constructiva anteriormente definido y cuya relación entre el lado mayor y el lado menor sea menor que 3. Dicho conducto discurrirá en sentido ascendente hacia el exterior, con una pendiente mínima de 1 % sin aberturas en todo su recorrido y con desembocadura libre de obstáculos.

La superficie de baja resistencia mecánica debe ser siempre parte del paramento de la sala en contacto directo con el exterior.

La sección de ventilación y/o la puerta directa al exterior pueden formar parte de la superficie de baja resistencia mecánica y si esta se fragmenta en varias, se debe aumentar un 10 % de la superficie exigible con un mínimo de 250 cm^2 por división.

La superficie de baja resistencia mecánica no debe practicarse a patios que en su proyección vertical contengan escaleras o ascensores (no se considera patio con ascensor cuando contenga exclusivamente el contrapeso del mismo).

Los elementos del cerramiento no deben permitir filtraciones de humedad.

La sala dispondrá de un sistema eficaz de desagüe. En el caso de gases más densos que el aire este sistema debe disponer de un sello hidráulico cuyo correcto funcionamiento debe ser verificado periódicamente por el personal autorizado de mantenimiento.

Accesos

La sala de máquinas debe tener un número de accesos tal que la distancia máxima desde cualquier punto de la misma al acceso más próximo sea como máximo de 15 m.

La puerta de acceso debe comunicarse directamente con el exterior o a través de un vestíbulo que independice la sala del resto del edificio.

No se debe realizar el acceso normal a la sala de máquinas a través de una abertura en el techo o suelo.

Las dimensiones mínimas de la puerta de acceso a la sala de máquinas serán de 80 cm de ancho y 2 m de alto salvo para reforma de las instalaciones existentes, que se adaptará a las posibilidades constructivas, siendo como mínimo el tamaño de la puerta de 60 cm de ancho y 1,8 m de alto.

Las puertas de la sala de máquinas tendrán cerradura con llave desde el exterior y de fácil apertura desde el interior, incluso si se ha cerrado desde el exterior.

No existirán obstáculos que impidan su fácil apertura.

Las puertas tendrán una permeabilidad no superior a 1 l/s·m^2, bajo una presión diferencial de 100 Pa, salvo cuando estén en contacto directo con el exterior.

En el exterior de la puerta y en lugar y forma visible se deben colocar las siguientes inscripciones:

Sala de máquinas

Generadores a gas

Prohibida la entrada a toda persona ajena al servicio

Especificaciones dimensionales

Las dimensiones de la sala de máquinas permitirán el acceso sin dificultad a los órganos de maniobra y control, para lo cual respetarán siempre las indicaciones del fabricante de los equipos y que como mínimo serán las que se indican en este apartado.

Cuando el generador de energía lleve acoplado un quemador exterior al mismo que le sobresalga, la distancia de la pared opuesta u otro elemento a la parte más saliente del generador al que va acoplado, igual a la profundidad del generador. En todos los casos y para cualquier tipo de generador hasta el parámetro vertical más próximo debe ser como mínimo de 1 m, y además dejarse libre una altura mínima de 2 m respecto al suelo en torno al espacio donde se encuentre situado el quemador exterior.

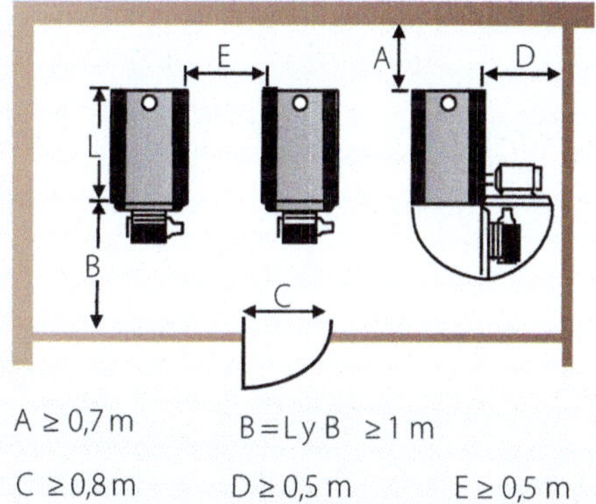

A ≥ 0,7 m   B = L y B ≥ 1 m

C ≥ 0,8 m   D ≥ 0,5 m   E ≥ 0,5 m

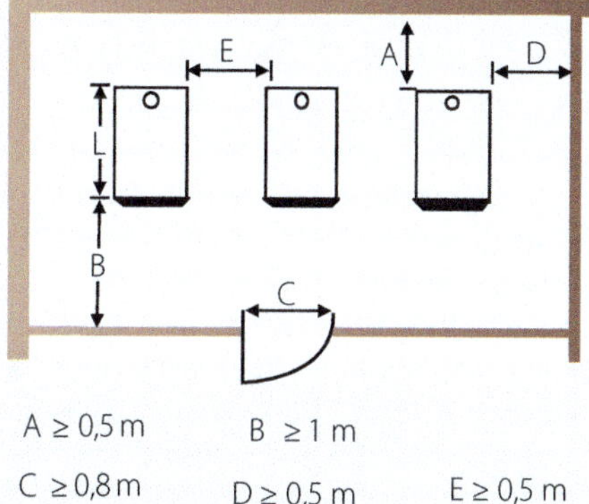

A ≥ 0,5 m   B ≥ 1 m

C ≥ 0,8 m   D ≥ 0,5 m   E ≥ 0,5 m

A, D y E puede reducirse en modelos cuyo mantenimiento lo permita

Fig. 1 Sala de máquinas con quemadores que sobresalen de los generadores

Fig. 2 Sala de máquinas con quemadores acoplados en el interior de los generadores

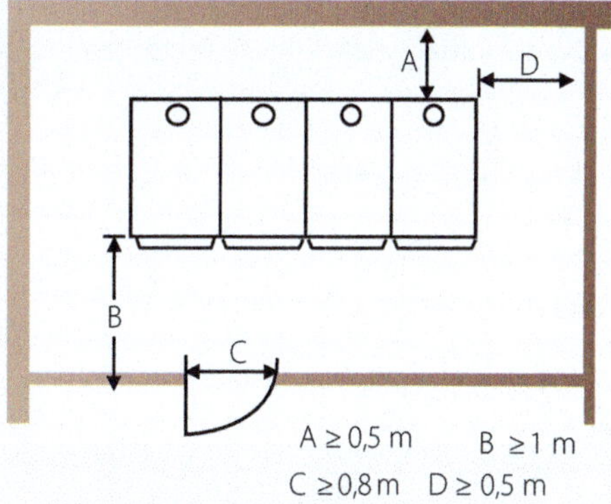

A ≥ 0,5 m   B ≥ 1 m

C ≥ 0,8 m   D ≥ 0,5 m

A y D puede reducirse en modelos cuyo mantenimiento lo permita

Fig. 3 Sala de máquinas con los generadores conectados en batería

En el caso de que los generadores a instalar sean del tipo mural y/o modular formando una batería de generadores, o cuando los laterales de los generadores no precisen acceso, puede reducirse la distancia entre ellos de acuerdo con las instrucciones dadas por el fabricante teniendo en cuenta el espacio preciso para realizar las operaciones de mantenimiento y desmontaje del envolvente.

Sobre el generador siempre ha de respetarse una altura mínima libre de tuberías y obstáculos de 50 cm, en edificios de nueva construcción, la altura mínima de la sala de máquinas debe ser de 2,5 m.

Instalación eléctrica

Cumplirán la normativa vigente, el Reglamento Electrotécnico para Baja Tensión (REBT).

El cuadro eléctrico de protección y mando de los equipos instalados en la sala o al menos el interruptor general debe estar situado en las proximidades de la puerta principal de acceso. Este interruptor no debe poder cortar la alimentación al sistema de ventilación de la sala.

El interruptor del sistema de ventilación forzada de la sala, si existe, debe situarse en las proximidades de la puerta principal de acceso.

Instalación de iluminación

El nivel medio de la iluminación de la sala será suficiente para realizar los trabajos de mantenimiento y con un mínimo de 200 lux con una uniformidad media de 0,5.

Cada salida de la sala de máquinas debe estar señalizada por un aparato autónomo de emergencia.

Información de seguridad

Visibles y debidamente protegidos en el interior de la sala de máquinas deben figurar las siguientes indicaciones:

- Instrucciones para efectuar la parada de la instalación en caso necesario, con señal de alarma de urgencia y dispositivo de corte rápido.
- Nombre, dirección y n.º de teléfono de la persona o entidad encargada del mantenimiento de la instalación.
- Dirección y n.º de teléfono del servicio de bomberos más próximo y del responsable del edificio.
- Indicación de los puestos de extinción y extintores cercanos.
- Plano con esquema de principio de la instalación.

b) Sala de máquinas de seguridad elevada

Solo es de aplicación para salas de máquinas de nueva construcción, tanto en el caso de edificios nuevos como en el de existentes, pero no es de aplicación en actuaciones motivadas por cambio de tipo de combustibles en salas existentes.

Se requieren salas de máquinas de seguridad elevada en los siguientes casos:

a. Las realizadas en edificios institucionales o de pública concurrencia.

b. Las que trabajen con agua a temperatura superior a 110 ºC.

Además de los requisitos generales de las salas de máquinas, las de seguridad elevada cumplirán:

- Ningún punto de la sala debe estar a más de 7,5 m de una salida cuando la misma tenga más de 100 m² de superficie en planta.
- Cuando la sala tenga 2 o más accesos, uno de ellos al menos debe dar salida directa al exterior. Este acceso no debe estar próximo a ninguna escalera, ni a escapes de humos o fuegos.
- El cuadro eléctrico de protección y mando de los equipos instalados en la sala, o por lo menos, el interruptor general y el del sistema de ventilación deben situarse fuera de la misma y en la proximidad de uno de los accesos.

c) Equipos autónomos

Seguridad en caso de incendio

Las paredes y techo de la envolvente deben tener un material con una clasificación de reacción al fuego A2-s1,d0 según UNE-EN 13501-1 mientras que el mínimo requerido para el material del suelo tendrá la clasificación BFL[-s1].

El equipo debe estar situado sobre una bancada a más de 150 cm de cualquier pared con aberturas.

En el exterior, y próximo al equipo, se debe instalar un extintor de eficacia 21A-113B.

Cerramiento

La estructura del equipo autónomo debe ser autoportante y en sus instrucciones de montaje, deben indicarse cómo se transmiten los esfuerzos de peso, en condiciones de funcionamiento, a la superficie sobre la que apoya.

El equipo no actuará como elemento de sustentación de otros.

El cerramiento del equipo debe tener una adecuada resistencia mecánica y estar protegido contra la corrosión.

Accesos

En el exterior de una de las paredes del equipo autónomo y en lugar visible se debe colocar la siguiente inscripción:

Generadores a gas
Prohibida la entrada a toda persona ajena al servicio

Debe garantizarse que aquellas partes que precisen mantenimiento sean accesibles desde el exterior.

Los paneles laterales deben abrirse hacia fuera del equipo y estar provistos de cerradura con llave desde el exterior.

Especificaciones dimensionales

Los componentes internos deben ser de fácil accesibilidad para su diagnóstico, reparación y sustitución, se tendrán en cuenta las indicaciones del fabricante.

Instalación eléctrica

Los equipos autónomos deben cumplir el REBT.

Instalación de iluminación

Debe disponer de una iluminación normal eficaz y de emergencia en caso de falta de fluido eléctrico.

Si el interruptor eléctrico está situado en el interior del equipo debe ser IP-33 según UNE 20324.

Instalación de gas en el interior de los locales o recintos

Cumplirá la UNE 60620 o la UNE 60670 según corresponda.

Los aparatos fijos con quemadores móviles tienen la consideración de aparatos móviles a efectos de conexión de aparatos.

En la derivación, a cada generador se debe colocar, antes e independientemente de las válvulas de control y/o de seguridad del equipo, una llave de cierre manual de fácil acceso (llave de conexión al aparato).

Se instalará una llave de corte general de suministro de gas lo más cerca posible y en el exterior de la sala de máquinas o equipos autónomos de fácil acceso y localización.

En el caso de que no sea posible, dicha llave se podrá colocar en el interior de la sala, lo más cerca posible al punto de entrada de la conducción de gas a la sala de máquinas.

No se permite que la conducción de entrada de gas a la sala atraviese la superficie de baja resistencia mecánica.

Tampoco se permite la fijación de la tubería de gas a dicha superficie, ni que discurra sobre la zona de proyección de la posible fractura de la mencionada superficie.

Las conducciones de gas deben estar convenientemente identificadas.

Aire para la combustión y ventilación

Debe preverse una adecuada entrada de aire para la perfecta combustión del gas en los quemadores y para la ventilación general del local, recinto o equipo autónomo.

La entrada de aire, así como la ventilación, se pueden conseguir por medio de orificios en contacto con el aire libre o en conductos que deben estar protegidos para evitar la entrada de cuerpos extraños que puedan obstruirlos o inundarlos y tendrán las dimensiones adecuadas.

Cuando la entrada de aire necesario no quede asegurada por medio de ventilación natural, bien por no ser posible o por insuficiente, debe disponerse de un sistema de ventilación forzada que suministre el mismo.

a) Entrada inferior de aire para combustión y ventilación de los locales o recintos

Las aportaciones de aire deben obtenerse de tomas de aire libre.

El aire debe llegar a la sala de máquinas a través de orificios en las paredes exteriores o por conductos.

Pueden realizarse también las aportaciones de aire por medios mecánicos capaces de suministrar el caudal de aire necesario.

La superficie libre de las rejillas de protección debe ser igual o mayor que los orificios de ventilación.

Los orificios de entrada de aire deben estar dispuestos de forma que su borde superior diste como máximo 50 cm del nivel del suelo, y en el caso de gases más densos que el aire, además el borde inferior debe estar situado, como máximo a 15 cm por encima de dicho nivel.

Estos orificios también deben distar 50 cm de cualquier otra abertura distinta de la entrada de aire practicada en la sala de máquinas.

a.1) Entrada de aire por orificios practicados en paredes exteriores

Con carácter general, la sección libre total de los orificios de entrada de aire a través de las paredes exteriores debe ser de 5 cm² por cada kW de consumo calorífico nominal total de los generadores instalados.

En el caso de que el aire necesario para la combustión sea facilitado directamente a los quemadores por conductos que, a su vez, lo toman directamente desde el exterior, deben realizarse orificios en las paredes exteriores de la sala de máquinas para su ventilación y de sección libre total S mayor que la calculada por:

$$S = 20 \times A$$

Donde: A es la superficie en planta de la sala de máquinas en m^2 y S la sección libre mínima requerida para los orificios de ventilación en cm^2

Estas secciones libres así calculadas se han de aplicar a orificios circulares.

Si el orificio es rectangular su sección debe aumentarse un 5 %, en este caso la longitud del lado mayor no debe ser superior a 1,5 veces la longitud del lado menor.

a.2) Entrada de aire por conducto

Cuando se realice de forma natural, la sección libre del conducto debe ser 1,5 veces mayor que la calculada en el apartado anterior.

Cuando el conducto sea horizontal o combine tramos horizontal y vertical su sección libre debe ser 2 veces mayor que la sección calculada en el apartado anterior.

Los tramos horizontales no deben ser superiores a 10 m, y en el caso de gases más densos que el aire, el conducto debe discurrir siempre en sentido ascendente desde el exterior al interior de la sala de máquinas.

a.3) Entrada de aire por medios mecánicos

El caudal necesario en estos casos será superior al obtenido por:

$$q = 10 \times A + 2 \times \sum Q_n$$

Donde: q es el caudal de aire en m^3/h; A la superficie en planta de la sala de máquinas en m^2 y $\sum Q_n$ la suma de los consumos caloríficos nominales, expresado en kW de los generadores y/o equipos de cogeneración instalados en la sala

En caso de tener que aumentar el aire necesario para la ventilación de la sala porque se dé alguno de los casos indicados en la tabla 1, el caudal necesario será, igual o superior al obtenido por la expresión:

$$q = 20 \times A + 2 \times \sum Q_n \text{ (caudal aumentado)}$$

Para mantener en la sala un nivel de sobrepresión inferior a 20 Pa, con respecto a los locales contiguos, se deben dimensionar adecuadamente los orificios de ventilación superior del recinto. Si fuese necesario, se dispondrá un conducto específico para este fin, situado a menos de 30 cm del techo y en el lado opuesto a la ventilación inferior (ventilación cruzada) de material incombustible y de sección mínima en cm^2 de $10 \times A$ y nunca inferior a 250 cm^2.

Funcionamiento del sistema de ventilación

El orden de funcionamiento del sistema de ventilación debe ser el siguiente:

Encendido

1. Arrancar el ventilador.

2. Mediante un detector de flujo o presostato diferencial, conectado aguas arriba y abajo del ventilador, se debe activar un relé temporizado que garantice el funcionamiento del sistema de ventilación durante un periodo suficiente como para asegurar que el volumen de aire de la sala, es renovado al menos una vez y media, antes de abrir la electroválvula del gas.

3. El relé temporizado da la señal para abrir la electroválvula, normalmente cerrada, e instalada preferentemente en el exterior.

Apagado

1. Parar los generadores.

2. Interrumpir la alimentación eléctrica de la electroválvula para cortar el gas a la sala.

3. Mantener mediante un temporizador la ventilación en la sala de máquinas. Se ajustará en función del volumen de la sala al objeto de evacuar el calor residual.

En caso de avería de cualquiera de los mecanismos o automatismos anteriores, o detección de gas, el sistema debe dar señal de avería, parando los generadores. Su rearme debe ser manual.

En cualquier caso debe preverse un control automático que corte el suministro de gas al quemador (es) en caso de fallo en el sistema mecánico de introducción de aire.

b) Ventilación superior de los locales o recintos

En la parte superior de la pared de los locales deben situarse los orificios de evacuación del aire interior de la sala al aire libre, directamente o por conducto, de forma que la distancia de su borde inferior al techo no sea mayor que 30 cm.

En las reformas de las salas de máquinas en edificios existentes, si una viga o cualquier otro obstáculo constructivo impide la colocación de los orificios superiores de ventilación a esta distancia, se podrá colocar más bajo, siempre que su borde superior se encuentre a menos de 30 cm del techo y el inferior a menos de 50 cm del mismo techo.

La evacuación del aire solo puede efectuarse a través de orificios o conductos que comuniquen directamente al aire libre.

En el caso de que la sala disponga de un orificio para mantener el nivel de sobrepresión producida por una ventilación mecánica de acuerdo a lo indicado en el apartado "Entrada de aire por medios mecánicos", este puede servir para evacuar el aire interior al aire libre.

b.1) Ventilación por orificio

Se practicarán a ser posible en dos partes distintas y su sección total debe ser mayor que la obtenida por:

$S = 20 \times A$

Donde: S es la sección de los orificios en cm^2 y A la superficie en planta de la sala de máquinas en m^2

La sección total S debe tener como mínimo 250 cm^2. Si el orificio es de forma rectangular la sección total debe aumentarse un 5 % y la longitud del lado mayor no será superior a 1,5 veces la longitud del lado menor.

b.2) Ventilación por conducto

Puede realizarse por tiro natural a través de un conducto construido con materiales incombustibles con salida al aire libre.

La sección del conducto de evacuación del aire interior de la sala debe ser igual a la mitad de la sección total de los conductos de evacuación de los PdC, con un mínimo de 250 cm^2.

El conducto de evacuación debe discurrir siempre en sentido ascendente desde el interior de la sala de máquinas hacia el exterior.

Cuando la ventilación de la sala de máquinas se efectúa por la misma vaina que contiene el conducto de evacuación de los PdC, debe instalarse en la base de la vaina un dispositivo que limite el caudal de aire evacuado, a causa del tiro térmico de la vaina, el valor viene dado por:

$q = 10 \times A$

Donde: q es el caudal de aire en m^3/h y A la superficie en planta de la sala de máquinas en m^2

A modo de resumen en la siguiente tabla se recogen los aspectos más importantes de la entrada de aire para combustión y ventilación.

	Suministro de aire por medios naturales			Suministro de aire por medios mecánicos	
Abertura inferior	Practicada mediante orificio	Aire suministrado para ventilación y combustión $S = 5 \times \Sigma Q_n$	Aire suministrado solo para ventilación $S = 20 \times A$	Aire suministrado para ventilación y combustión (caudal normal): $q = 10 \times A + 2 \times \Sigma Q_n$	Aire suministrado para ventilación y combustión (caudal aumentado): $q = 20 \times A + 2 \times \Sigma Q_n$
	Practicada mediante conducto	Aire Suministrado para ventilación y combustión $S = 7{,}5 \times \Sigma Q_n$	Aire suministrado solo para ventilación $S = 30 \times A$		
Abertura superior	Practicada mediante orificio	Practicada mediante conducto			
	$S = 10 \times A$ (mínimo 250 cm^2)	$S = H/2$ (mínimo 250 cm^2)			

Tabla 2 Requisitos de superficie y caudal para la obtención del aire necesario para la combustión y para la ventilación en las salas de máquinas

Donde: S es la sección libre mínima total requerida para orificios de ventilación, cuando estos sean circulares, expresada en cm^2 (cuando los orificios de ventilación sean rectangulares la sección libre mínima deberá aumentarse en un 5 %); q el caudal de aire expresado en m^3/h; A la superficie en planta de la sala de máquinas expresada en m^2; ΣQ_n la suma de los consumos caloríficos nominales, expresados en kW, de los generadores y/o equipos de cogeneración instalados en la sala y H la suma de las secciones de los conductos de evacuación de los PdC de todos los generadores y/o equipos de cogeneración instalados en la sala

Medidas suplementarias de seguridad en las salas de máquinas

Consiste en la instalación de un sistema mecánico que garantice una ventilación adecuada de un equipo de detección, que en caso de fuga de gas, active un sistema que corte el suministro y un sistema de extracción que garantice la evacuación de una eventual fuga de gas.

El sistema del conjunto de detección, corte de ventilación mecánica y de extracción, tendrá el correspondiente programa de mantenimiento y pruebas periódicas que indiquen los fabricantes. Las pruebas deben realizarse, al menos una vez cada 6 meses.

a) Sistemas de detección

Los detectores deben activarse con el comprobador de buen funcionamiento antes de que se alcance el 30 % del límite inferior de explosividad para el gas utilizado.

Cumplirán con las Normas UNE-EN 50194, UNE-EN 50244, UNE-EN 61779-1 y 4, UNE-EN 50073, según corresponda.

Se debe instalar uno por cada 25 m² o fracción de la superficie del local con un mínimo de 2, situados en las proximidades de los aparatos alimentados con gas y en zonas donde se presuma pueda acumularse gas.

En el caso de gases más densos que el aire, se deben instalar a una altura máxima de 20 cm del suelo, protegiéndose adecuadamente de choques o impactos, y en el caso de gases menos densos que el aire, a menos de 30 cm del techo o en el propio techo, en un lugar donde los movimientos del aire no sean impedidos por obstáculos y nunca cerca de un flujo de aire.

El sistema de detección debe activar el sistema de corte.

En el caso de gases más densos que el aire, el sistema de detección también debe activar el sistema de extracción, cuando sea necesario y de acuerdo con lo indicado en la tabla 1.

b) Sistema de corte

Consiste en una válvula de corte automática del tipo todo-nada instalada en la línea de alimentación de gas a la sala de máquinas y ubicada en el exterior del recinto.

Debe ser del tipo normalmente cerrada, de forma que una falta de energía auxiliar de accionamiento interrumpa el suministro de gas.

En el caso de que el sistema de detección sea activado, la reposición del suministro debe ser manual.

c) Sistema de extracción para el caso de gases más densos que el aire

Se debe disponer de un equipo mecánico que entre en funcionamiento cuando el sistema de detección lo active y que permanezca en funcionamiento hasta que las condiciones normales de operación sean restablecidas, con el fin de garantizar en todo momento la extracción del aire del recinto y además cumplirán los siguientes requisitos.

c.1) Equipo de extracción

Está compuesto por un extractor de aire tipo centrífugo instalado en el exterior del recinto. El conjunto carcasa-rodete debe estar fabricado por materiales que no produzcan chispas mecánicas y accionado por un motor eléctrico externo al conjunto con envolvente IP-33, UNE 20324.

En el caso de que el extractor no pueda instalarse en el exterior del local, puede hacerse en el interior lo más próximo al punto de penetración del conducto de extracción en la sala de máquinas.

c.2) Conductos de extracción

El extractor debe ser conectado a una red de conductos con bocas de aspiración dispuestas en las proximidades de los posibles puntos de fuga de gas coincidiendo con la situación de los detectores.

La altura de las mencionadas bocas de aspiración es la indicada anteriormente.

El número de bocas de aspiración debe ser como mínimo igual al número de detectores.

c.3) Caudal de extracción

Se calcula mediante: q = 10 $\times$ A

Donde: q es el caudal de aire m³/h y A la superficie en planta de la sala de máquinas en m²

En todos los casos debe garantizarse un caudal mínimo de 100 m³/h.

Resumen UNE 60670-4: 2023
Instalaciones receptoras de gas suministradas a una presión máxima de operación (MOP) inferior o igual a 5 bar

Parte 4: Diseño y construcción

Características del gas suministrado y de la acometida

Previo al cálculo de la instalación receptora se deben conocer los datos siguientes que debe facilitar la empresa distribuidora:

- Familia y denominación del gas: UNE-EN 437.
- Poder calorífico superior (H_s) dentro del rango indicado para la familia de gas suministrado.
- Densidad relativa del gas suministrado y densidad relativa corregida o de cálculo.
- Índice de Wobbe del gas suministrado.
- Presión de garantía a la salida de la llave de acometida.
- Rango de presiones en la instalación receptora.
- Diámetro nominal de la llave de acometida.

Cuando en la zona se suministre un tipo de gas y se efectúe un cambio del tipo de gas, el diseño se realizará de tal forma que la instalación receptora de gas resultante sea compatible para ambos.

Grado de gasificación

En función de la potencia de diseño de la instalación individual, referida al H_s, se establecen tres grados de gasificación indicados en la siguiente tabla:

Grado	Potencia de diseño de la instalación individual P_i, en kW
1	$P_i \leq 30$
2	$30 < P_i \leq 70$
3	$P_i > 70$

Para calcular el grado de gasificación en función de los aparatos a gas previstos en cada vivienda del edificio se utilizará la siguiente fórmula:

$$P_{iv} = \left(A + B + \frac{C + D + \cdots}{2}\right) \times 1,10$$

Donde: P_{iv} es la potencia de diseño de la instalación individual de la vivienda; A y B los consumos caloríficos (referidos al H_i) de los aparatos de mayor consumo; C y D los consumos caloríficos (referidos al H_i) del resto de aparatos y 1,10 el coeficiente corrector medio, función del H_s y del H_i del gas suministrado

Se asignará como mínimo la potencia de diseño correspondiente al grado 1 (ver tabla anterior).

Para instalaciones de gas de locales destinados a usos no domésticos en los que se instalen aparatos a gas propios del uso, la potencia de diseño se determina como la suma de los consumos caloríficos de los aparatos a gas, instalados o previstos, mediante:

$$P_{iL} = \left(A + B + C + D + \cdots\right) \times 1,10$$

Donde: P_{iL}; potencia de diseño de la instalación individual del local de uso no doméstico; A, B, C y D los consumos caloríficos (referidos al H_i) de los aparatos de consumo y 1,10 el coeficiente corrector medio, función del H_s y del H_i del gas suministrado

En caso de utilizarse un coeficiente de simultaneidad, se debe justificar debidamente.

Potencia de diseño de la acometida interior o de la instalación común

Se determina por la suma de las potencias de diseño de las instalaciones individuales de cada vivienda doméstica y locales de uso no doméstico existentes en el edificio, susceptible de suministrarse con la misma acometida interior o con la misma instalación común (incluidas aquellas cuya conexión a la instalación común no esté prevista por no existir aún instalación individual) asignándole como mínimo la correspondiente al grado 1 de gasificación, multiplicando el resultado por un coeficiente de simultaneidad de acuerdo con la siguiente fórmula:

$$P_C = \sum P_{iv} \times S_n + \sum P_{iL}$$

Donde: P_c es la potencia de diseño de la acometida interior o de la instalación común; P_{iv} la potencia de diseño de las instalaciones individuales de las viviendas; P_{iL} la potencia de diseño de las instalaciones individuales de los locales de uso no doméstico y S_n el factor de simultaneidad

En la aplicación de la fórmula anterior debe tenerse en cuenta que para el diseño de instalaciones de potencia superior a 70 kW, estas deben individualizarse.

Se entiende como individualizar una instalación, la conexión aguas arriba del conjunto de regulación común de las viviendas, en caso de que exista. En la derivación de la instalación receptora común de viviendas y la de potencia superior a 70 kW se instalarán dos llaves que permitan que se aísle una de la otra en caso de avería. En el supuesto de una instalación receptora común que suministre únicamente a locales y que alguna de las instalaciones individuales sea superior a 70 kW, podrán compartir conjunto de regulación, pero se individualizarán aguas abajo del conjunto con llaves con grado de accesibilidad 2 o que sean fácilmente accesibles desde una zona comunitaria con grado de accesibilidad 3 por escaleras convencionales.

En todos los casos anteriores, deberá garantizarse que tanto la acometida como la instalación receptora tengan las dimensiones adecuadas que permitan el suministro de gas adecuado a la potencia de diseño, tanto para las instalaciones individuales existentes como para los nuevos suministros.

Si no se dan las circunstancias anteriores se efectuará una acometida independiente.

El factor de simultaneidad S_n es función del n.º de viviendas suministradas desde la acometida interior o instalación común y de que exista o no calefacción individual, se obtiene por la siguiente tabla, donde:

S_1; factor de simultaneidad cuando no exista calefacción individual

S_2; factor de simultaneidad cuando exista calefacción individual

Los coeficientes S_1 y S_2 se obtienen, de forma general, mediante aplicación de las siguientes fórmulas, redondeadas a la centésima:

$$S_1 = \frac{(19 + N)}{10 \times (N + 1)} \qquad S_2 = \frac{(19 + N)}{4 \times (N + 4)}$$

Donde: N es el número de viviendas

N.º de viviendas	S_1	S_2	N.º de viviendas	S_1	S_2
1	1,00	1,00	17	0,20	0,43
2	0,70	0,88	18	0,19	0,42
3	0,55	0,79	19	0,19	0,41
4	0,46	0,72	20	0,19	0,41
5	0,40	0,67	21	0,18	0,40
6	0,36	0,63	22	0,18	0,39
7	0,33	0,59	23	0,18	0,39
8	0,30	0,56	24	0,17	0,38
9	0,28	0,54	25	0,17	0,38
10	0,26	0,52	26	0,17	0,38
11	0,25	0,50	27	0,16	0,37
12	0,24	0,48	28	0,16	0,37
13	0,23	0,47	29	0,16	0,36
14	0,22	0,46	30	0,16	0,36
15	0,21	0,45	Más de 30	0,15	0,35
16	0,21	0,44			

Determinación de los caudales de diseño de las instalaciones y de los aparatos a gas

a) Determinación del consumo de un aparato de gas

Se calcula como el cociente entre consumo calorífico y el poder calorífico superior del gas suministrado mediante la expresión:

$$q = \frac{1,10 \times Q_{nHi}}{H_s} = m^3/h$$

Donde: q es el consumo del aparato a gas m^3/h; Q_{nHi} el consumo calorífico nominal (referido al H_i) de aparato de gas; H_s el poder calorífico superior del gas suministrado y 1,10 el coeficiente corrector medio, función del H_s y del H_i del gas suministrado

b) Caudal de diseño de una instalación de gas

Se calcula por: $q_{Si} = \dfrac{P_i}{H_s}$

Donde: q_{si} es el caudal de diseño de la instalación individual; P_i la potencia de diseño de la instalación individual y H_s el poder calorífico superior del gas suministrado

c) Caudal de diseño de una acometida interior o instalación común

Se calcula por: $q_{SC} = \dfrac{P_C}{H_s}$

Donde: q_{sc} es el caudal de diseño de la acometida interior o instalación común; P_C la potencia de diseño de la acometida interior y H_s el poder calorífico superior del gas suministrado

d) Criterios de diseño

Se tendrán en cuenta los siguientes criterios:

La velocidad del gas en el interior de una tubería no debe superar los 20 m/s.

En la conexión de entrada de gas al aparato, la presión del mismo no debe ser inferior a las presiones mínimas establecidas para cada familia y tipo de gas (UNE-EN 437) indicada en la tabla siguiente:

Familia y grupo del gas	Denominación del gas	Presión mínima de gas en la llave de aparato (mbar)
2H	Gas natural (*)	17
3B	Gas butano	20
3P (50)	Gas propano	42,5
3P (37)	Gas propano	25
(*) Los aparatos de esta categoría regulados por gases 2H pueden utilizar aire propanado de alto poder calorífico a la misma presión de utilización si el índice de Wobbe superior está comprendido entre 46,0 MJ/m³(s) y 51,5 MJ/m³(s)		

Modalidades de ubicación de tuberías

a) Clasificación

Según su ubicación se clasifican en:

- Vistas. Cuando el trayecto es visible en todo su recorrido. También tienen esta consideración aquellas que discurran cubiertas por registros practicables en todo su recorrido y ventilados.
- Alojadas en vainas o conductos. Cuando discurren por el interior de vainas o conductos.
- Enterradas. Cuando están alojadas directamente en el subsuelo y discurren por el exterior de la edificación.
- Empotradas. Cuando están alojadas directamente en el interior de un muro o pared.

Como criterio general las instalaciones de gas se deben construir de forma que las tuberías sean vistas o alojadas en vainas o conductos, para poder ser reparadas o sustituidas en cualquier momento de su vida útil con la excepción de los tramos que deban ir enterrados.

Solo se permite la instalación de tuberías empotradas en los casos indicados en el apartado a) "Tuberías empotradas" de esta misma norma UNE (ver más adelante).

Cuando las tuberías vistas o enterradas deban atravesar muros o paredes exteriores o interiores, se deben proteger con pasamuros adecuados.

Las tuberías de la instalación común deben discurrir por zonas comunitarias del edificio, fachada, azotea, patios, vestíbulos, caja de escalera, etc.

Las tuberías de la instalación individual deben discurrir por zonas comunitarias del edificio o por el interior de la vivienda o local que suministran.

Cuando en algún tramo de la instalación receptora no se puedan cumplir estas condiciones, se adoptará la solución de tuberías alojadas en vainas o conductos.

El paso de tuberías no debe transcurrir por el interior de:

- Huecos de ascensores o montacargas.
- Locales que contengan transformadores eléctricos de potencia.
- Locales que contengan recipientes de combustible líquido, no tienen la consideración de recipientes de combustible líquido, los vehículos a motor o un depósito nodriza con capacidad inferior a 1.000 l, clase C.
- Conductos de evacuación de basuras o productos residuales.
- Chimeneas o conductos de evacuación de productos de la combustión.
- Conductos o bocas de aireación o ventilación, a excepción de aquellos que sirvan para la ventilación de locales con instalaciones y/o equipos que utilicen el propio gas suministrado y que discurran por el interior de la edificación.

No se debe utilizar el alojamiento de tuberías dentro de los forjados que constituyan el suelo o el techo de las viviendas o locales.

b) Tuberías vistas

Las tuberías deben estar fijadas a elementos sólidos de la construcción por accesorios de sujeción, para soportar el peso de los tramos y asegurar la estabilidad y alineación de la misma.

Los elementos de sujeción deben ser desmontables, quedar convenientemente aislados de la conducción y permitir las posibles dilataciones de la tubería.

Los elementos de sujeción situados en el exterior deben estar protegidos contra la acción de la corrosión y los rayos ultravioleta.

A título orientativo la separación máxima entre los elementos de sujeción de la tubería son los indicados en la tabla siguiente:

Diámetro nominal de la tubería		Separación máxima entre elementos de sujeción (m)	
si DN en mm	si DN en pulgadas	tramo horizontal	tramo vertical
DN ≤ 15	DN ≤ 1/2"	1,0	1,5
15 < DN ≤ 28	1/2" < DN ≤ 1"	1,5	2,0
28 < DN ≤ 42	1" < DN ≤ 1 1/2"	2,5	3,0
DN > 42	DN > 1 1/2"	3,0	3,5 (al menos una sujeción por planta)

Las distancias mínimas de separación de una tubería vista a conducciones de otros servicios (electricidad, agua, vapor, chimeneas, mecanismos eléctricos), debe ser de 3 cm tanto en curso paralelo como en cruce.

La distancia mínima al suelo será de 3 cm.

Todas las distancias anteriores se miden entre las partes exteriores de los elementos considerados (conducciones o mecanismos).

No debe haber contacto entre tuberías, ni con estructuras metálicas del edificio.

Cuando no se puedan cumplir las distancias de separación entre las tuberías de gas y otros servicios, de forma excepcional, se puede reducir la separación de 3 cm, siempre que se aísle de forma adecuada la tubería de gas en los tramos donde no se pueda respetar esa distancia.

El material de protección puede ser coquilla aislante, PVC, cinta autovulcanizante o termoretráctil , siguiendo las instrucciones del fabricante. El aislamiento eléctrico será como mínimo de 400 V y la resistencia a la temperatura cubrirá el rango entre -15 y +80 °C. Si está ubicada en el exterior, deberá tener protección contra los rayos ultravioletas.

Las instalaciones que discurran por el exterior del edificio deben ajustar al mínimo posible su distancia de separación respecto a la estructura exterior de este, siempre que técnicamente la solución de instalación de gas sea factible.

Cerca de la llave del montante y en cualquier caso una vez en zona comunitaria, se debe señalizar la tubería con la palabra "gas" o con una franja amarilla situada en zona visible.

Para las tuberías vistas no se puede utilizar tubo de polietileno.

c) Tuberías alojadas en vainas o conductos

Las tuberías alojadas en vainas o conductos deben ser continuas, si no es así, deben unirse por soldaduras o por uniones mecánicas *press-fitting*, y no tendrán órganos de maniobra, en todo su recorrido por la vaina o conducto, las vainas o conductos deben estar protegidos contra la posible entrada de agua en su interior.

Esta modalidad se puede utilizar para ocultar tuberías por motivos decorativos.

Las tuberías de gas no precisan instalarse en el interior de una vaina o conducto en los locales en los que estén ubicados los aparatos de consumo, siempre que los locales cumplan lo especificado en la UNE 60670-6 en cuanto a requisitos de ventilación de los mismos.

Esta forma de ubicación de las tuberías se debe utilizar en los siguientes casos:

Para protección mecánica de tuberías

- Cuando se tenga que proteger de golpes fortuitos o cuando discurran por zonas de circulación y/o estacionamiento de vehículos que pueden recibir impactos o choques de estos.
- Cuando las tuberías no sean de acero y discurran por fachadas exteriores a la propiedad, se protegerán mecánicamente con vainas o conductos hasta una altura mínima de 1,8 m respecto al nivel del suelo.
- Además de los citados productos, para la protección mecánica de las tuberías se pueden utilizar estructuras o perfiles metálicos adecuados a tal fin.
- Los sistemas utilizados para la protección mecánica de las tuberías no precisan ser estancos.

Para ventilación de tuberías

Cuando las tuberías deban transcurrir por:

- Un semisótano, excepto en el caso de tuberías con MOP igual o inferior a 50 mbar de gases menos densos que el aire que discurran por un semisótano suficientemente ventilado. Se entiende que es suficientemente ventilado si cumple:

La superficie de la entrada y de la salida del aire estará comunicada directamente con el exterior, colocadas en paredes opuestas, separadas entre sí horizontalmente a 2 m como mínimo, y verticalmente con una distancia de nivel mínima de 2 m, las superficie de entrada de aire, en cm² será igual a 10 veces la superficie de la planta A (S = 10 A) y como mínimo de 200 cm².

Solo cuando la superficie calculada sea superior a 200 cm² se puede subdividir, pero en 200 cm² como mínimo.

Cuando sean rectangulares, los lados de estas entradas y salidas de aire quedarán con la relación siguiente: 1 < b/a ≤ 1,5

Cuando la comunicación con el exterior se efectúe mediante conductos, la superficie de las aberturas de ventilación deberá aumentarse respecto al cálculo antes mencionado, en función de la longitud del conducto y conforme al factor de corrección recogido en la siguiente tabla:

Longitud del conducto en m	Factor de corrección
3 ≤ L ≤ 10	1,5
10 ≤ L ≤ 26	2
26 ≤ L ≤ 50	2,5

- Altillos, falsos techos, cámaras sanitarias o similares.
- El interior de locales o viviendas a las que no suministran.

Para tuberías que suministran a armarios empotrados de regulación y/o contadores

Cuando los armarios que contienen los reguladores o conjuntos de regulación y/o contadores de gas se empotren en muros de fachada o límites de propiedad y la tubería de entrada al armario sea de polietileno, en este caso la longitud máxima de empotramiento de la tubería envainada es de 2,50 m.

Para tuberías situadas en el suelo o subsuelo

Cuando las tuberías se deban alojar:

- entre el pavimento y el nivel superior del forjado de locales interiores del edificio, o
- en el subsuelo exterior, cuando exista un local debajo de ellas cuyo nivel superior del forjado esté próximo a la tubería.

Materiales de las vainas y conductos según su función

En función de a qué estén destinados las vainas y los conductos se construirán utilizando los materiales indicados en la siguiente tabla:

Función	Material de vainas	Material de conductos o perfiles
Protección mecánica de tuberías	Acero, con un espesor mínimo de 1,5 mm. Otros materiales de parecida resistencia mecánica.	Materiales metálicos (acero, cobre, etc.) con espesor mínimo 1,5 mm De obra (espesor mínimo 5 cm)
Ventilación de tuberías en semisótano[*]	Materiales metálicos (acero, cobre, etc.).	Materiales metálicos (acero, cobre, etc.)
Ventilación de tuberías en el resto de casos[*]	Materiales metálicos (acero, cobre, etc.). Otros materiales que permitan mantener una rigidez anular de, al menos, un radio de curvatura igual a tres veces su propio diámetro (por ejemplo, plásticos como PVC, PE, PP, o según la UNE-EN 61386-24).	Materiales metálicos (acero, cobre, etc.) De obra
Acceso a armarios de regulación y contadores[*] Tuberías situadas en suelo o subsuelo[*]	Materiales metálicos (acero, cobre, etc.). Otros materiales que permitan mantener una rigidez anular de, al menos, un radio de curvatura igual a tres veces su propio diámetro (por ejemplo, plásticos como PVC, PE, PP, o según la UNE-EN 61386-24).	

[*] En estos casos, el material debe garantizar la estanquidad.

Si una vaina o un conducto tiene que realizar a la vez varias funciones, cumplirán los requisitos específicos de ambas funciones.

Requisitos de las vainas

Estarán convenientemente fijadas mediante elementos de sujeción.

Cuando sean metálicas no puede estar en contacto con la estructura metálica del edificio, ni con otras tuberías y deberán ser compatibles con el material de la tubería a fin de evitar la corrosión.

Cuando su función sea la ventilación de tuberías, los dos extremos deben ser continuos y estancos y se comunicarán con el exterior del recinto, zona o cámara que atraviese (o bien uno solo, debiendo estar el otro extremo sellado a la tubería), siempre se debe sellar el extremo de la vaina que dé a un local sin ventilación.

Requisitos de los conductos

Cuando sean metálicos no estarán en contacto con la estructura metálica del edificio, ni con otras tuberías y serán compatibles con el material de la tubería para evitar la corrosión.

Cuando su función sea la ventilación de tuberías, serán continuos en todo su recorrido, pudiendo disponer registros para el mantenimiento de las tuberías.

Los registros serán estancos con accesibilidad de grado 2 o 3.

Los extremos del conducto deben comunicar con el exterior del recinto, zona o cámara que atraviesa (o bien uno solo, estando el otro extremo sellado a la tubería). No se considerará el conducto como parte de la ventilación del local ni podrá ser utilizado para conducto de otro servicio ajeno al gas.

d) Tuberías enterradas

Los tramos enterrados de las instalaciones receptoras que discurran por el exterior de las edificaciones se llevarán a cabo según los métodos constructivos y de protección de tuberías establecidos en la UNE 60311.

e) Tuberías empotradas

Esta modalidad está limitada al interior de un muro o pared y tan solo se puede usar en los casos en que se deban rodear obstáculos o conectar dispositivos alojados en armarios o cajetines, si el espacio alrededor del tubo contiene huecos, estos se deben obturar.

El tipo de tubo empleado puede ser de acero, acero inoxidable, o cobre multicapa o acero inoxidable coarrugado con una longitud máxima de empotramiento de 40 cm y además no existirá en este tramo de tubería ninguna unión mecánica.

Las uniones para la conexión de llaves o para la realización de derivaciones se deben ubicar en un registro accesible y ventilado.

Excepcionalmente en el caso de tuberías que suministren a un conjunto de regulación y/o contadores, la longitud de empotramiento puede estar comprendida entre 40 cm y 2,50 m.

Previamente a la instalación empotrada de una tubería se debe limpiar de óxido o suciedad, aplicar una capa de imprimación y protegerla con una doble capa de cinta protectora anticorrosión adecuada (al 50 % de solape).

Antes del tapado final de la tubería debe comprobarse la estanquidad en la zona empotrada.

f) Prescripciones específicas para tuberías con MOP superior a 2 bar e inferior o igual a 5 bar

Su recorrido se realizará por el exterior de las edificaciones, por zonas al aire libre, por fachadas ventiladas, por conducto ventilado en muro exterior o por patios de ventilación, exceptuando los siguientes casos:

- Cuando por las características del edificio sea inevitable instalar el conjunto de regulación en su interior. En este caso las tuberías que discurran por el interior se deben alojar en vainas o conductos de acuerdo con lo indicado en el apartado "Tuberías alojadas en vainas o conductos".

- Cuando su recorrido deba discurrir inevitablemente:

  - Por el interior de armarios o locales técnicos de centralización de contadores o por el interior de salas de máquinas, cuando el conjunto de regulación que las suministre se instale en su interior.
  - Por el interior de locales de uso no doméstico en los que están ubicados los aparatos de consumo a los que alimenta, precisen o no de conjunto o grupo de regulación.

En estos dos últimos casos, las tuberías no necesitarán alojarse en vainas o conductos.

g) Prescripciones específicas para tuberías de entrada y salida de armarios o nichos empotrados o de recintos interiores a la edificación que alojen conjuntos de regulación, reguladores o contadores

En armarios o nichos empotrados o en recintos situados en el interior de la edificación que contengan conjuntos de regulación, reguladores o contadores, las tuberías de entrada y salida deben estar convenientemente selladas con el fin de evitar que las posibles fugas se canalicen a través de su trazado.

En los armarios o nichos semiempotrados se sellará solo la tubería (entrada o salida) que esté empotrada.

En los armarios adosados en los que la tubería de salida penetre directamente en el interior de la edificación también se sellará.

Si la tubería de entrada o de salida está alojada en una vaina o pasamuros deben sellarse ambos, con respecto al recinto, y la tubería respecto de la vaina o pasamuros.

El sellado se realizará con juntas de elastómero específicas para esta función o por pastas sellantes (silicona o similares) que mantengan sus características de estanquidad con el tiempo.

Tomas de presión

En las instalaciones receptoras se instalarán con accesibilidad fácil como mínimo las siguientes tomas:

- En la entrada y en la salida de los reguladores en instalaciones suministradas desde redes de distribución o GLP que atiendan a más de un punto de suministro, cuyo consumo sea medido por contador para cada consumidor. Los conjuntos de regulación normalizados ya incluyen estas tomas de presión, por lo que están exentos de este requisito.
- En la entrada de la centralización de contadores o de la centralización de las llaves de usuario.
- A la salida del contador y de las llaves centralizadas del usuario, justo a continuación de dichos elementos.
- Dentro de la instalación receptora individual, después de la llave de entrada a la vivienda o local de uso no doméstico y a continuación de esta.

Elementos de regulación de presión

Cuando la presión de suministro sea superior a la de utilización, es necesaria la instalación de elementos de regulación en la instalación receptora, tal como se indica en los siguientes apartados.

a) Instalaciones suministradas con gases de la 2.ª familia

Instalaciones suministradas con MOP superior a 150 mbar e inferior o igual a 5 bar; deben disponer de un sistema de regulación que tenga:

- Regulador de presión.
- Válvula de seguridad por máxima de presión.
- Válvula de seguridad por mínima presión en cada instalación individual. En este tipo de instalaciones suministradas desde una instalación común ya existente, se consultará con la empresa distribuidora la instalación de dicha válvula.

Instalaciones suministradas con MOP superior a 50 mbar e inferior o igual a 150 mbar; el sistema de regulación debe consistir en un regulador de presión y una válvula de seguridad por mínima presión para cada una de las instalaciones individuales.

Instalaciones suministradas con MOP inferior o igual a 50 mbar; si la MOP es superior a la presión de utilización de los aparatos instalados, se debe equipar con regulador de presión. Cuando la MOP es superior a 25 mbar se debe equipar la instalación con válvula de seguridad por mínima presión y cuando sea inferior, debe consultarse con la empresa distribuidora la necesidad de instalarla en cada instalación individual.

a.1) Ubicación de los conjuntos de regulación con $0,4\ bar < MOP_e \leq 5\ bar$

Deben ser de grado de accesibilidad 2 y solo se deben instalar en los siguientes emplazamientos:

a. En el interior de armarios adosados o empotrados en paredes exteriores de la edificación.

b. En el interior de armarios o nichos exclusivos para este uso situados en el interior de la edificación pero con al menos una de sus paredes colindantes con el exterior.

c. En el interior de recintos de centralización de contadores.

d. En el interior de salas de máquinas, cuando sea para el suministro de gas a las mismas.

En los casos en los que estén situados en nicho, recinto de centralización de contadores y salas de máquinas, se puede prescindir del armario.

En los casos a y b, el armario o nicho dispondrá de una ventilación directa al exterior de al menos de 5 cm², siendo admisible la de la holgura entre puerta y armario, cuando esta holgura represente una superficie igual o mayor al mencionado valor.

En los casos c y d, cuando el recinto de centralización de contadores o la sala de máquinas estén ubicados en el interior del edificio, sus puertas de acceso serán estancas y sus ventilaciones directas al exterior.

En los casos b, c y d, el conducto de la válvula de alivio debe disponer de ventilación directa al exterior.

a.2) Ubicación de los reguladores de $MOP_e \leq 0,4$ y $MOP_s \leq 0,05$

Para instalaciones receptoras individuales de caudal nominal de aire inferior o igual a 4,8 m³(n)/h, los reguladores no constituyen conjunto de regulación y se instalarán directamente en la entrada del contador o en línea con la instalación individual de gas.

En el caso de que el caudal nominal de aire del regulador sea superior a 4,8 m³(n)/h y no incorpore válvula de seguridad por mínima presión, se instalará una o varias de ellas para garantizar la seguridad por mínima presión en cada instalación individual.

Si el regulador está instalado en el exterior, con exposición a la intemperie, estará diseñado para evitar que entre el agua de lluvia y se instalará según las instrucciones del fabricante.

Si el regulador tiene válvula de alivio de seguridad (VAS) situada en su interior, este deberá tener ventilación permanente, directa o indirecta, hacia el exterior o hacia un patio de ventilación de 5 cm² de superficie libre, para el caso de gases más densos que el aire deberá estar situada en la parte inferior y para los menos densos que el aire en la parte superior.

b) Instalaciones suministradas con gases de la 3.ª familia

b.1) Instalaciones suministradas desde redes de distribución, depósitos fijos o envases de carga unitaria superior a 15 kg

Previamente a estas instalaciones debe existir un primer regulador y otro instalado en serie, o bien un único regulador dotado de un dispositivo de seguridad por alta presión que funcionando como seguridad garantice que la presión a la entrada de la instalación receptora esté comprendida entre 0,1 y 2 bar. Los reguladores cumplirán la UNE-EN 13785.

En el caso de batería de envases, la reducción se efectuará mediante un inversor automático, conforme a la UNE-EN 13786, con $MOP_s < 2$ bar y un limitador instalado en serie $MOP_s < 2$ bar que funcione como seguridad.

La reducción hasta la presión nominal (UNE-EN 437) se puede realizar por alguna de las formas siguientes:

- Dentro de la vivienda o local, directamente con un único regulador antes de la entrada de cada aparato a gas.
- En el exterior de las viviendas o locales, realizándose en dos etapas:
  - 1.ª Etapa: hasta un MOP comprendido entre 0,1 bar y 2 bar en el exterior.
  - 2.ª Etapa: en el interior con un único regulador hasta la presión de operación de los aparatos o bien un regulador por aparato hasta la presión de operación de los mismos. El regulador cumplirá con la UNE-EN 13785.

En los casos en que un único depósito o batería de envases se suministre a más de una instalación individual, cada una de ellas deberá estar dotada de una válvula de seguridad por mínima presión.

b.2) Instalaciones suministradas desde envases de carga unitaria inferior o igual a 15 kg

Cuando se trate de batería de envases situada en el exterior se seguirá el procedimiento descrito en el apartado anterior.

En el caso de instalar dos unidades de descarga simultánea en el interior de las viviendas o locales privados, la reducción de presión se puede hacer por alguna de las formas siguientes:

- Mediante reguladores situados en las propias botellas a la presión de operación.
- Mediante reguladores con $MOP_s < 2$ bar, situados en los propios envases y conectados con tuberías flexibles (UNE 16436-1-2) a otro regulador o limitador del mismo rango que ejerza una función de seguridad.

A continuación se instala un único regulador situado lo más próximo posible al interior que reduzca la presión a la operación de los aparatos.

Esta instalación tendrá válvulas antirretorno para impedir el paso de gas de una botella a otra.

Cuando la instalación esté suministrada por un único envase, la reducción de presión se realizará en la botella con un regulador hasta la presión de operación.

Dispositivos de corte

a) Llave de acometida

Es la llave que da inicio a la instalación receptora de gas que se debe instalar en todos los casos.

El emplazamiento lo debe decidir la empresa distribuidora, con grado de accesibilidad 1 o 2 desde zona pública, tanto para la empresa distribuidora como para los servicios públicos (bomberos, policía, etc.).

b) Llave de edificio

Se debe instalar lo más cerca posible de la fachada del edificio o sobre ella misma y debe permitir cortar el servicio de gas a este.

El emplazamiento lo determinan conjuntamente empresa instaladora y distribuidora con el acuerdo de la propiedad, su accesibilidad es grado 2 o 3 para la empresa distribuidora.

Esta llave se debe instalar si la longitud de la acometida interior, medida entre la llave de acometida y la fachada del edificio es igual o superior a:

- 25 m en tuberías vistas.
- 4 m en tuberías enterradas.
- En todos los casos en que la acometida suministre a más de un edificio.

c) Llave de montante colectivo

Se debe instalar cuando exista más de un montante colectivo y tener grado de accesibilidad 2 o 3 para la empresa distribuidora desde zona común o pública.

Debe instalarse una llave adicional en las terminaciones de las instalaciones receptoras comunes, dimensionadas para suministrar a más usuarios, y cuyo trazado no complete la longitud total que permitiría abastecer al usuario más alejado del montante. Esto permitirá la prolongación de la instalación receptora común sin que afecte al resto de usuarios. Esta llave deberá mantenerse cerrada, bloqueada y precintada con tapón ciego aguas abajo de la misma. La llave tendrá, como mínimo, accesibilidad de grado 2 desde el interior de la vivienda.

Las instalaciones receptoras comunes de nueva construcción, si tienen algún tramo aéreo, tendrán una toma Peterson con accesibilidad de grado 2 y de grado 3 (solo si tiene autorización de la empresa distribuidora) desde la vía pública.

d) Llave de usuario

Salvo lo indicado en el apartado "Instalación de los contadores de un edificio ya construido" de la UNE 60670-5: 2014, la llave de usuario se debe instalar en todos los casos para aislar cada instalación individual y tener grado 2 de accesibilidad para la empresa distribuidora desde zona común o desde el límite de la propiedad salvo en el caso de que exista una autorización expresa de la empresa distribuidora, en cuyo caso esta puede exigir la instalación de un obturador de cierre.

En los casos de centralización de contadores, la llave de contador puede asumir las funciones de llave del usuario.

e) Llaves integrantes de la instalación individual

Llave de contador

Se instalará en todos los casos y estará situada en el mismo recinto lo más cerca posible de la entrada del contador o del regulador de usuario cuando este se acople a la entrada de contador.

Llave de vivienda o de local privado

Se instalará en todos los casos y tendrá accesibilidad de grado 1 para el usuario.

Se debe instalar en el exterior de la vivienda o local de uso no doméstico al que suministra, pero debiendo ser accesible desde el interior. Se puede instalar en su interior pero en este caso el emplazamiento de la llave debe ser tal que el tramo anterior a la misma dentro de la vivienda o local privado resulte lo más corto posible.

La llave de usuario solo puede realizar las funciones de llave de vivienda si es fácilmente accesible desde el exterior de la vivienda desde zona comunitaria y con autorización expresa de la empresa distribuidora.

Llave de conexión de aparato

Se debe instalar para cada aparato, lo más cerca posible de él y en el mismo recinto, su accesibilidad es de grado 1 para el usuario, salvo los equipos de consumo industrial, en los que la accesibilidad puede ser proporcionada por un dispositivo electrónico.

Las llaves de conexión en los aparatos a gas pendientes de instalación o pendientes de la puesta en marcha quedarán cerradas, bloqueadas y precintadas. Además, las llaves se taponarán si el aparato correspondiente está pendiente de instalación.

En caso de aparatos de cocción, la llave del aparato se puede instalar para facilitar la operatividad de la misma en un recinto contiguo de la misma vivienda o local privado siempre y cuando estén comunicados mediante una puerta.

En el caso de aparatos de cocción para uso doméstico se dispondrá de un limitador de exceso de flujo según UNE 60719.

Si la llave de conexión de aparato no incorpora tal dispositivo, se instalará uno externo sellado a la salida de la llave mediante una pasta de estanquidad endurecible de acuerdo con UNE-EN 751-1.

Cuando la instalación se componga de un único aparato de consumo, suministrado desde un envase de GLP de capacidad inferior o igual a 15 kg situado en el mismo local, la llave del regulador puede hacer las veces de la llave de conexión del aparato.

Llave de regulador

Cada regulador si no lleva incorporada una llave, debe disponer de una situada lo más cerca posible de él, a su entrada y con accesibilidad de grado 1 o 2 bien para el usuario o para la empresa distribuidora.

f) Casos en que una llave integrante de la instalación común o individual puede ejercer varias funciones

Podrá ejercer varias funciones si reúne los requisitos exigidos a todas ellas.

En ningún caso la llave de vivienda puede realizar las funciones de llave de aparato.

En el caso de un regulador con llave incorporada, esta no puede asumir la función de la llave de usuario, a excepción de aquellas instalaciones individuales suministradas desde envases de GLP de contenido inferior o igual a 15 kg en que, si el regulador lleva dispositivo de corte incorporado, este puede realizar la función de llave de usuario.

Resumen UNE 60670-5: 2023
Instalaciones receptoras de gas suministradas a una presión máxima de operación (MOP) inferior o igual a 5 bar

Parte 5: Recintos destinados a la instalación de contadores de gas

Objeto y campo de aplicación

Tiene por objeto establecer las condiciones generales que deben cumplir los recintos destinados a la ubicación de contadores de gas.

Generalidades

Para la elección del tipo y capacidad de los contadores, el proyectista o la empresa instaladora, deberán tener en cuenta las características del gas y los consumos previsibles, considerando un grado de gasificación 1 como mínimo. Es recomendable consultar con la empresa distribuidora.

Para gases menos densos que el aire, los contadores no se deben situar a un nivel inferior al semisótano.

Para gases más densos que el aire, los contadores no se deben situar en un nivel inferior al de la planta baja.

Los recintos, local técnico, armario o nicho y conducto técnico, destinados a la instalación de contadores deben estar reservados exclusivamente para instalaciones de gas.

El totalizador del contador se debe situar a una altura inferior a 2 m del suelo, en el caso de módulos prefabricados la altura puede ser hasta de 2,40 m siempre que se habilite el recinto con una escalera o útil similar que facilite la lectura.

Requisitos de ubicación de los contadores de gas

a) Instalación de los contadores en un edificio de nueva construcción

▫ Fincas plurifamiliares. Los contadores se deben instalar centralizados, en recintos situados en zonas comunitarias del edificio y con grado de accesibilidad 2 para la empresa distribuidora.

En casos excepcionales y de acuerdo con la empresa distribuidora se pueden situar en zonas con accesibilidad de grado 3 desde el exterior o zonas comunitarias, en este caso no se puede situar el recinto de centralización de contadores en un nivel inferior a la planta baja del edificio.

▫ Fincas unifamiliares o locales destinados a usos no domésticos. El contador se debe instalar en un recinto tipo armario o nicho, situado preferentemente en la fachada o muro límite de propiedad y con accesibilidad de grado 2 desde el exterior del mismo para la empresa distribuidora.

b) Instalación de los contadores en un edificio ya construido

Si la instalación de contadores no se puede realizar de acuerdo con el apartado anterior se podrá realizar en el interior de las viviendas o locales privados.

Las llaves de usuario de las instalaciones individuales se deben situar en zona comunitaria, con grado de accesibilidad 2, en caso de que tampoco sea posible será necesaria la autorización expresa de la empresa distribuidora, en cuyo caso esta puede exigir la instalación de un obturador de cierre.

En los casos en que los contadores se ubiquen en el interior de las viviendas o locales privados, se deben instalar lo más cerca posible del punto de penetración de la tubería en la vivienda, preferentemente en la galería abierta, cocina o local donde se instalen los aparatos a gas, tal como se indica más adelante.

Instalación centralizada de contadores

a) Características generales de los recintos de centralización de contadores

Los contadores se pueden centralizar de forma total en un local técnico o armario, o bien de forma parcial en locales técnicos, armarios o conductos técnicos en rellano.

Los locales técnicos, armarios y conductos técnicos pueden ser prefabricados o construirse con obra de fábrica y enlucidos interiormente.

Los recintos centralizados de contadores deben ser accesibles desde zonas comunitarias, los accesos a dichos recintos cumplirán la legislación vigente de riesgos laborales para permitir a la empresa distribuidora realizar operaciones en el recinto.

La puerta de acceso al recinto, sea local técnico o armario de centralización total o parcial, o armario o nicho para más de un contador, en todos los casos debe abrir hacia fuera y tener cerradura con llave normalizada por la empresa distribuidora. Si se trata de un local técnico, la puerta se debe poder abrir desde el interior del mismo sin necesidad de llave.

La instalación eléctrica en el interior del recinto de centralización en el caso en que sea necesaria se debe ajustar al REBT, teniendo en cuenta que se trata de un local con eventual presencia de gas combustible con condiciones normales de explotación (conversores, electroválvulas, etc.).

En el recinto de centralización, junto a cada llave de contador, debe existir una placa que lleve gravada de forma indeleble, la identificación de la vivienda, piso, puerta o local que suministra. La placa debe ser metálica o de plástico rígido.

En el caso de recintos de centralización diseñados para más de dos contadores, en un lugar visible del interior del recinto se debe situar un cartel informativo que contenga como mínimo:

- Prohibido fumar o encender fuego.
- Asegúrese que la llave de maniobra es la que corresponde.
- No abrir una llave sin asegurarse que las del resto de la instalación correspondiente están cerradas.
- En el caso de cerrar una llave equivocadamente, no se debe volver a abrir sin comprobar, que el resto de las llaves de la instalación correspondiente están cerradas.

Además en el exterior de la puerta del recinto se situará un cartel con la siguiente inscripción:

Contadores de gas

b) Centralización en local técnico o armario

Deben tener las dimensiones suficientes para alojar los contadores, los elementos y los accesorios asociados, permitiendo efectuar con normalidad su lectura y los trabajos de mantenimiento, conservación o sustitución de los mismos.

c) Centralización en conducto técnico

Los contadores también se pueden centralizar de forma parcial en conducto técnico construido y accesible desde la zona comunitaria.

Deben tener las dimensiones suficientes para alojar los contadores, los elementos y los accesorios asociados, permitiendo realizar con normalidad su lectura así como los trabajos de mantenimiento, conservación o sustitución de los mismos, y deben ser verticales y construidos de forma que presenten un trazado lo más rectilíneo posible en toda su trayectoria a través del edificio.

Al atravesar el forjado de cada planta se debe prever una superficie libre mínima de 100 cm² para asegurar el tiro de aire para la ventilación del conducto técnico, cuando la superficie libre sea superior a 400 cm² debe estar protegida por una reja desmontable capaz de soportar el peso de una persona como mínimo.

Las puertas de acceso a los contadores en cada planta de la escalera deben ser estancas respecto del rellano, no debe contener aberturas y deben ajustarse en todo su perímetro al marco por medio de una junta de estanquidad.

d) Ventilación de los recintos de centralización de contadores

Para su correcta ventilación, los locales técnicos, armarios exteriores o interiores y conductos técnicos de centralización de contadores, deben disponer de una abertura de ventilación situada en la parte inferior y de otra en su parte superior, cumpliendo lo indicado anteriormente en la UNE 60670-4: 2023.

Las aberturas de ventilación pueden ser por orificio o por conducto.

Serán preferentemente directas, es decir, deben comunicar con el exterior o con un patio de ventilación.

La abertura inferior de ventilación debe tener su borde superior a no más de 50 cm del nivel inferior del recinto. Si se trata de gases más densos que el aire, además, el borde inferior no debe superar los 15 cm sobre ese mismo nivel. La abertura superior debe colocarse de modo que su borde superior esté a menos de 30 cm del techo del recinto, y el borde inferior, a menos de 50 cm de ese mismo nivel.

La ventilación indirecta de estos recintos solo se puede realizar en los casos que se indique un valor de superficie mínima de la tabla siguiente, entendiendo como ventilación indirecta la que proporciona una abertura que comunique el recinto de contadores con un local de uso común (portal vestíbulo) que sí tenga comunicación con el exterior. En el caso de gases más densos que el aire, no se debe utilizar la ventilación indirecta a través de recintos o espacios que estén comunicados con otras zonas situadas a un nivel inferior.

Las aberturas o conductos de ventilación deben tener la superficie libre mínima que se indica en la siguiente tabla:

| Ventilación | | Local Técnico | Armario Exterior | | Armario Interior | | Conducto técnico |
		Cuarto de contadores	N ≤ 2 contadores	N > 2 contadores	N ≤ 2 contadores	N > 2 contadores	
Superior	Directa	$200\ cm^2$	$5\ cm^2$	$50\ cm^2$	$5\ cm^2$	$200\ cm^2$	$150\ cm^2$
	Indirecta	No se permite	-	-	$5\ cm^{2\,(*)}$	No se permite	No se permite
Inferior	Directa	$200\ cm^2$	$5\ cm^2$	$50\ cm^2$	$5\ cm^2$	$200\ cm^2$	$150\ cm^2$
	Indirecta	$200\ cm^{2\,(*)}$	-	-	$5\ cm^{2\,(*)}$	$200\ cm^{2\,(*)}$	$150\ cm^{2\,(*)}$

* En el caso de gases menos densos que el aire, si el local o armario está situado en semisótano, no se debe usar la ventilación indirecta

Cuando la ventilación se realice a través de un conducto de más de 3 m de longitud, la superficie libre de ventilación se debe incrementar un 50 % sobre las indicadas en la tabla anterior.

Las aberturas de ventilación se deben proteger con una rejilla fija.

La ventilación directa de los armarios situados en el exterior también se puede realizar a través de la parte inferior y superior de su propia puerta.

Cuando el local técnico o armario centralizado de contadores esté situado en un semisótano, la puerta del local o armario debe ser estanca. Además la superficie de las aberturas o conductos de ventilación se debe incrementar un 50 % sobre las indicadas en la tabla anterior y se colocarán de forma que favorezcan la renovación del aire del recinto y no se utilizará ventilación indirecta.

e) Conducciones ajenas que atraviesan el recinto de centralización de contadores

Se debe evitar que una conducción ajena a la instalación de gas discurra vista por el recinto de centralización de contadores, cuando no se pueda evitar, se tendrá en cuenta lo siguiente:

La conducción que lo atraviesa no debe tener accesorios o juntas desmontables y los puntos de penetración y salida deben ser estancos. Si se trata de tubos de plomo o material plástico deben estar además envainadas o alojadas en el interior de un conducto.

Las conducciones vistas de suministro eléctrico, se deben alojar en una vaina continua de acero.

La conducción no debe obstaculizar las ventilaciones del recinto, ni la operación y el mantenimiento de la instalación de gas (llaves, reguladores de abonado, contadores, etc.).

Instalación de un solo contador

a) Instalación del contador en un armario o nicho

El contador estará contenido en un armario, empotrado o adosado, situado preferentemente en la fachada o muro límite de la propiedad de la vivienda o del local privado y tendrá dimensiones suficientes para alojar tanto al contador como a los elementos y accesorios asociados permitiendo efectuar con normalidad su lectura, trabajos de mantenimiento, conservación o sustitución de los mismos.

Si el armario se instala empotrado, una vez colocado el mismo en el hueco correspondiente, se deben rellenar, con mortero de cemento o un producto similar, las juntas existentes entre el armario y el hueco que lo contiene.

Los armarios o nichos se pueden construir con material metálico o plásticos de calidad mínima C-s3, d0, según UNE-EN 13501-1, o en obra de fábrica enlucida interiormente.

b) Instalación del contador en el interior de vivienda o local

En este caso de vivienda o local de uso no doméstico, no es preciso que el contador esté alojado en un armario o nicho, pero se debe tener en cuenta lo siguiente:

- El contador se debe situar lo más cerca posible del punto de penetración de la tubería en la vivienda (galería o local donde se instalan los aparatos a gas).
- El contador debe poder manipularse sin necesidad de cerraduras, y su acceso será a nivel del suelo de la vivienda, sin necesidad de escaleras u otros medios. El totalizador estará a una altura igual o inferior a 1,7 m.
- Si se instala en el interior de un local, este debe tener algún tipo de ventilación permanente directa o indirecta con el exterior o con un patio de ventilación, de 5 cm^2 de superficie libre, que estará en la parte superior para gases menos densos que el aire, y en la inferior para gases más densos que el aire.
- El soporte del contador, en el caso de ser necesario, debe ser conforme con las características mecánicas y dimensionales de la UNE 60495-1.
- No se instalará contador en dormitorios y en locales de baño o de ducha. En locales que no tengan estas dependencias separadas se podrá instalar un contador si su volumen es superior a 75 m^3.
- No se instalará contador por debajo de la proyección vertical de fregaderos o de pilas de lavar.
- No se instalará el contador a más altura de los fuegos de una cocina o encimera, salvo que se encuentre a una distancia mayor o igual de 40 cm de dicha cocina o se coloque una pantalla de protección.

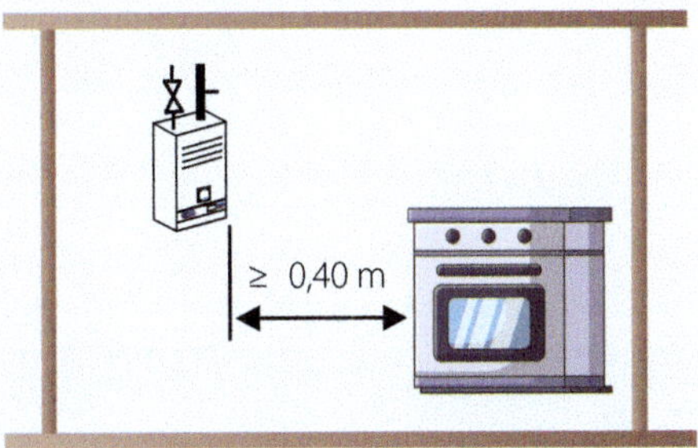

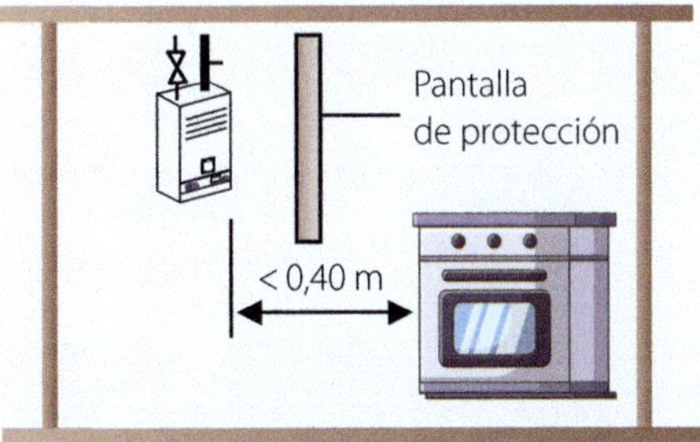

- No se debe instalar el contador a menos de 20 cm medidos lateralmente de mecanismos eléctricos o de aparatos de producción de agua caliente sanitaria y calefacción.
- Cuando estas distancias no se pueden respetar, se debe intercalar una pantalla protectora que cubra totalmente la proyección lateral del contador.

c) Instalación del contador en exterior

En los casos de instalación de contador en el exterior de la vivienda o local, se utilizará un soporte que cumpla las características mecánicas y dimensionales establecidas en la UNE 60495-2.

Si se instala en balcones y terrazas techados, el soporte cumplirá la UNE 60495-1.

El contador se podrá manipular sin necesidad de cerraduras y su acceso será a nivel del suelo de la vivienda, sin disponer de otros medios (escaleras, etc.), el totalizador estará situado a una altura inferior o igual a 1,7 m.

Resumen UNE 60670-6: 2023
Instalaciones receptoras de gas suministradas a una presión máxima de operación (MOP) inferior o igual a 5 bar

Parte 6: Requisitos de configuración, ventilación y evacuación de los productos de la combustión en los locales destinados a contener los aparatos a gas

Objeto y campo de aplicación

Tiene por objeto establecer las condiciones que deben cumplir los locales que contienen los aparatos a gas, cualquiera que sea su tipología, tecnología y aplicación en lo referente a:

- Características de los locales y orificios de ventilación.
- Sistemas de ventilación de los locales.
- Sistemas de evacuación de los productos de la combustión de los aparatos.

Están fuera de aplicación de esta parte de la norma las salas de máquinas en las que la suma de potencias útiles nominales de los aparatos instalados sea superior a 70 kW por ser objeto de la UNE 60601 y los locales industriales que tengan instalaciones del tipo industrial que estén sometidas al Reglamento de equipos a presión.

Aparatos a gas

a) Clasificación

Se clasifican los aparatos en función de las características de combustión y evacuación de los productos de la combustión, cualquiera que sea su tipología, tecnología y aplicación de acuerdo con el informe UNE-CEN/TR-1749 IN agrupándose de forma general en:

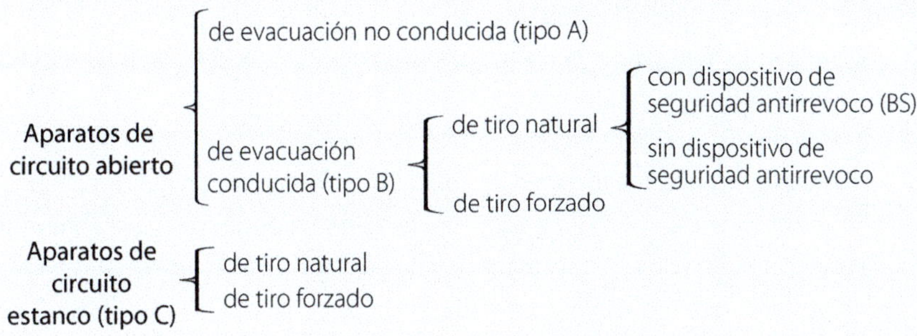

El tipo de aparato determina las características de ventilación del local donde vaya a ser ubicado, así como los requisitos para la evacuación de los productos de la combustión.

Cada aparato debe ser instalado utilizado y mantenido de acuerdo a sus condiciones propias de instalación, uso y mantenimiento, indicando en los manuales facilitados por el fabricante del mismo.

b) Requisitos de instalación de los aparatos

Requisitos generales

En los locales que estén situados a un nivel inferior a un semisótano no se deben instalar aparatos a gas.

Cuando el gas suministrado sea más denso que el aire, en ningún caso se deben instalar aparatos a gas en un semisótano, pero se permite la instalación de aparatos de gas suministrados con gases menos densos que el aire, solamente cuando la diferencia entre el suelo exterior y el interior no sea superior a 4 m.

Lo indicado en los párrafos anteriores no se aplica a las salas de máquinas.

Las calderas de calefacción y/o producción de ACS y/o equipos de absorción de llama directa para refrigeración y/o los equipos de cogeneración ubicados en un mismo local, cuya suma de potencias útiles nominales o consumos caloríficos nominales sea superior a 70 kW deben estar ubicados en una sala de máquinas que cumpla con lo dispuesto en UNE 60601 y en el RITE

Los generadores de aire caliente para calefacción por convección forzada pueden estar situados en cualquier lugar del local calefactado, con el espacio necesario para el mantenimiento y debidamente protegidos si es necesario, como por ejemplo, mediante una cerca metálica o cadena.

Aparatos tipo A

En los locales no considerados como zona exterior solo pueden instalarse los aparatos tipo A siguientes:

   a) Aparatos de cocción y preparación de alimentos o bebidas (cocinas, hornos, cafeteras, barbacoas, etc.).

   b) Aparatos de calefacción que utilicen directamente el calor generado para calentar el local donde se hallan instalados, siempre que estén ubicados en espacios destinados a almacenes, talleres, naves industriales u otros recintos especiales, que cumplan lo especificado en esta norma para garantizar la calidad del aire del recinto donde se encuentran.

b1) Generadores de aire caliente de calefacción directa por convección forzada que, independientemente de su consumo calorífico nominal, cumplan con las condiciones de uso de la UNE-EN 525.

b2) Aparatos suspendidos de calefacción por radiación, tipo tubo radiante o de radiación luminosa, siempre que se respeten las condiciones de ventilación indicadas más adelante.

c) Otros aparatos de calefacción de dilución directa de los productos de la combustión del lugar donde se encuentren siempre que dispongan de dispositivo de control de atmósfera.

d) Otros aparatos que incorporen quemadores de gas y de consumo calorífico nominal inferior a 4,65 kW, como refrigeradores, etc., a excepción de los aparatos de producción de agua caliente sanitaria por acumulación que no podrán ser instalados.

e) Otros aparatos de uso industrial que incorporen quemadores de gas, con independencia de su potencia, cuando cumplan las condiciones de volumen mínimo y ventilación indicadas en esta norma, y que tengan dispositivos de control de atmósfera, bien sean del aparato o de la instalación.

Los aparatos con fuegos abiertos sin dispositivo de seguridad por extinción o detección de llama en todos sus quemadores se instalarán en locales que tengan ventilación rápida, excepto en los casos de armario-cocina que deben cumplir lo indicado en el apartado "Ventilación rápida de los locales".

Los aparatos con fuegos abiertos con dispositivo de seguridad por extinción o detección de llama, sus quemadores no necesitan instalarse en locales con ventilación rápida.

No se permite la instalación de este tipo de aparatos en locales destinados a dormitorio, baño, ducha o aseo.

Para los locales tipo *loft* se podrá instalar este tipo de aparatos para usar como cocina cuando cumplan:

- Que el aparato incorpore un dispositivo de seguridad de extinción o de detección de llama en los quemadores superiores y descubiertos.
- Que la suma de la potencia de los aparatos de cocción tipo A instalados sea inferior o igual a 12 kW.

En ningún supuesto, el volumen bruto del *loft* será inferior a 80 m³, descontando los espacios independientes adyacentes.

Aparatos tipo B

No se permite este tipo de aparatos en dormitorios y locales de baño, ducha o aseo, así como tampoco en locales o galerías cerradas que comuniquen con un dormitorio, local de baño, ducha o aseo cuando la única posibilidad de acceder a estos últimos sea a través de una puerta o de una ventana que comunique con el lugar donde esté ubicado el aparato, a excepción de los de tipo B3x.

Aparatos de tipo B destinados a atender la demanda de bienestar térmico e higiene de las personas

Cumplirán lo establecido por el RITE y las condiciones siguientes.

Se permite su instalación en:

– Locales independientes que cumplan la UNE 60601 (sala de máquinas).
– Locales considerados zona exterior, cuando sean aparatos exclusivos para ACS.

En el caso de los aparatos tipo B3x se permite su instalación en recintos o locales exclusivos para ellos u en otros locales de uso restringido (lavaderos, garajes, etc.), así como cocinas que cumplan las condiciones de ventilación.

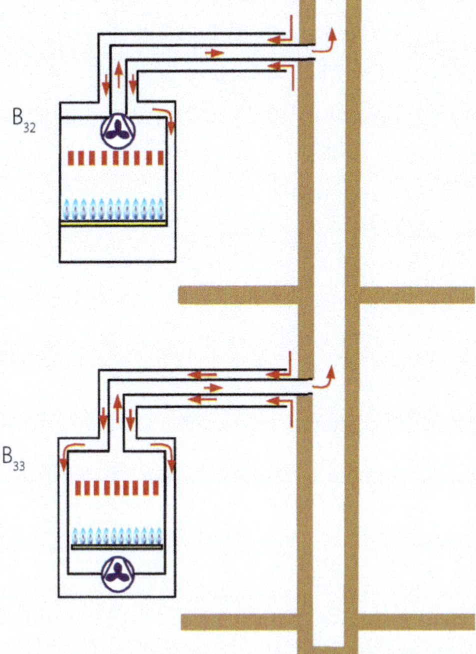

Cuando exista un aparato tipo B de tiro natural ya instalado, para la puesta en servicio (apertura o reapertura de una instalación ya inscrita) o para un cambio de gas, se deben aplicar medidas que impidan, de forma automática, la interacción entre los extractores de la cocina y el sistema de evacuación de los PdC. Si se usan dispositivos para evitar la interacción, el tiempo de actuación desde que arranca el aparato tipo B debe ser inferior o igual a 2 min.

> **Nota**
>
> Se entiende por instalación inscrita aquella que esté afectada por la disposición transitoria primera del RD 1027/2007 o aquella que disponga de un certificado de instalación con fecha anterior a la entrada en vigor del mencionado real decreto.

Aparatos de tipo B no destinados a atender la demanda de bienestar térmico e higiene de las personas

Se permite la instalación de estos aparatos para hornos, calderas de procesos industriales, generadores de aire caliente de tipo industrial, equipos de lavandería, secadoras, cabinas de pintura, siempre que cumplan las condiciones de ventilación establecidas en la presente norma.

Aparatos tipo C

Se permite instalar este tipo de aparatos en zona exterior, en cualquier local, incluyendo aquellos destinados a dormitorio, baño, ducha o aseo, debiéndose en los tres últimos casos cumplir con la reglamentación vigente (REBT) en lo referente a locales húmedos.

Requisitos de los locales donde se ubican aparatos de gas

a) Requisitos generales

Dos locales se consideran como uno solo a efectos de condiciones de instalación de aparatos a gas y diseño de ventilaciones si se comunican entre sí mediante una o varias aberturas permanentes, cuya superficie libre total sea igual o superior a 1,5 m².

A efectos de esta norma, se considera como zona exterior, un local (galería, terraza o balcón) si dispone de una abertura permanentemente abierta que dé directamente al exterior o a un patio de ventilación cuya superficie libre sea igual o superior a 1,5 m² y cuyo borde superior esté situado a una distancia inferior o igual a 50 cm del techo del local.

b) Volumen mínimo de los locales

Los locales donde se instalen aparatos a gas de tipo A, deben tener un volumen bruto mínimo, de acuerdo con lo establecido en los apartados siguientes.

Los locales donde se instalen solo aparatos de gas tipo C y/o B no precisan volumen mínimo.

Los armarios-cocina tampoco necesitan tener un volumen mínimo, pero sí el local contiguo con el que comuniquen.

b.1) Locales que contienen aparatos tipo A que no sean de calefacción

El volumen bruto mínimo, que consideraremos como tal, es el delimitado por las paredes del local sin restar el correspondiente al mobiliario que contenga, debe ser para cada caso el indicado en la siguiente tabla:

Consumo calorífico total de los aparatos de tipo A (kW)	Volumen bruto mínimo, ($V_{mín}$) (m³)
$\Sigma\, Q_n \leq 16$ kW	8
$\Sigma\, Q_n > 16$ kW	$|\Sigma\, Q_n| - 8$
$\Sigma\, Q_n$: consumo calorífico total (kW), resultado de sumar los consumos caloríficos de todos los aparatos a gas de tipo A que no sean calefacción	
$|\Sigma\, Q_n|$: valor numérico de $\Sigma\, Q_n$ (m³) a efectos de cálculo de volumen bruto mínimo ($V_{mín}$)	

Si el consumo calorífico total es superior a 30 kW, el local debe disponer de un sistema de extracción mecánica del aire que garantice la renovación continua del aire del local durante el funcionamiento de estos aparatos tipo A y que disponga de un sistema de corte de gas por fallo del sistema de extracción que interrumpe el suministro a estos aparatos.

El sistema de corte debe consistir en una electroválvula de rearme manual, normalmente cerrada, accionada por un interruptor de flujo situado en el conducto de extracción que puede estar situado en el interior del local.

El restablecimiento del suministro de gas debe hacerse manualmente, bien si es sobre el dispositivo de rearme de la electroválvula, o por otro dispositivo mecánico o electrónico separado de la electroválvula. El dispositivo tendrá un grado 1 de accesibilidad.

El caudal del aire extraído por medios mecánicos debe ser superior al calculado por:

$$q = 10 \times A + 2 \times \sum Q_n$$

donde: q es el caudal del aire, m^3/h; A la superficie en planta, m^2 y $\sum Q_n$ el consumo calorífico total, kW, que será el resultado de sumar los consumos caloríficos de todos los aparatos de gas de tipo A, que no sean calefacción, instalados en el local

El sistema de extracción mecánica de aire no es necesario cuando la relación entre el volumen del local en m^3 y el consumo calorífico total en kW supere el valor de 10.

En los edificios ya construidos, se pueden instalar estos aparatos en:

- Locales de volumen bruto comprendido entre el 75 y el 100 % del volumen resultante de aplicar la tabla anterior, si se incrementa en un 50 %, la superficie libre de ventilación resultante de aplicar el dimensionado indicado en el apartado "b) Dimensionado de los sistemas de ventilación".
- Locales con volumen bruto comprendido entre el 50 y el 75 % del volumen necesario si, además de incrementar en un 50 % la superficie de ventilación necesaria, dispone el local de un sistema de detección de CO conforme a la UNE-EN 50291-1, cuando se trate de locales de uso doméstico o con una norma de reconocido prestigio cuando se trate de un local no doméstico, que accione un sistema de corte automático de gas consistente en una electroválvula de rearme manual, normalmente cerrada, cuando la concentración de CO en el local supere el valor existente establecido por dicha norma.

En ningún caso el volumen bruto debe ser inferior a 6 m^3.

b.2) Locales que contienen aparatos de calefacción de tipo A

Deben tener un volumen bruto mínimo expresado en m^3, igual o superior al resultado de multiplicar el consumo calorífico total de estos aparatos $\sum Q_n$ (kW) por 11, con un mínimo de 15 m^3:

$$V(m^3) = 11 \times \sum Q_n \,(kW)\,(mínimo\ 15m^3)$$

b.3) Locales que contienen simultáneamente aparatos de calefacción tipo A y de otro tipo

Deben tener un volumen bruto mínimo mayor o igual al valor resultante de sumar los resultados obtenidos en los dos apartados anteriores, o cada grupo de aparatos.

c) Ventilación rápida de los locales

Es la que se realiza a través de una o dos aberturas, cuya superficie total sea igual o superior a 40 cm^2, practicables en el mismo local, puerta o ventana y que comuniquen directamente al exterior o a un patio de ventilación.

Los armarios-cocina tampoco necesitan ventilación rápida aunque los quemadores superiores y descubiertos de los aparatos de cocción no incorporen dispositivo de seguridad por extinción o detección de llama, pero el local contiguo con el que comunican sí debe cumplir los requisitos de ventilación rápida.

Se puede considerar como ventilación rápida la que se realiza indirectamente a través de una puerta fácilmente practicable cuya superficie mínima sea de 1,2 m^2 a un local contiguo que disponga de ventilación rápida, cuando el consumo calorífico total de los aparatos que carezcan de dispositivo de seguridad sea menor o igual a 30 kW.

Cuando por razones constructivas un local no pueda disponer de ventilación rápida, por albergar aparatos de tipo A sin dispositivo de seguridad por extinción o detección de llama, no puedan tener tal ventilación rápida, se debe instalar en el interior del mismo en función de las características de este, equipos detectores de gas:

- de tipo A según UNE-EN 50194-1 y UNE-EN 50244 cuando se trate de locales de uso doméstico,
- que emitan una señal de alarma e inicien una acción de corte automático y cumplan las normas UNE-EN 60079-29-1-2, cuando se trate de locales de uso colectivo, comercial o industrial, en caso de sala de máquinas se aplica la UNE 60601.

Estos detectores deben accionar a un sistema automático de corte de gas (electroválvula, normalmente cerrada) con rearme manual ubicado en el exterior del local, lo más cerca posible del punto de penetración en el mismo. El mantenimiento de los detectores se debe realizar de acuerdo con las instrucciones del fabricante.

d) Requisitos específicos para la instalación de aparatos suspendidos de calefacción por radiación

Los aparatos del tipo tubo radiante o de radiación luminosa, para evitar que las personas se vean sometidas a una radiación de calor excesiva, se deberán instalar guardando las distancias mínimas respecto al suelo recomendadas por el fabricante del aparato.

Patios de ventilación

Son aquellos que tienen una superficie mínima en planta de 3 m², siendo la longitud del lado menor, igual o superior de 1 m.

En el caso de que exista techo, este debe dejar libre una superficie permanente de comunicación con el exterior de al menos 2 m².

En edificios ya construidos se consideran patios de ventilación cuando la sección sea inferior a 3 m² y dispongan en su parte inferior de una abertura para entrada directa de aire del exterior o bien se aporta mediante un conducto que comunique directamente al patio con el exterior con una superficie libre mínima de 300 cm².

Requisitos adicionales para la evacuación de los productos de la combustión de aparatos de tipo B y C en edificios ya construidos

Los patios de ventilación destinados a la evacuación de los productos de combustión de aparatos tipo B y C, deben tener una superficie en planta, medida en m² igual o superior a 0,5 × N_T con un mínimo de 4 m², o en caso de disponer de un aporte de aire exterior como el descrito en el apartado anterior de 3 m²; siendo N_T el n.º de locales que puedan contener aparatos conducidos que desemboquen en el patio.

Además si el patio está cubierto en su parte superior con un techado, este tendrá una superficie permanente y libre al exterior del 25 % de su sección en planta con un mínimo de 4 m².

Requisitos de ventilación de los locales que contienen aparatos a gas de tipo A y tipo B

a) Sistemas de ventilación

Ventilación directa. Es aquella que está en comunicación permanente del local donde se ubican los aparatos a gas de tipo A y B con el exterior o con un patio de ventilación, pudiéndose realizar con uno de los siguientes sistemas:

1. A través de una abertura (orificio) permanente, practicada en una pared, puerta o ventana, que dé directamente al exterior o al patio de ventilación.

Las aberturas se pueden proteger con rejillas fijas, siendo la superficie libre mínima igual o superior a la mínima establecida en cada caso y llevarán marcadas de fábrica de forma indeleble su superficie libre. Si las rejillas no son estándar, se pueden marcar in situ.

Las aberturas de ventilación no deben comunicarse con las cámaras de aire de las paredes.

Las aberturas se pueden subdividir en varios orificios en la misma pared, puerta o ventana, siendo la suma de las superficies libres igual o superior a la mínima establecida en cada caso.

2. Mediante un conducto individual, que pueden ser horizontal o vertical.

En todo caso, debe quedar asegurada la circulación de aire por tiro natural o mediante ventilador mecánico, en este supuesto debe asegurarse el corte de gas ante una interrupción del funcionamiento del ventilador.

3. Mediante un conducto colectivo y se debe realizar por circulación de aire ascendente y el conducto será del tipo *shunt* invertido o similar.

Ventilación indirecta. Es la realizada a través de un local contiguo que no sea dormitorio, cuarto de baño, ducha, aseo y que disponga de ventilación directa, existiendo una abertura de comunicación entre los dos locales con una superficie igual o mayor a la que se indica en el punto siguiente.

b) Dimensionado de los sistemas de ventilación

La superficie libre de ventilación del local se calcula en función del consumo calorífico total de los aparatos a gas de tipo A y B instalados en el local.

Cuando la ventilación se realice por aberturas (orificios) tanto en el caso de ventilación directa como indirecta tendrán una superficie de al menos 5 cm²/kW con un mínimo de 125 cm².

En el caso de locales industriales, o que contengan aplicaciones de tipo industrial, cuando la suma de los consumos caloríficos nominales de los aparatos de tipo A y tipo B sea superior a 70 kW, estos dispondrán de dos aberturas con ventilación cruzada, una inferior y otra superior, cada una de ellas con una superficie mínima de 5 cm² por cada kW de la suma antes indicada.

Los aparatos instalados en locales situados en edificios de viviendas no tendrán la consideración de industrial respecto a la ventilación, siendo la misma, como mínimo, de 5 cm²/kW, con un mínimo de 125 cm².

Cuando la ventilación se realice por conducto individual o colectivo horizontal de más de 3 m de longitud, la sección libre mínima se incrementará un 50 %. Cuando este tramo sea superior a 10 m se incrementará un mínimo de 150 %. En cualquier caso, el total de los tramos horizontales no debe ser superior a 20 m.

En caso de existir dos ventilaciones en el local, ninguna de ellas tendrá una superficie libre inferior a 50 cm².

Las superficies pueden ser establecidas por la suma de la ventilación superior o inferior, en caso de existir, de acuerdo con lo establecido en la tabla siguiente:

	Para locales que contienen solo aparatos de tipo B	Para locales que contienen simultáneamente aparatos del tipo A y B o únicamente aparatos de tipo A	
		$\Sigma Q_{n\,aparatos\,tipo\,A} \leq 16$ kW	$\Sigma Q_{n\,aparatos\,tipo\,A} > 16$ kW
Gases menos densos que el aire	Posición de la abertura: su extremo inferior debe estar a una altura ≥ 1,80 m del suelo del local y ≤ 40 cm del techo. En edificios ya construidos a cualquier altura. Ventilación: puede ser directa o indirecta	Posición de la abertura: su extremo inferior debe estar a una altura ≥ 1,80 m del suelo del local y ≤ 40 cm del techo. En edificios ya construidos, su extremo inferior debe estar a una altura ≥ 1,80 m del suelo del local. Ventilación: puede ser directa o indirecta	Posición de la abertura: dividida en dos aberturas, cada una de sección igual o superior a la mitad de la calculada según lo indicado en el apartado b: - Una inferior, cuyo extremo superior debe estar a una altura ≤ 50 cm del suelo del local. - Una superior, cuyo extremo inferior debe estar a una altura ≥ 1,80 m del suelo del local y ≤ 40 cm del techo. Ventilación: la ventilación inferior puede ser directa o indirecta, mientras que la superior debe ser directa
Gases más densos que el aire	Posición de la abertura: su extremo inferior debe estar a una altura ≤ 15 cm con relación al suelo del local. Ventilación: puede ser directa o indirecta	Posición de la abertura: dividida en dos aberturas, cada una de sección igual o superior a la mitad de la calculada según lo indicado en este apartado: - Una inferior, cuyo extremo inferior debe estar a una altura ≤ 15 cm del suelo del local. - Una superior, cuyo extremo inferior debe estar a una altura ≥ 1,80 m del suelo del local y ≤ 40 cm del techo. En edificios ya construidos, su extremo inferior debe estar a una altura ≥ 1,80 m del suelo del local. Ventilación: puede ser directa o indirecta	Posición de la abertura: dividida en dos aberturas, cada una de sección igual o superior a la mitad de la calculada según lo indicado en el apartado b: - Una inferior, cuyo extremo inferior debe estar a una altura ≤ 15 cm del suelo del local. - Una superior, cuyo extremo inferior debe estar a una altura ≥ 1,80 m del suelo del local y ≤ 40 cm del techo. Ventilación: La ventilación inferior puede ser directa o indirecta, mientras que la superior debe ser directa

Notas

ΣQ_n: Consumo calorífico total (en kW) resultado de sumar los consumos caloríficos de todos los aparatos a gas, según los tipos indicados, instalados en el local. La superficie libre mínima total de las aberturas o conductos de ventilación se calcula según lo indicado en el apartado b) Dimensionado de los sistemas de ventilación.

Los locales que alojan únicamente aparatos de calefacción de tipo A de consumo calorífico inferior a 4,65 kW y que cumplan el volumen mínimo indicado en el apartado b.2 (página 117) no precisan de ningún sistema de ventilación.

c) Condiciones de ubicación de las aberturas de ventilación

Los locales con aparatos tipo A o B cumplirán las condiciones de ubicación y abertura de ventilación indicadas en las tabla anterior.

Requisitos específicos para ciertos tipos de aparatos

a) Generadores de aire caliente para calefacción por convección forzada

Los generadores de aire caliente para calefacción indirecta con alimentación de aire de combustión desde el interior del local, deben ser instalados en locales que cumplan lo indicado en el apartado "b) Dimensionado de los sistemas de ventilación".

Los generadores de aire caliente para calefacción indirecta con alimentación de aire de combustión desde el exterior del local, serán instalados en locales que cumplan las siguientes condiciones mínimas de ventilación:

- Cuando la ventilación se haga a través de orificios directos, tanto en el caso de ventilación directa como indirecta tendrán una superficie de al menos 1,5 cm²/kW con un mínimo de 70 cm².
- Cuando la ventilación del local se realice por un conducto individual o colectivo horizontal de más de 3 m de longitud, la sección libre mínima se debe incrementar en un 50 %, en cualquier caso el total de los tramos horizontales no debe ser superior a 10 m.

b) Aparatos suspendidos de calefacción por radiación

Los aparatos suspendidos de calefacción por radiación de evacuación no conducida (tipo A) deben ser instalados en locales que cumplan con las condiciones mínimas de ventilación indicadas en la UNE-EN 13410.

Los aparatos suspendidos de calefacción por radiación de evacuación conducida y con alimentación de aire de combustión desde el interior del local (tipo B), los locales deben cumplir lo indicado en el apartado "b) Dimensionado de los sistemas de ventilación".

Evacuación de los productos de la combustión de los aparatos de tipo B y tipo C

La evacuación de los productos de la combustión de los aparatos de circuito abierto conducidos (tipo B) y de circuito estanco (tipo C) se debe realizar a través de su conducto de evacuación, pudiendo desembocar por la cubierta o fachada del edificio, patio de ventilación, con las limitaciones que establezca la legislación vigente.

Conductos de evacuación de los productos de combustión

a) Aparatos de tipo B y C de tiro natural

Estos aparatos han de tener incorporado un cortatiro en el circuito de los PdC del propio aparato, a excepción de la chimenea-hogar de gas o similar que no incorporan cortatiro ni lo llevan acoplado.

Características de la conexión a una chimenea, shunt o similar

Este tipo de conexión se debe realizar mediante un conducto de las siguientes características:

- El conducto debe ser de material incombustible tipo A1 o A2-s1, d0 según UNE-EN 13501-1, liso interiormente, rígido, resistente a la corrosión y capaz de soportar temperaturas de trabajo sin alterarse. La parte de unión del collarín también está sujeta a esta exigencia relativa a la temperatura.
- El conducto dispondrá de un orificio accesible de diámetro mínimo de 11 mm para la toma de muestras, situado lo más cerca posible del aparato con el fin de permitir la introducción de una sonda para medir los PdC y el tiro del conducto, cuando el aparato no lo incorpore. El orificio tendrá

un sistema de cierre que soporte 200 °C sin alteraciones, resistente a la corrosión de los PdC y fácilmente desmontable.

- Las uniones del collarín del aparato con el conducto y entre los diferentes tramos y accesorios de este con la chimenea o shunt, se deben realizar mediante un sistema que asegure la estanquidad y rigidez del conducto.

- El diámetro interior del conducto debe ser indicado por el fabricante del aparato y no presentar estrechamientos ni reducciones.

- El conducto debe ser lo más corto posible y mantener una pendiente positiva (ascendente) en todos sus tramos y en la parte superior del aparato tendrá un tramo vertical de al menos 20 cm de longitud medidos entre la base del collarín (punto de conexión del conducto de evacuación con el aparato) y la unión con el primer codo.

- En los aparatos instalados en cascada, el ramal auxiliar, antes de su conexión al conducto común, debe tener un tramo vertical de altura igual o superior a 20 cm.

Características del conducto de evacuación con salida directa al exterior o patio de ventilación

El conducto de evacuación directa al exterior o patio de ventilación de un aparato de tipo B de tiro natural, debe cumplir:

- El conducto debe ser de material incombustible tipo A1 o A2-s1, d0 según UNE-EN 13501-1, liso interiormente, rígido, resistente a la corrosión y capaz de soportar temperaturas de trabajo sin alterarse. La parte de unión del collarín también está sujeta a esta exigencia relativa a la temperatura.

- El conducto dispondrá de un orificio accesible de diámetro mínimo de 11 mm para la toma de muestras, situado lo más cerca posible del aparato con el fin de permitir la introducción de una sonda para medir los PdC y el tiro del conducto, cuando el aparato no lo incorpore. El orificio tendrá un sistema de cierre que soporte 200 °C sin alteraciones, resistente a la corrosión de los PdC y fácilmente desmontable.

- Las uniones del collarín del aparato con el conducto y las uniones entre los diferentes tramos y accesorios de este deben estar realizadas mediante un sistema que asegure la estanquidad y rigidez del conducto.

- El diámetro interior del conducto no debe presentar estrechamientos ni reducciones y debe ser el indicado por el fabricante del aparato, que en ningún caso debe ser inferior al indicado en la tabla siguiente en función del consumo calorífico del aparato.

Consumo calorífico nominal del aparato (kW) (H_i)	Diámetro interior mínimo del conducto (mm)	Puntuación mínima del conducto según la valoración de la tabla siguiente
$Q_n \leq 11,5$	90	+ 1
$11,5 < Q_n \leq 23,0$	110	+ 1
$23,0 < Q_n \leq 30,7$	125	+ 1
$30,7 < Q_n \leq 39,0$	139	+ 1
$39,0 < Q_n \leq 45,0$	150	+ 1
$Q_n > 45,0$	175	+ 1

Tabla. Diámetro interior mínimo de conductos de evacuación directa al exterior o a patio de ventilación y puntuación mínima del conducto, para aparatos a gas de circuito abierto conducidos de tiro natural

Para el diseño del conducto se debe valorar cada accesorio o tramo del conducto de acuerdo con la puntuación detallada en la tabla siguiente que debe ser un valor positivo mayor o igual al indicado en la tabla anterior.

Esquema de la singularidad	Tipo de singularidad	Valoración de la singularidad
	Cota total ganada en el conducto por cualquier concepto (H expresado en cm)	$+ 0,1 \times H$
	Codo mayor que 45° y no superior a 90° vertical-horizontal	-2
	Codo no superior a 45° vertical ascendente	-1
	Codo mayor que 45° y no superior a 90° no vertical no ascendente	-2
	Codo no superior a 45° no vertical no ascendente	-1
	Codo mayor que 45° y no superior a 90° horizontal-vertical	-0,3
	Codo no superior a 45° horizontal ascendente	-0,1
	Longitud de los tramos rectos del conducto (L expresado en m)	$-0,5 \times L$
	Deflector conforme a la Norma UNE 60406	-0,3

Tabla. Valoración de singularidades del conducto de evacuación directa al exterior o a patio de ventilación para aparatos a gas de circuito abierto conducidos de tiro natural

▫ El conducto debe mantener una pendiente positiva en todos sus tramos y en la parte superior del aparato debe tener un tramo vertical de al menos 20 cm de longitud, medidos entre la base del collarín y la unión con el primer codo.

▫ El conducto debe disponer en su extremo de un deflector tanto si acaba en posición horizontal o vertical conforme a la UNE 60406.

▫ El extremo del conducto, sin contar el deflector, debe guardar las siguientes distancias mínimas:

> a. 10 cm respecto al muro o pared que ha atravesado (ver figura siguiente).

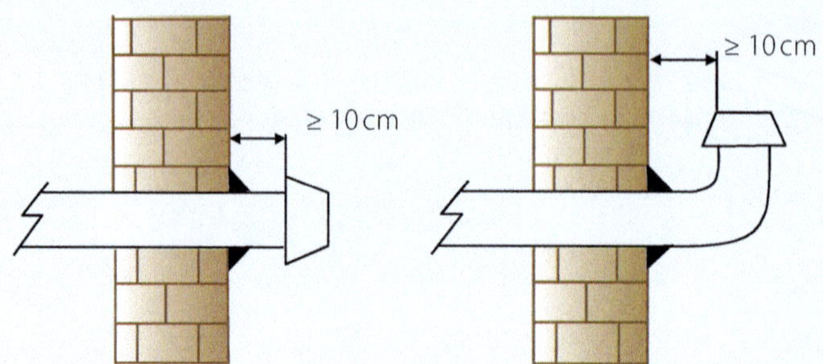

> b. 40 cm con cualquier abertura permanente que disponga el propio local, los de nivel superior o colindantes.
>
> c. 40 cm con cualquier ventana o puerta de un local distinto al que se encuentra instalado el aparato.
>
> d. 40 cm con cualquier pared lateral externa.
>
> e. 40 cm con cornisas, aleros y 20 cm con cualquier otro resalte.
>
> f. 220 cm en relación con el nivel del suelo exterior de la finca, exceptuando aquellos casos en los que los productos de la combustión salgan a zona privada de la finca.

Características del conducto de evacuación con salida directa al exterior o a patio de ventilación al que se incorpora un dispositivo de ayuda a la evacuación de los productos de la combustión

El dispositivo se instalará siguiendo las instrucciones del fabricante del mismo y cumpliendo todo lo indicado en el apartado anterior, con excepción de lo relativo a la puntuación mínima requerida en la tabla del apartado "b) Dimensionado de los sistemas de ventilación", pudiendo sustituirse total o parcialmente la cota de 20 cm de longitud vertical entre la base del collarín y la unión del primer codo e incluso este último por la propia ubicación del dispositivo.

El dispositivo se puede instalar posteriormente a la instalación inicial en base a la detección de una evacuación deficiente de los productos de la combustión respetando las características de funcionamiento del aparato al que se conecta.

Cuando un aparato tipo B o C de tiro natural sea transformado a tiro forzado, se adaptará la ventilación a la nueva configuración de aparato, esto se considera un cambio de aparato.

Cuando sea posible, si el aparato no es de condensación, debe modificarse la instalación del conducto de evacuación de los PdC para dotarlo de una pequeña pendiente descendente que impida la caída de condensados hacia el interior del aparato.

b) Aparatos de tipo B y tipo C de tiro forzado

Los conductos de evacuación serán conformes en cuanto a materiales, uniones y condiciones de instalación con los indicados por el fabricante.

En el caso de aparatos tipo B

- Cuando la evacuación de los PdC se realice por conductos de evacuación vertical, estos deberán estar diseñados específicamente para ello.

- Cuando la evacuación de los PdC se efectúe por conductos de evacuación directa al exterior, patio de ventilación, estos se instalarán de acuerdo con las instrucciones del fabricante del aparato en lo relativo a diámetro, configuración, longitud máxima.

En el caso de aparatos tipo C

La entrada de aire y la salida de los PdC, ya sea que se realicen mediante conductos verticales a chimenea, como cuando se efectúen por conductos conectados directamente al exterior o patio de ventilación, deben respetar las dimensiones indicadas por el fabricante del aparato e instaladas de acuerdo con las indicaciones de este.

Las uniones del collarín del aparato con el conducto, las uniones entre los distintos tramos y accesorios de este, así como la conexión con chimenea o shunt, se realizarán de modo que asegure la estanquidad y rigidez del conducto.

Si el aparato no es de condensación, el conducto de evacuación de los PdC se instalará con una ligera pendiente descendente que impida la entrada de los condensados en el interior del aparato.

En cualquier caso, el conducto tendrá un orificio de diámetro mínimo de 11 mm para la toma de muestras, situado lo más cerca posible del aparato, para la introducción de una sonda para medir la composición de los PdC y el tiro del conducto, cuando el aparato no lo incorpore o cuando para acceder a él sea necesario retirar la carcasa. Este orificio debe disponer de un sistema de cierre que soporte sin alteraciones las temperaturas de trabajo y sea resistente a la corrosión de los PdC y fácilmente desmontable.

c) Salida directa al exterior o al patio de ventilación de PdC de aparatos de tipo B de tiro forzado o de tipo C de tiro forzado

Características de los tubos de evacuación

En el caso de los aparatos de tipo C, el sistema de evacuación de los PdC y admisión de aire debe ser diseñado por el fabricante para el aparato.

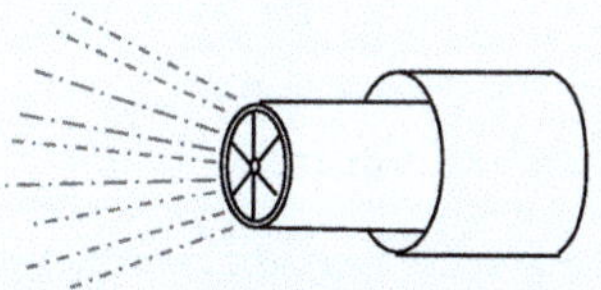

Deflector tipo cañón salida frontal sin obstáculos

El extremo final debe estar diseñado de forma que se favorezca la salida frontal (tipo cañón, ver figura adjunta superior) a la mayor distancia horizontal posible de los PdC.

Solo en el caso de edificaciones existentes, cuando no se puedan cumplir las distancias mínimas que se indican a continuación (ver figuras de la página siguiente), se pueden usar, en el extremo, deflectores desviadores del flujo de los PdC (ver figura adjunta inferior).

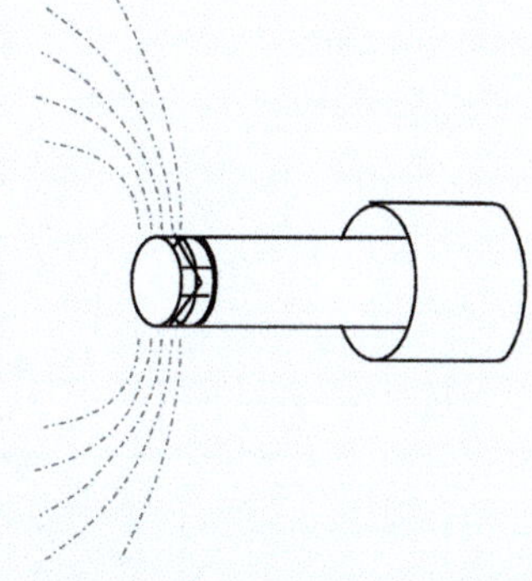

Un tipo de deflector desviador del flujo de los PdC

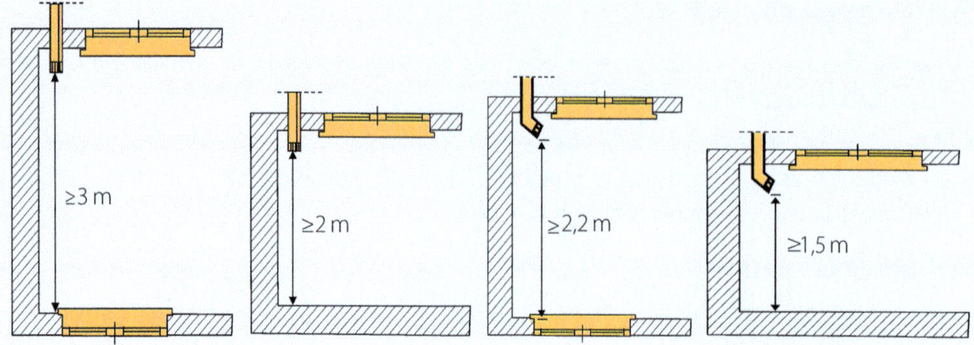

Características de la instalación

La proyección perpendicular del conducto de salida de los PdC sobre los planos en que se encuentran los orificios de ventilación y la parte practicable de los marcos de ventanas debe distar 40 cm como mínimo de estos, salvo cuando dicha salida se efectúe por encima, en cuyo caso no es necesario guardar la distancia mínima.

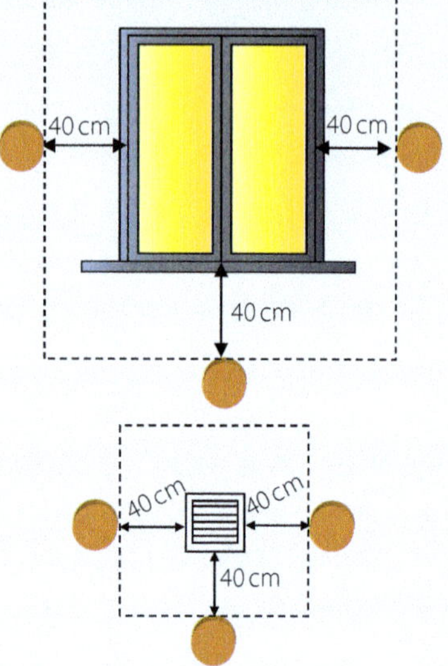

En edificación construida se pueden utilizar desviadores laterales de los PdC cuando no pueda respetarse la distancia mínima de 40 cm, o cualquier otro método que utilizando los medios suministrados por el fabricante garantice que la salida diverge respecto al flujo que resultaría si no se efectuara una actuación de estas características. En cualquier caso la referida distancia mínima nunca debe ser menor de 20 cm.

Dependiendo del tipo de fachada y de salida, concéntrica o de conductos independientes se distinguen los siguientes casos:

a) A través de fachada, celosía o similar

1) Tubo concéntrico (interior salida de los PdC, exterior toma de aire para combustión).

El tubo de admisión debe sobresalir ligeramente del muro en la zona exterior hasta un máximo de 10 cm para el tubo exterior:

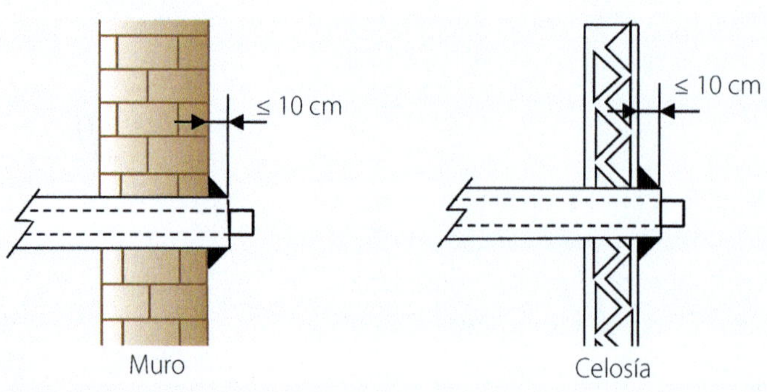

2) Tubo de conductos independientes (un tubo para entrada de aire y otro para salida de los PdC).

Tanto el tubo para la salida de los PdC como el de entrada de aire pueden sobresalir un máximo de 10 cm respecto a la superficie de la fachada.

En los dos casos, se pueden colocar rejillas (diseñadas por el fabricante) en los extremos.

b) A través de la superficie de fachada perteneciente al ámbito de una terraza, balcón o galería techadas y abiertas al exterior

En este caso, se contemplan dos opciones:

1) El eje del tubo de salida de los PdC está a una distancia igual o inferior a 30 cm respecto del techo de la terraza, balcón o galería, medidos perpendicularmente.

En este caso solo se permite en edificación construida; en esta situación, el tubo se debe prolongar hacia el límite del techo de la terraza, balcón o galería de forma que entre el mismo y el extremo del tubo se guarde una distancia máxima de 10 cm, prevaleciendo las indicaciones del fabricante.

2) El eje del tubo de salida de los PdC se encuentra a una distancia superior a 30 cm respecto del techo de la terraza, balcón o galería, medidos perpendicularmente.

En esta situación, el extremo del tubo no debe sobresalir más de 10 cm de la pared que atraviesa, debiendo respetarse en todo caso las indicaciones del fabricante:

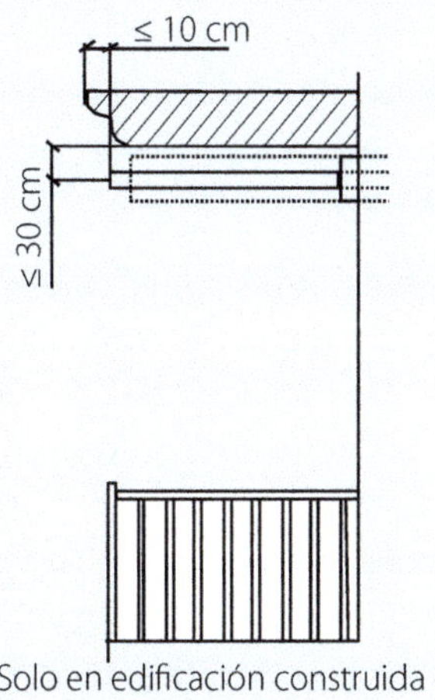

Solo en edificación construida

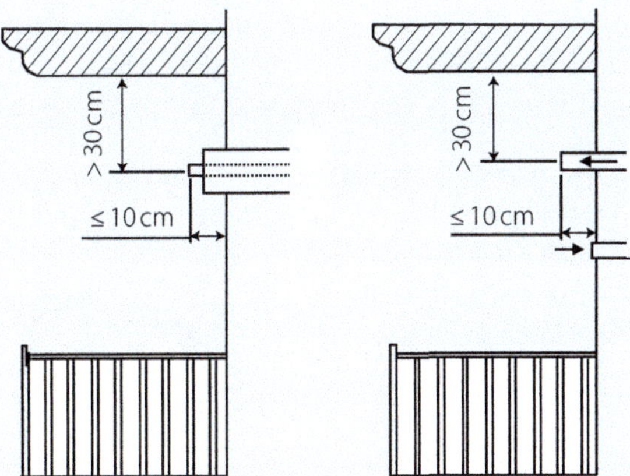

c) A través de fachada, celosía o similar, existiendo una cornisa o balcón en cota superior a la de salida de los PdC

Se seguirá el mismo criterio del anterior caso b), siendo el límite a considerar el de la cornisa o alero.

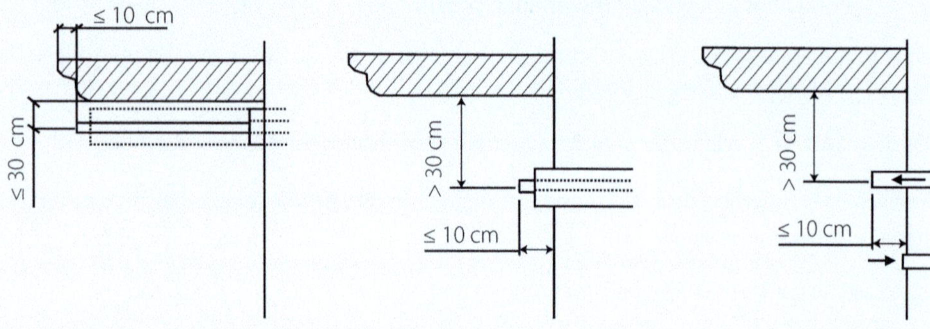

Solo en edificación construida

d) Aparato situado en el exterior, terraza, balcón o galería abierta o techada

Se seguirán los mismos criterios que en los casos b) y c), con la salvedad de que cuando el eje del tubo de salida de los PdC se encuentre a una distancia superior a 30 cm respecto al techo de la terraza, balcón o galería la longitud del tubo de salida de los PdC debe ser la mínima indicada por el fabricante (figura derecha).

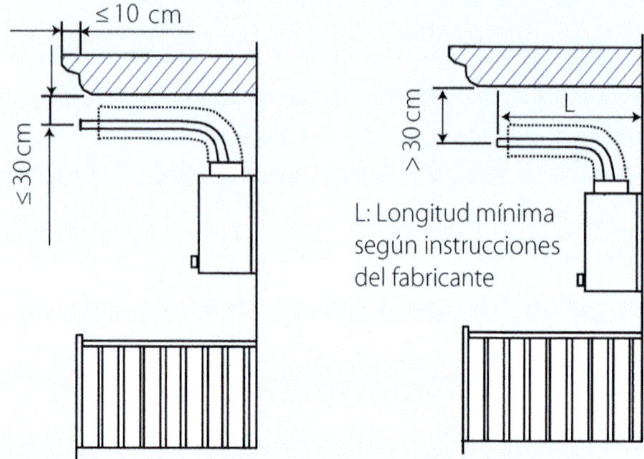

L: Longitud mínima según instrucciones del fabricante

Solo en edificación construida (ambos)

Si en los casos b) o d) la terraza, balcón o galería se cerrase con sistema permanente, con posterioridad a la instalación del aparato, los tubos de salida de los productos de la combustión se deben prolongar para atravesar el cerramiento siguiendo los mismos criterios que a través de muro o celosía indicados en el caso a).

En cualquiera de los casos anteriores y de forma general, cuando la salida de los PdC se realice directamente al exterior a través de una pared a una zona de tránsito o permanencia de personas, el eje del conducto de evacuación de los PdC se debe situar a una distancia igual o superior a 2,20 m del nivel del suelo más próximo con tránsito o permanencia de personas, medidos en sentido vertical.

Se exceptúan de este requisito las salidas de los PdC de los radiadores murales de tipo ventosa de potencia inferior a 4,2 kW, siempre que estén protegidas para evitar el contacto directo.

Entre dos salidas de PdC situadas al mismo nivel, se debe mantener una distancia mínima de 60 cm, que puede reducirse a 30 cm si se emplean deflectores desviadores de flujo indicados por el fabricante o cualquier otro método que, con medios del fabricante, garantice salidas divergentes.

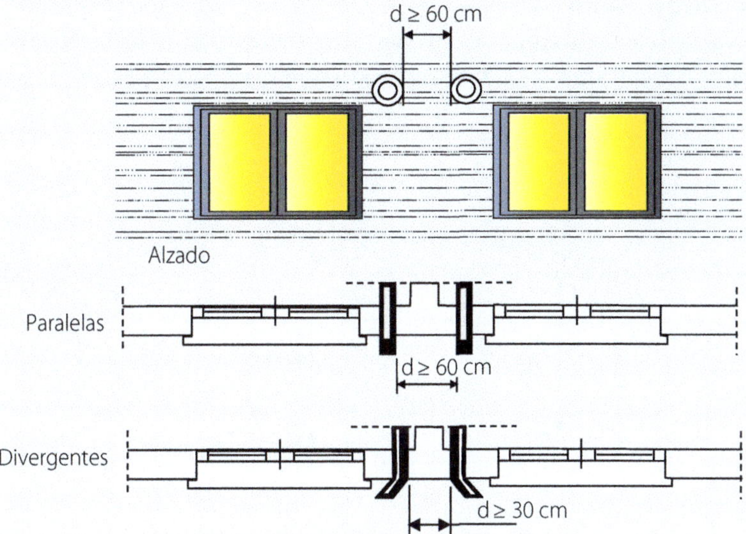

La salida de los productos de la combustión se situará al menos a 1 m de la pared lateral con ventanas o huecos de ventilación situados al mismo nivel o planta cuando las ventanas o huecos se encuentren a una distancia inferior o igual a 3 m, medidos en proyección horizontal respecto a la pared donde esté situado el conducto de evacuación de los PdC, siempre que la diferencia de cotas mínima de los huecos con la generatriz del conducto, en proyección vertical, sea menor de 40 cm.

Ambas distancias mínimas pueden reducirse a la mitad si se usan deflectores desviadores de flujo de 45° suministrados por el fabricante del aparato o indicados por él.

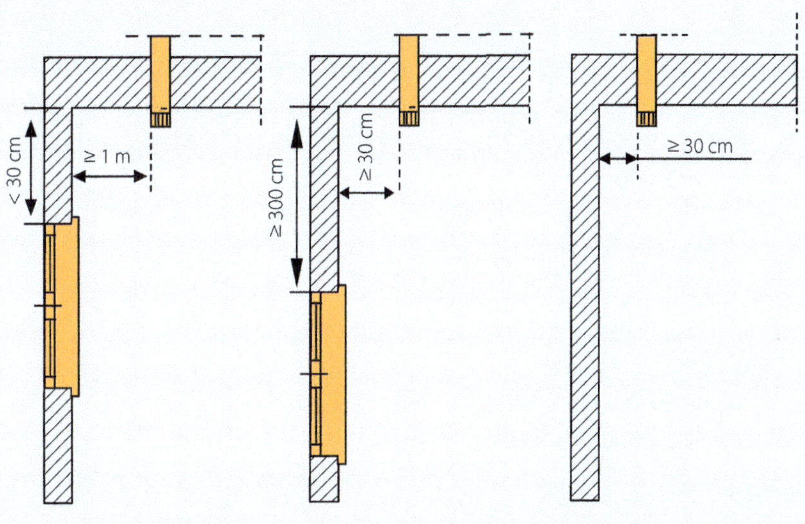

La salida de los PdC estará a 2 m en general. Estará a 3 m cuando en la pared frontal haya huecos o ventanas que estén en la parte superior del conducto de evacuación de PdC y la diferencia de cotas en proyección vertical con la generatriz del conducto sea inferior a 40 cm.

Dichas distancias se pueden reducir hasta 1,5 m o 2,2 m si se usan deflectores desviadores de flujo a 45º indicados por el fabricante del aparato o cualquier otro método, que usando los medios suministrados por el fabricante, garantice que la salida diverge con respecto a la pared frontal.

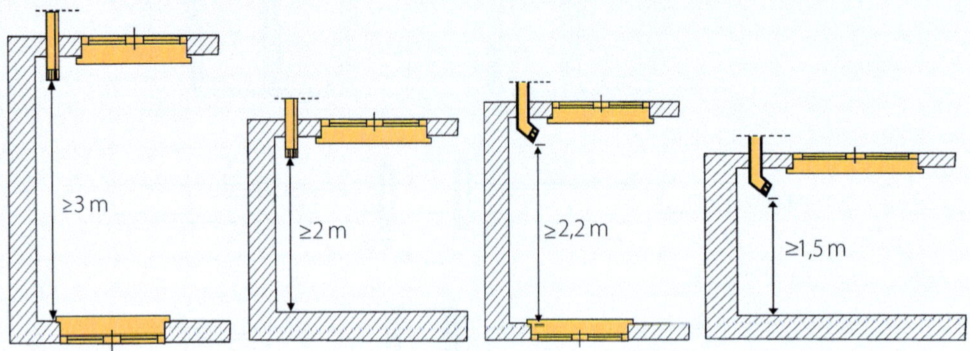

Requisitos adicionales de los conductos de evacuación

Los conductos de evacuación de los aparatos tipo B y C, además de los requisitos exigidos para cada caso, cumplirán lo siguiente:

- Un mismo conducto de evacuación vertical, chimenea, *shunt*, etc., no se puede utilizar a la vez para la evacuación de los PdC procedentes de aparatos tipo Bx1, que no incorporan ventilador y extractor que funcionan por tiro natural y de aparatos que incorporan tales elementos y en los que su tiro es forzado.

  Como norma general, no se conectarán a la misma chimenea aparatos de condensación y los que no sean de condensación. Para poder conectarlos a la misma chimenea es necesario que esta cumpla con los requisitos de resistencia a la corrosión, estanquidad y temperatura según la UNE 123001 para aplicaciones de condensación. Además se debe verificar que todo el conjunto cumple con el cálculo de sección según la UNE-EN 13384-2, y que los condensados no puedan circular de unos aparatos a otros.

  Tampoco se debe conectar en la misma chimenea o *shunt* a la que desemboque el conducto de un aparato de gas, un extractor mecánico o una campana de cocina.

- No se deben conectar los conductos de evacuación de aparatos de gas a chimeneas que evacúen los PdC líquidos o sólidos. En el caso de que se utilicen chimeneas que en otro tiempo hubieran evacuado PdC de combustibles líquidos o sólidos, previamente a la conexión de los aparatos a gas se debe limpiar el conducto y verificar su tiro.

- Cuando se encuentren varios conductos individuales pertenecientes a diferentes aparatos, estos pueden desembocar directamente al exterior o a un conducto vertical colectivo, chimenea, *shunt*, con las limitaciones que establece la legislación vigente, en estos casos en los puntos de unión se debe mantener una separación mínima de 15 cm entre las generatrices más próximas o bien las indicadas por el fabricante de la chimenea o aparato.

Estos conductos individuales también pueden reunirse a un conducto común, el cual puede desembocar directamente al exterior o a una chimenea o *shunt*. La sección de este conducto común puede ser escalonada, incrementándose progresivamente en cada punto donde se produzca un empalme.

Los ejes de los conductos individuales, en los puntos de empalme con el conducto común, deben formar ángulo agudo en el sentido del flujo de los PdC.

- Si los conductos deben atravesar paredes o techos de madera u otro material combustible, el diámetro del orificio debe ser como mínimo 10 cm mayor que el diámetro exterior del conducto y el espacio entre ambas se debe sellar con un material térmicamente aislante e incombustible, salvo cuando se trate de aparatos tipo C con el conducto de evacuación de los PdC concéntrico con el de admisión del aire.

  Cuando los conductos de evacuación tengan el marcado CE de acuerdo con las UNE-EN 1856-1, UNE-EN 1856-2 o UNE-EN 14471, el diámetro del orificio será el necesario para respetar la distancia a materiales combustibles.

- Si el conducto de evacuación dispone de un sistema de regulación de tiro, este no puede ser accionado manualmente. Será automático motorizado, estabilizado por contrapeso, o mecánico fijado durante la puesta en marcha.

- Los conductos de evacuación de secadoras serán facilitados por el fabricante y se seguirán sus indicaciones para su instalación.

Requisitos de las chimeneas

Cuando los productos de la combustión se evacúen de forma directa a chimenea, esta deberá ser diseñada y calculada conforme a las UNE aplicables (123001, 123003, UNE-EN 13384-1-2). Los materiales deberán cumplir la norma UNE-EN 1856-1 si son metálicos, la NTE-ISH-74 si son no metálicos, o la UNE-EN 14471 en caso de ser plásticos

En el caso de chimeneas colectivas para la evacuación de productos de la combustión de aparatos tipo B o tipo C de tiro natural en edificios que ya están construidos, el diseño de la terminación de la chimenea no debe obstaculizar la libre evacuación de los PdC,

Si se dispone de un dispositivo de ayuda a la evacuación de los productos de la combustión, si este no funciona debe permitir el funcionamiento en tiro natural de la chimenea, sin impedir la libre salida de los PdC a la atmósfera.

Parte 8: Pruebas de estanquidad para la entrega de la instalación receptora

Objeto y campo de aplicación

Esta norma especifica las pruebas para la entrega de las instalaciones receptoras de gas suministradas con una presión máxima de operación (MOP) igual o inferior a 5 bar.

Cuando los aparatos están conectados a la instalación receptora, se deben probar los tramos de conexión de aparatos hasta el mando interior.

Generalidades

Todas las instalaciones se deben someter a una prueba de estanquidad con resultado satisfactorio antes de su puesta en servicio y de las pruebas previas. No es necesario realizarlas en los conjuntos de regulación y contadores, salvo comprobar la estanquidad.

Debe documentarse el resultado de la prueba de estanquidad según lo establecido en la legislación vigente.

La prueba de estanquidad se debe realizar con aire o gas inerte, sin utilizar ningún otro tipo de gas o líquido, pudiéndose realizar por tramos o a toda la instalación receptora.

La presión mínima de ensayo es función de la futura presión de operación del tramo de instalación a prueba.

Antes de comenzar con la prueba de estanquidad se debe tener la seguridad de que las llaves que delimitan la parte de instalación a ensayar están cerradas, y que las llaves intermedias están abiertas.

Una vez alcanzado el nivel de presión requerido y transcurrido un tiempo prudencial para que la temperatura se estabilice, se debe efectuar la primera lectura de la presión y comenzar a contar el tiempo de ensayo.

A continuación, se deben maniobrar las llaves intermedias para verificar su estanquidad respecto al exterior, tanto en la posición de abiertas como en la de cerradas.

En el caso de que la prueba de estanquidad no dé un resultado satisfactorio, se deben localizar las fugas usando agua jabonosa o algún producto similar, y repetir la prueba una vez subsanada la fuga.

La prueba de estanquidad antes de la entrega de la instalación se debe realizar a las presiones que se indican en la tabla del apartado siguiente.

Prueba de estanquidad en los tramos de la instalación receptora destinados a trabajar hasta 5 bar

La prueba se considera correcta si no se observa una disminución de la presión, transcurrido el periodo de tiempo que se indica en la tabla siguiente, en el momento en que se efectuó la 1.ª lectura.

Presión de operación MOP (bar)	Presión de prueba P (bar)	Tiempo de prueba (minutos)
$2 < MOP \leq 5$	> 7 [1]	Para caudales (q) inferiores o iguales a 150 m³ (n)/h → 60 minutos [1] Para 150 m³ (n)/h < q ≤ 600 m³ (n)/h → 6 horas, con registro de presión y temperatura Para q > 600 m³ (n)/h → 24 horas, con registro de presión y temperatura
$0,4 < MOP \leq 2$	$> 3,5$ [2]	Para caudales (q) inferiores o iguales a 150 m³ (n)/h → 30 minutos [2] Para 150 m³ (n)/h < q ≤ 600 m³ (n)/h → 6 horas, con registro de presión y temperatura Para q > 600 m³ (n)/h → 24 horas, con registro de presión y temperatura
$0,05 < MOP \leq 0,4$	> 1 [2]	
$MOP \leq 0,05$	$> 0,1$ [3]	Para caudales (q) inferiores o iguales a 150 m³ (n)/h → 15 minutos [3] Para 150 m³ (n)/h < q ≤ 600 m³ (n)/h → 6 horas, con registro de presión y temperatura Para q > 600 m³ (n)/h → 24 horas, con registro de presión y temperatura

1) La prueba debe verificarse con un manómetro de rango 0 a 10 bar, clase 1, diámetro 100 o con un manómetro electrónico o digital o manotermógrafo del mismo rango y características. En instalaciones individuales de longitud inferior a 20 m se puede reducir el tiempo de prueba a 30 minutos. Cuando la prueba afecte a dispositivos que puedan verse deteriorados (cartuchos de filtro, electroválvulas, indicadores visuales de presión, manómetros, ventómetros, etc.), la prueba se debe realizar con los dispositivos desmontados y una vez realizada la misma se procede a comprobar la estanquidad con todos los dispositivos a la presión máxima de operación.

2) La prueba debe verificarse con un manómetro de rango 0 a 6 bar, clase 1, diámetro 100 para tramos con 0,4 bar < MOP ≤ 2 bar, con un manómetro de rango 0 a 1,6 bar para tramos con 0,05 bar < MOP ≤ 0,4 bar o con un manómetro electrónico o digital o manotermógrafo del mismo rango y características.

Cuando la prueba afecte a dispositivos que puedan verse deteriorados (cartuchos de filtro, electroválvulas, indicadores visuales de presión, manómetros, ventómetros, etc.), la prueba se debe realizar con los dispositivos desmontados y una vez realizada la misma se procede a comprobar la estanquidad con todos los dispositivos a la presión máxima de operación. Para 0,05 bar < MOP ≤ 0,4 bar el tiempo de prueba puede ser de 5 minutos si la longitud del tramo a probar es inferior a 15 m.

3) La prueba debe ser verificada con un manómetro de columna de agua en forma de U con escala adecuada o con un manómetro electrónico o digital, manotermógrafo o cualquier otro dispositivo, con escala adecuada, que cumpla el mismo fin. El tiempo de prueba debe ser de 10 minutos si la longitud del tramo a probar es inferior a 10 m.

Comprobación de la estanquidad del tramo de conexión a aparatos

En los aparatos conectados a la instalación receptora se comprobará la estanquidad del tramo entre la llave de conexión de aparato y el propio aparato, realizándose con la llave de conexión de aparato abierta, con los mandos cerrados (excluido el aparato) y a una presión no superior a 110 mbar ni inferior a la presión de servicio.

Comprobación de la estanquidad en conjuntos de regulación y en contadores

La estanquidad de las uniones de los elementos que componen el conjunto de regulación, así como las de entrada y salida tanto del regulador como de los contadores, se debe comprobar a la presión de operación correspondiente mediante detectores de gas, aplicación de agua jabonosa, u otro método similar.

Resumen UNE 60670-9: 2023

Instalaciones receptoras de gas suministradas a una presión máxima de operación (MOP) inferior o igual a 5 bar

Parte 9: Pruebas previas al suministro y puesta en servicio

Objeto y campo de aplicación

Tiene por objeto establecer las diferentes actividades a realizar durante las pruebas previas al suministro y las que posteriormente se deban realizar en la puesta en servicio de las instalaciones receptoras de gas suministradas con una presión máxima de operación MOP inferior o igual a 5 bar.

Pruebas previas al suministro

El agente responsable de acuerdo con la legislación vigente, debe realizar las siguientes pruebas previas al suministro:

- Comprobar que la documentación de la instalación está completa.
- Comprobar que las partes visibles y accesibles de la instalación cumplen con los requisitos de esta norma.
- Comprobar, en las partes visibles y accesibles, que los locales donde se instalen los aparatos de gas cumplen la presente norma, incluidos los conductos de evacuación de los PdC de dichos aparatos.
- Comprobar la maniobrabilidad de las válvulas.
- En los casos en que la instalación incluya una estación de regulación debe cumplir también:
    - Comprobar el correcto funcionamiento de los sistemas de regulación.
    - Comprobar el correcto funcionamiento de los dispositivos de seguridad.

Puesta en servicio

Una vez realizadas con resultados satisfactorios las pruebas indicadas con anterioridad, el agente responsable de acuerdo con la legislación vigente, puede realizar la puesta en servicio, y debe proceder a:

- Precintar los equipos de medida.
- Comprobar que quedan cerradas, bloqueadas y precintadas las llaves de usuario de las instalaciones individuales que no sean objeto de puesta en servicio en ese momento. Además deben taponarse dichas llaves en aquellos casos en que la instalación individual esté pendiente de instalación.
- Comprobar que quedan cerradas, bloqueadas y precintadas las llaves de conexión de aquellos aparatos a gas pendientes de instalación o de puesta en marcha, además deben taponarse dichas llaves en aquellos casos en que el aparato correspondiente está pendiente de instalación.
- Abrir la llave de acometida y purgar las instalaciones que van a quedar en servicio, que en el caso más general deben ser: acometida interior, instalación común y si se da el caso las instalaciones individuales que sean objeto de puesta en servicio.

La operación de purgado se debe realizar con las precauciones necesarias asegurándose que al darla por acabada no existe mezcla de aire-gas dentro de los límites de inflamabilidad en el interior de las instalaciones dejadas en servicio.

- Verificar la estanquidad de la instalación a la presión de operación.
- Dejar la instalación en servicio, siempre que se hayan obtenido resultados favorables en las comprobaciones.
- Extender un certificado de pruebas previas y puesta en servicio del que debe entregarse una copia al titular o usuario.

En el caso de una instalación receptora suministrada desde depósitos fijos de GLP, la puesta en servicio se debe realizar tras el primer llenado de la instalación de almacenamiento.

Resumen UNE 60670-10: 2023
Instalaciones receptoras de gas suministradas a una presión máxima de operación (MOP) inferior o igual a 5 bar

Parte 10: Comprobaciones para la puesta en marcha de los aparatos de gas o tras su adecuación por cambio de familia de gas

Esta UNE establece las directrices necesarias para verificar que las condiciones de seguridad del aparato una vez instalado o adecuado para su uso con una familia de gases diferente se mantienen de forma correcta.

Generalidades

Previamente a la puesta en marcha de un aparato a gas, se debe comprobar que es adecuado para el tipo de gas que se le va a suministrar y que lleva el marcado requerido por la legislación en vigor.

La puesta en marcha de aparatos a gas debe incluir la realización de un certificado de puesta en marcha según lo dispuesto en la legislación vigente.

Comprobaciones para la puesta en marcha de los aparatos a gas

Una vez instalado el aparato a gas, o adecuado para su uso con una familia de gases diferente, para su puesta en marcha se deben efectuar las comprobaciones necesarias que aseguren su buen funcionamiento.

Siempre se deben efectuar las comprobaciones indicadas por el fabricante del aparato en el manual de instrucciones, y además, y como mínimo según el tipo de aparato, las operaciones indicadas en la tabla siguiente. Si no se alcanzan resultados satisfactorios en todas las comprobaciones indicadas, la llave de aparato debe quedar cerrada, bloqueada y precintada.

| Comprobaciones a realizar | Aparatos a gas (tipos según UNE-CE/TR 1749 IN) | | | | | | | |
| | Aparatos de circuito abierto no conducidos (tipo A) | | | | | Aparatos de circuito abierto conducidos (tipo B) | | Aparatos de tipo C |
	Cocinas encimeras y hornos [1]	Vitrocerámicas de fuegos cubiertos	Generadores de aire caliente según la norma UNE-EN 525	Aparatos suspendidos de calefacción por radiación	Otros	Tiro natural	Tiro forzado	
Correcto montaje del aparato	Sí	Sí	Sí	Sí	Sí	Sí	Sí	Sí
Estanquidad de la conexión del aparato	Sí	Sí	Sí	Sí	Sí	Sí	Sí	Sí
Análisis de los productos de la combustión	No	Sí	Sí	No	No	Sí	Sí	Sí
Medición del CO-ambiente	No	Sí	Sí	Sí	No	Sí [2]	Sí [2]	Sí [2]
Tiro del conducto de evacuación	-	-	-	-	-	Sí [2]	No	No

1) Se incluyen tanto hornos independientes como hornos solidarios a cocinas.
2) Únicamente cuando el aparato esté ubicado en un local no considerado zona exterior (ver la página 116, apartado a de UNE 60670-6).

a) Montaje del aparato

Se comprobará que se ha realizado de acuerdo con la legislación vigente y siguiendo las instrucciones del fabricante.

b) Comprobación de la estanquidad de la conexión del aparato

En la puesta en marcha de cualquier aparato a gas, con la llave de conexión abierta y los mandos del aparato cerrados, se realizará la comprobación de estanquidad de todas las uniones comprendidas entre la llave de conexión de aparato y el propio aparato, excluido este, empleando cualquier método de los indicados en el apartado Métodos de comprobación de la UNE-EN 60670-11: 2023.

En ningún caso se dejará puesto en marcha un aparato cuando el resultado de la estanquidad no sea correcto.

c) Análisis de los productos de la combustión

En las vitrocerámicas de fuegos cubiertos y generadores de aire caliente de calefacción directa por convección forzada que independientemente de su consumo calorífico nominal cumplan con la UNE-EN 525, y en los aparatos de tipo B y C, se debe seguir el procedimiento descrito en el anexo A para determinar sobre los productos de la combustión cuál es la concentración de monóxido de carbono (CO) corregido no diluido, salvo en el caso de generadores de aire caliente, que por su propia concepción este ya se toma diluido.

En ningún caso se debe dejar en marcha el aparato si este valor es superior a 500 ppm.

En el caso concreto de los generadores de aire caliente que independientemente de su consumo calorífico nominal, cumplan con los requisitos establecidos en la Norma UNE-EN 525, estos no deben ser puestos en marcha si superan el valor establecido por dicha norma.

d) Medición del CO-ambiente

En el caso de instalaciones que tengan aparatos suspendidos de calefacción por radiación de tipo A se debe proceder a efectuar una medición del CO-ambiente siguiendo el procedimiento descrito en el anexo B.

En el caso de instalaciones con vitrocerámicas de fuegos abiertos, generadores de aire caliente que con independencia de su consumo calorífico nominal cumplan la UNE-EN 525, de aparatos tipo B o C, cuando, de acuerdo con la tabla anterior, deba efectuarse la medición de CO-ambiente, esta se efectuará de forma conjunta, poniendo en funcionamiento simultáneo todos los aparatos en régimen estacionario y en el caso de los tipo B y C a la máxima potencia. Transcurridos 5 minutos desde la puesta en marcha, se indicará la concentración de CO-ambiente del local con un analizador adecuado, situando la sonda aproximadamente a 1 m de los diferentes aparatos y a 1,80 m de altura.

En el caso de que el conducto de evacuación de los tipos B y C, pasen por otros locales no considerados zona exterior distintos a los que están instalados los aparatos, se deben realizar mediciones de CO-ambiente en dichos locales, situando el analizador a 1,80 m de altura. En su caso debe determinarse cuál es el aparato que produce exceso de CO, no quedando en marcha dicho aparato, cuando el valor obtenido en la medición de CO-ambiente alcance 15 ppm.

e) Comprobación del tiro del conducto de evacuación

Se realizará en la puesta en marcha de los aparatos de tipo B (tiro natural) cuando el aparato esté situado en un local no considerado zona exterior (ver la página 116, apartado a de la UNE 60670-6: 2023).

Se debe comprobar que el tiro es suficiente y no hay revoco, utilizando un aparato o sistema adecuado.

Cuando en el local exista un sistema de extracción mecánica que pueda accionarse simultáneamente, la comprobación del tiro del aparato se debe realizar con el extractor mecánico en funcionamiento a la máxima potencia y con puertas y ventanas del local cerradas.

En el caso de que se compruebe revoco en la comprobación, no se pondrá en marcha el aparato hasta resolver la situación.

Cuando la comprobación del revoco se efectúe por la medición del CO_2-ambiente, se debe medir de forma simultánea el CO-ambiente, de acuerdo con el apartado anterior, estando todos los aparatos funcionando y en régimen estacionario hasta la máxima potencia. Transcurridos 5 minutos desde la puesta en marcha, se mide la concentración de CO_2-ambiente, mediante analizador, situando la sonda aproximadamente a 1 m de los diferentes aparatos y a 1,8 m de altura.

En ningún caso se debe dejar puesto en marcha un aparato cuando el valor de la medición CO_2-ambiente alcance 2.500 ppm o la medición de CO-ambiente alcance 15 ppm.

f) Adecuación de aparatos por cambio de familia de gas

Una vez adecuado un aparato por cambio de familia de gas se efectuarán todas las comprobaciones indicadas en los apartados anteriores (del b al e) y se cumplirá con la UNE 60670-11 en lo que respecta a la operación por cambio de combustible.

g) Equipos de medida

Serán los adecuados para realizar las medidas en los conductos de evacuación de los PdC; tendrán medida directa de CO y/u O_2 o, ocasionalmente, de CO_2 por cálculo indirecto, excepto para el caso de generadores de aire caliente según la UNE-EN 525, que es suficiente con que dispongan de medida directa de CO para poder realizarse en los conductos de impulsión.

Los equipos de medida deben ser sometidos a un calibrado periódico por parte del fabricante o por un laboratorio acreditado según la UNE-EN ISO/IEC 17025, dependiendo el periodo de la asiduidad de las medidas, en ningún caso, superior a 18 meses. El fabricante o el laboratorio, según el uso, emitirá el correspondiente certificado en el que figurará las botellas patrón utilizadas.

La empresa responsable de los agentes de puesta en marcha guardará un registro documental de las comprobaciones durante 5 años.

La incertidumbre obtenida no debe ser superior a ± 5 %.

Anexo A

Procedimiento para realizar el análisis de la combustión en aparatos tipo B y C, vitrocerámicas de fuegos cubiertos y generadores de aire caliente de calefacción directa por convección forzada que independientemente de su consumo calorífico nominal cumple con los requisitos establecidos en la Norma UNE-EN 525

Introducción

El presente procedimiento tiene por objeto obtener una medida lo más correcta posible de los productos de la combustión (PdC) en los aparatos ya instalados.

Realización de las medidas

Se pondrá el aparato en funcionamiento en régimen estacionario y en la posición de máxima potencia alcanzable para el momento de su medición, transcurrirán 2 minutos de su puesta en marcha o el tiempo necesario para conseguir el régimen estacionario sin que se produzca modulación en aquellos aparatos provistos de tal función, se debe determinar sobre los PdC cuál es la concentración de CO corregido no diluido, salvo en el caso de los generadores de aire caliente, que por su propia concepción, este se toma ya diluido. Para ello se debe utilizar un analizador de combustión que cumpla los requisitos de la Norma UNE-EN 50379 excepto para el caso de los generadores de aire caliente, que debe ser adecuado para medir concentraciones muy bajas de CO, del tipo de tubos cromatográficos.

En las calderas donde exista la función que permita hacerlas trabajar a potencia máxima sin modulación, se utilizará dicha función para asegurarse que las medidas se hacen en condiciones óptimas.

Cuando se trate de una caldera mixta, la máxima potencia se conseguirá poniendo la función de ACS y se probará en dicha función (ACS).

La producción de ACS se debe conseguir abriendo al máximo los grifos necesarios, o eligiendo los más próximos al aparato, con el termostato de ACS al máximo si existiese.

En calderas de solo calefacción o en las que la potencia de calefacción sea superior a la de producción de ACS, se debe llevar asimismo al máximo el termostato de agua y el de ambiente por encima de la temperatura de ambiente para asegurar que no cortará el tiempo que necesitamos para estabilización y medida.

Aún así, en condiciones de poca demanda de calefacción, la caldera puede modular por lo que conviene verificar este extremo observando la presión del quemador, si esto ocurre, puede tratarse de elevar la demanda abriendo radiadores que estén cerrados, otra posibilidad es apagar la caldera y esperar a que el circuito se enfríe.

Durante los 2 minutos de estabilización y el tiempo empleado en la medida de las concentraciones de CO y CO_2/O_2, existentes en los PdC, es necesario verificar que el aparato se mantiene a su máxima potencia alcanzable.

Para aparatos con dos potencias o todo-nada, es fácil comprobar este extremo a simple vista, pero en aparatos modulantes la única garantía de que la potencia se mantiene al máximo es la comprobación permanente de la presión del quemador.

Una vez superado el arranque y hasta que la medida se dé por concluida no se debe permitir que el aparato reduzca su potencia.

a) Toma de muestras

Aparatos en los que existe conducto de evacuación de los PdC

En los aparatos con potencia nominal igual o inferior a 70 kW, el conjunto del aparato, o bien su sistema de evacuación, dispondrá de tomas de muestras accesibles para el análisis de los PdC, en caso de no disponer de la misma se debe instalar un sistema de evacuación que tenga toma de muestras y que esté certificado de acuerdo con la clasificación del aparato según UNE-EN 1749.

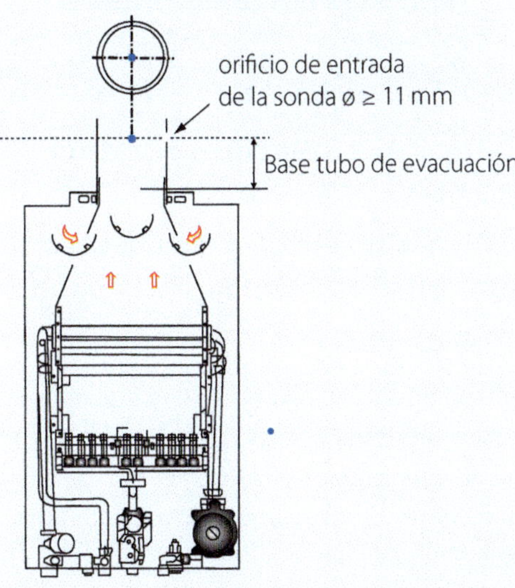

Fig. Posición del extremo de la sonda

La sonda se debe introducir perpendicularmente al conducto de evacuación de forma que, en la medida de lo posible, el extremo quede en el eje de la vena de los PdC.

Una vez efectuada la medición debe obturarse el orificio de toma de muestra por un tapón que garantice la estanquidad en el tiempo, resistente a la temperatura y a los PdC. Dicho taponamiento debe montarse y desmontarse las veces que sea preciso, garantizándose en todo momento lo expuesto con anterioridad.

Vitrocerámicas de fuegos cubiertos

Para este tipo de aparatos se debe realizar la medida en cada uno de los fuegos y a la máxima potencia. Cuando un quemador esté formado por varias coronas, cada una alimentada por un inyector diferente, la medida a la máxima potencia debe efectuarse en cada una de ellos de forma individual y conjunta.

Para tomar las medidas se debe colocar la sonda de modo que quede apoyada horizontalmente sobre la rejilla que une los conductos de salida de los PdC. Se procurará que el punto de colocación sea el centro de esta rejilla aproximadamente, como indica la figura adjunta.

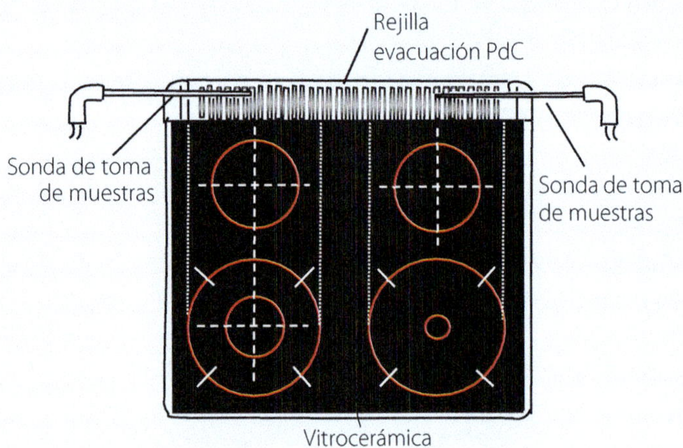

Generadores de aire caliente según UNE -EN 525

La toma de muestras se debe hacer en el punto preparado al efecto. Si no existe, se debe tomar en cualquiera de las bocas de impulsión.

La sonda se debe introducir perpendicularmente al conducto de impulsión de forma que en lo posible, su extremo quede en el eje de la vena de los PdC.

b) Obtención de los valores de la medida

La sonda estará en la posición de medida al menos 2 minutos, pues es cuando el valor de CO puede oscilar muy poco y ser razonablemente estable, registrando y anotando el valor obtenido, puede ocurrir que el valor de CO esté permanentemente oscilando, en el caso de aparatos en condiciones menos óptimas, en cuyo caso observaremos los valores alcanzados durante 1 minuto, registrando y anotando, el valor lo más cercano posible al máximo observado.

Por otra parte salvo en el caso de generadores de aire caliente según la UNE-EN 525 el valor simultáneo de O_2 o CO_2 se debe medir también ya que nos indicará si la medida ha sido bien realizada, pues un valor de O_2 superior al 10 % o el CO_2 calculado inferior al 6 %, a excepción de las calderas de condensación, cuyos valores serán los indicados por el fabricante, medidos en la parte superior del cortatiros, en el caso de los aparatos tipo B, se debe verificar que esto no ocurre por una mala colocación de la sonda, en cuyo caso se repetirá la medida.

Anexo B
Procedimiento para realizar la medición del CO-ambiente en locales que dispongan de aparatos suspendidos de calefacción por radiación de tipo A

Realización de las medidas

Se deben poner todos los aparatos ubicados en el mismo local funcionando en régimen estacionario y a máxima potencia, tras 15 minutos de funcionamiento se determinará la concentración de CO corregido en el ambiente, utilizando para ello un analizador adecuado.

Durante todo el proceso empleado en la medida del CO-ambiente se comprobará que todos los aparatos están funcionando y en su máxima potencia.

a) Tomas de muestras

Para la medida de CO-ambiente, el analizador se debe situar a una altura de 1,80 m en todos los puntos que se consideren representativos, y al menos cada 25 m², para cubrir la superficie total del local, bajo el supuesto de una distribución no uniforme de la concentración de CO.

b) Obtención de los valores de la medida

La sonda se debe dejar en cada posición de medida al menos 5 minutos.

El valor de CO puede oscilar muy poco, o ser razonablemente estable, si es así se anotará y registrará el valor.

Cuando el valor está permanentemente oscilando, se observarán los valores alcanzados durante 1 minuto, anotando y registrando el valor más cercano posible al máximo observado.

Parte 11: Operaciones en instalaciones receptoras en servicio

Objeto y campo de aplicación

Tiene por objeto establecer las directrices generales de actuación para las operaciones que se realicen en instalaciones receptoras de gas en servicio suministradas con una presión máxima de operación (MOP) igual o inferior a 5 bar.

Operación básica	Entidades que puedan realizar la operación		
	Empresa distribuidora	Empresa instaladora	Fabricante o Servicio de Asistencia Técnica (SAT)
Instalación común			
Interrupción del suministro	Sí [1]	Sí [2]	-
Restablecimiento del suministro	Sí [1]	Sí [2]	-
Modificación de la instalación [3]	-	Sí	-
Reparación de la instalación [3]	-	Sí	-
Corrección de defectos de la instalación	-	Sí	-
Cambio de combustible de la instalación	Sí	Sí	
Instalación individual			
Interrupción del suministro a la instalación	Sí	Sí	-
Restablecimiento del suministro a la instalación	Sí	Sí [4]	-
Interrupción de suministro a aparatos	Sí	Sí	Sí
Restablecimiento del suministro a aparatos	Sí	Sí	Sí
Modificación de la instalación [3]	-	Sí	-
Reparación de la instalación [3]	-	Sí	-
Retirar o colocar contador	Sí	-	-
Cambio de presión de contaje por sustitución de regulador	-	Sí [2]	-
Anulación de puntos de consumo	-	Sí	-
Cese del suministro a la instalación	Sí	-	-

1) El cierre o la apertura de la llave de acometida solo pueden ser efectuados por una persona perteneciente a la empresa distribuidora o autorizada por ella.

2) Comunicándolo a la empresa distribuidora.

3) Para la diferencia entre modificación y reparación de una instalación receptora, véanse los apartados b y c del Anexo B de la parte 10 de esta misma UNE.

4) Solo en casos de restablecimiento de suministro tras subsanar la empresa instaladora anomalías principales detectadas y comunicándolo a la empresa distribuidora.

Medidas de seguridad

Medidas generales de seguridad

Como medidas generales de seguridad para efectuar trabajos en instalaciones receptoras de gas en servicio, con independencia de otras más concretas que se tomen en consideración, para los trabajos que se realicen en las instalaciones de gas en servicio se seguirán las siguientes:

- No fumar durante los trabajos.
- No efectuar trabajos en presencia de fuegos, hogares encendidos o focos calientes, en los locales donde se esté trabajando.
- No manipular las llaves de la instalación común que se encuentren precintadas hasta la reparación de la avería.
- Cuando se produzcan interrupciones de los trabajos en curso, se deben tomar las medidas de seguridad adecuadas para asegurar la ausencia de gas y evitar la manipulación por parte de terceros, bloqueando si es posible la llave de corte correspondiente, colocando tapones, etc.
- No se deben realizar modificaciones o ampliaciones de las instalaciones sin cerrar el suministro, salvo que se utilicen técnicas adecuadas para operar en carga.
- Cualquier operación en la que sea necesario proceder al vaciado de gas del interior de la instalación, se debe hacer de forma que no quede posibilidad de que en el interior del local donde se encuentra la instalación exista mezcla aire-gas, comprendida entre los límites de inflamabilidad.

Medidas adicionales de seguridad en caso de que existan indicios razonables de presencia de gas

Además de las medidas de seguridad indicadas en el apartado anterior, cuando se efectúen trabajos en zonas o locales donde existan indicios razonables de presencia de gas, se tomarán las siguientes medidas:

- No se deben accionar los interruptores eléctricos (no apagar las luces ni los equipos en funcionamiento), ni generar chispas o llamas, procediendo de inmediato a ventilar el local y cerrar la llave de paso del gas.
- En trabajos en un recinto cerrado con presencia de gas, se deben verificar las condiciones ambientales mediante el uso de detectores adecuados según UNE-EN 60079-29-4 o UNE-EN 60079-29-2 y realizar medidas periódicas de la presencia de gas en el ambiente.
- Cuando sea necesaria la iluminación complementaria en trabajos con presencia de gas, se deben utilizar lámparas o linternas de seguridad.

Consideraciones específicas

a) Interrupción y restablecimiento del suministro de gas

En caso de realizar una operación programada de interrupción o restablecimiento del suministro de gas a una instalación receptora, se debe avisar a los usuarios afectados por la misma. El aviso debe ser escrito y situarse en lugar visible.

En el caso de que la interrupción del suministro afecte a más de un usuario, se debe comunicar previamente a la empresa distribuidora. El cierre o apertura de la llave de acometida solo puede ser efectuado por personal perteneciente a la empresa distribuidora o autorizado por ella.

Para reanudar el suministro es preciso verificar que la instalación queda en aptitud de uso mediante la realización de una comprobación de estanquidad a la presión de operación utilizando los métodos adecuados (detector de gas, agua jabonosa, etc.).

b) Reparación de la instalación receptora

Se consideran reparaciones las actuaciones o sustituciones de tramos que no modifiquen las características de la instalación en cuanto a material y trazado, también se consideran como reparación:

- La sustitución o ampliación de un tramo de longitud igual o inferior a 1 m, aunque se realice con cambio de trazado o material.
- Las actuaciones que afecten al local o a los aparatos.

Para reanudar el suministro tras una reparación en la instalación es preciso realizar una comprobación de la estanquidad del tramo reparado, a la presión de servicio verificando las uniones de cierre del tramo reparado con la instalación existente, mediante métodos adecuados, detector de gas, agua jabonosa, etc.

c) Modificación de la instalación receptora

Se considera como tal la modificación de la instalación de gas con cambio de material o trazado en tramos de longitud superior a 1 m, así como la ampliación de consumo o sustitución de aparatos por otros de diferentes características técnicas. Para restablecer el suministro tras una modificación de la instalación, se realizará una prueba de estanquidad, según lo indicado en la UNE 60670-8.

d) Cambio de combustible de la instalación

Para efectuar el cambio de combustible en una instalación se comprobarán aquellos aspectos que den la seguridad de dejar la instalación en disposición de poder pasar de manera satisfactoria el control periódico que definen las UNE 60670-12 y UNE 60670-13 con respecto al nuevo gas, comprobando la estanquidad mediante un manómetro de esfera de clase 1,6 y escala adecuada; la presión a medir estará comprendida entre el 35 % y el 75 % del fondo de la escala, podrá hacerse con un manómetro digital o de columna de agua.

e) Cambio de contador

El cambio de contador de una instalación receptora a gas debe ser realizado por persona debidamente autorizada por la empresa distribuidora.

Para reanudar el suministro tras un cambio de contador, es preciso efectuar una comprobación de estanquidad de las uniones del mismo a la presión de operación, utilizando alguno de los métodos establecidos (agua jabonosa, detector de gas, etc.).

Antes de desmontar el contador se debe asegurar la continuidad eléctrica colocando un puente antichispas, que será retirado cuando se haya instalado el nuevo contador. Una vez colocado el contador se procederá al precintado del equipo de medida.

f) Anulación de puntos de consumo

Se hará mediante el cierre, bloqueo, precintado y taponado de la llave de aparato, cuando esta conecta a la instalación. Si la llave de paso se ha desmontado, se dejará el tubo cerrado con un tapón soldado.

Una vez hecha esta operación, se efectuará una comprobación de estanquidad del cierre realizado a la presión de operación, por alguno de los métodos que se establecen en el siguiente apartado a).

g) Cese del suministro de gas

La empresa distribuidora debe cerrar, precintar y taponar la llave de usuario y/o la llave de contador, si no es posible, implementará medios en remoto mediante un sistema de detección de su estado y de su manipulación con el fin de impedir la apertura de la instalación.

Comprobación de la estanquidad de la instalación receptora

a) Métodos

Se debe realizar con aire, gas inerte o el gas de suministro y como mínimo a la presión de operación correspondiente a cada tramo.

La comprobación de estanquidad se debe realizar a la presión de operación correspondiente a cada tramo y mediante una de las siguientes técnicas:

- Detector portátil de gas, en los tramos visibles y accesibles de la instalación individual, conexiones y aparatos a gas. Este detector debe ser calibrado de forma periódica, en ningún caso en periodos superiores a 18 meses. Se permite la calibración de acuerdo con las indicaciones del fabricante.
- Con un manómetro esfera y clase 1,6 y escala adecuada de manera que la presión a medir esté comprendida entre el 35 y el 75% del fondo de la escala, con manómetro digital de columna de agua.
- Mediante giro de la métrica del contador, cuando su resolución sea al menos 1 litro, para ello se deben cerrar primero las llaves de conexión de los aparatos de gas y después la llave de entrada de contador, dejando transcurrir 5 minutos, abrir de forma rápida la llave del contador y observar si la métrica del contador registra o no consumo.

La localización de las fugas de gas se puede efectuar por la aplicación de agua jabonosa detectores de gas u otro método adecuado para tal fin. No se deben usar llamas

b) Valoración de la fuga de la instalación receptora

Una instalación receptora individual en función de su potencia nominal se debe considerar apta o no para su uso de acuerdo con los criterios recogidos en los apartados 4.1.1.1 Fuga de gas (IPa-1) para instalaciones con $P_N \leq 70$ kW y 4.2.1.1 Fuga de gas (IPb-1) para instalaciones con $P_N > 70$ kW de la UNE-EN 60670-12: 2023.

Cuando se deba efectuar la comprobación de estanquidad de instalaciones receptoras a gas que estén en servicio, se realizará por los criterios establecidos en la UNE 60670-12, apartados 5.1.1 Fuga de gas principal (CP-1) y 5.2.1 Fugas de gas secundarias (CS-1).

Las instalaciones de gas calificadas como no aptas para uso se deben dejar fuera de servicio en el mismo momento en que se localicen las fugas, precintando la llave de la instalación que aísle el tramo afectado.

Cuando se detecte una instalación receptora en aptitud de uso pendiente de corrección o no apta para uso, se debe informar de inmediato a la empresa distribuidora.

Una vez realizadas las acciones oportunas para alcanzar el nivel de aptitud de uso, la empresa distribuidora debe ser informada.

Parte 12: Criterios técnicos básicos para el control periódico de las instalaciones receptoras en servicio

Procedimiento

Al efectuar el control periódico de las instalaciones receptoras se comprobará su estanquidad y aptitud de uso en sus partes visibles y accesibles.

Cuando la visita del control periódico arroje un resultado favorable, se emitirá el certificado correspondiente.

Si se detectara alguna anomalía se elaborará el informe de anomalías con indicación del alcance de las mismas, la situación en que queda la instalación y plazo de corrección.

En los dos documentos descritos con anterioridad, se incluirán las recomendaciones de seguridad que se estimen oportunas.

Clasificación de las anomalías

- Anomalías principales. Se consideran como tal aquellas que por su propia naturaleza, se deben reparar en el mismo momento de su detección. En caso de que no sea posible, se debe interrumpir el suministro de gas a la instalación receptora, parcial o totalmente, o al aparato de gas afectado, según proceda.
- Anomalías secundarias. Son aquellas que por su propia naturaleza no precisan cortar el suministro de gas a la instalación. El usuario debe proceder a su corrección en el plazo máximo de 6 meses, excepto aquellas faltas de estanquidad consideradas como anomalías secundarias que deben repararse en el menor tiempo posible y siempre en un plazo inferior a 15 días naturales.

4 Control periódico de instalaciones receptoras individuales

4.1 Instalaciones de potencia útil nominal igual o inferior a 70 kW

4.1.1 Anomalías principales (IPa)

4.1.1.1 Fuga de gas (IPa-1)

Se debe realizar una comprobación de estanquidad de la instalación individual y de las conexiones de los aparatos de gas, indistintamente, con alguna de las técnicas descritas en UNE 60670-11: 2023.

En el caso de que se detecte fuga se debe considerar siempre la instalación NO APTA PARA SU USO y por tanto anomalía principal IPa-1.

En el caso de tramos aéreos exteriores se debe aplicar el apartado 4.2.1.1.

4.1.1.2 Aparato a gas de tipo A o de tipo B instalado en dormitorio, o local de baño o ducha (IPa-2)

Tal tipo de instalación se considera anomalía principal.

Para la valoración de esta anomalía debe tenerse en cuenta la consideración de dos locales como uno solo descrito en la UNE 60670-6: 2023.

4.1.1.3 Tubo flexible visiblemente dañado (IPa-3)

Se considera anomalía principal la presencia de grietas, fisuras o daños en un tubo flexible de elastómero (con o sin armadura) o en un tubo flexible espirometálico.

4.1.1.4 Tubo flexible de elastómero en contacto con las paredes calientes de un horno u otros aparatos de cocción (IPa-4)

No se considera anomalía cuando la conexión disponga de unos aislantes adecuados que impidan el contacto del flexible con la pared caliente del horno.

4.1.1.5 Deficiencias apreciables en los conductos de evacuación de los productos de la combustión de los aparatos de tipo B y tipo C (IPa-5)

Estas deficiencias son:

- No tiene conducto de evacuación de los PdC.
- Deterioro o falta del deflector en el extremo del conducto de evacuación de los PdC o deterioro que impida su función.
- Conducto de evacuación de los PdC que desemboca en un local no considerado como zona exterior.
- Diámetro menor que el adecuado.
- Estrangulación.
- Materiales no resistentes a la temperatura de los PdC.
- Falta de estanquidad.
- Bordear obstáculos descendiendo de cota en alguna parte del trazado, solo cuando se trate de aparatos de tiro natural.

4.1.1.6 Extractor mecánico, campana extractora de cocina o aparato a gas que dispone de un dispositivo de ayuda de evacuación de los PdC, conectados a la misma chimenea donde también tienen salida los PdC de aparatos tipo B de tiro natural (IPa-6)

4.1.1.7 Aparato a gas tipo B ubicado en un local de $V \leq 8 \text{ m}^3$ que carece de orificio de ventilación (IPa-7)

4.1.1.8 Llaves de aparatos sin conectar que no están cerradas, bloqueadas, precintadas y taponadas (IPa-8)

4.1.2 Anomalías secundarias (ISa)

4.1.2.1 Aparato a gas de tipo B que está ubicado en un local de $V > 8 \text{ m}^3$ que carece de la suficiente ventilación (ISa-1)

4.1.2.2 Estado general de conservación de la instalación defectuoso, o utilización de materiales o técnicas de unión inadecuados (ISa-2)

Se considera anomalía secundaria:

- Materiales de tuberías soportes o uniones en mal estado o con deficiencias (corrosión manifiesta, etc.).

- Llaves de corte en malas condiciones, que faltan o que no son accesibles (llave de usuario, llave de vivienda o llave de aparato).
- Estado defectuoso del regulador de usuario y/o de la válvula de seguridad por presión mínima.
- En el caso de instalaciones receptoras individuales no conectadas a una instalación receptora común:
  * Puerta o cerradura incorrecta en armario de regulación y/o medida.
  * Existencia de grietas, que se aprecien visualmente en las paredes interiores del armario de regulación y/o medida, que puedan canalizar potenciales fugas de gas a la estructura del edificio.

4.1.2.3 Tubo flexible inadecuado, conexión defectuosa del mismo o en contacto con partes calientes (ISa-3)

Se consideran anomalías secundarias las siguientes:

- Tubo flexible sin enchufe de seguridad en el caso de gases de la 2.ª familia.
- La existencia de un tubo flexible espirometálico o de elastómero en contacto con las partes calientes de un horno u otros aparatos de cocción. No tendrá tal consideración cuando la conexión disponga de aislantes adecuados que impidan el contacto de la parte flexible con la parte caliente del horno, o este disponga de aislamiento térmico en su parte posterior que limite el sobrecalentamiento según UNE 60670-7.
- La presencia de tubos flexibles de elastómero, o de tubos de elastómero con armadura (interna o externa) y conexiones mecánicas, que estén caducados.
- La presencia de tubos flexibles de elastómero o de tubos de elastómero con armadura, carentes de identificación, sin fecha de caducidad o de longitud mayor que la indicada en UNE 60670-7.
- La unión defectuosa de un tubo flexible de elastómero al aparato de gas o a la instalación individual de gas o envase, según el caso (boquillas, abrazaderas o conexiones inadecuadas); se debe verificar manualmente que dichas uniones son correctas y que no existe riesgo de fácil desconexión del tubo flexible.

4.1.2.4 El incumplimiento, apreciable a través de las partes visibles de las tuberías de las condiciones establecidas en el apartado dedicado a tuberías alojadas en vainas o conductos de la UNE 60670-4: 2023 al discurrir dichas tuberías por las cavidades de altillos, falsos techos, cámaras y sótanos (ISa-4)

4.1.2.5 Local con ventilación inadecuada (ISa-5)

- Falta orificio de ventilación (excepto para aparatos de tipo C).
- Orificio de ventilación insuficiente, obstruido o situado a una altura diferente de la especificada en UNE 60670-6.

No se considera anomalía si existe un extractor mecánico que comunique con el exterior o patio de ventilación, o con un conducto de evacuación vertical individual o colectivo específicamente diseñado para ello, de sección libre cuando el extractor esté parado, igual o superior a 80 cm^2, cuando la suma de los consumos caloríficos de todos los aparatos tipo A instalados en el local sea inferior o igual a 16 kW y de igual o superior a 100 cm^2 cuando la suma de los consumos sea superior a 16 kW.

En estos casos, el extremo inferior del extractor mecánico estará situado a una altura igual o superior a 1,80 m, con relación al suelo del local o bien a menos de 40 cm del techo, a excepción de los casos en que se encuentre ubicado en el interior de una campana extractora, que no tiene límite de altura.

4.1.2.6 Local con volumen insuficiente cuando el consumo calorífico total de los aparatos de cocción instalados en el mismo sea superior a 16 kW (ISa-6)

Para la valoración de dicho volumen se debe tener en cuenta lo indicado en UNE 60670-6: 2023.

4.1.2.7 Falta el sistema de detección y corte de gas, en contra de lo indicado en la UNE 60670-6 (ISa-7)

4.1.2.8 Conducciones de otros servicios de acuerdo a lo indicado en el apartado de tuberías vistas de la UNE 60670-4: 2023 en contacto con conducciones de gas (ISa-8)

4.2 Instalaciones de potencia útil nominal superior a 70 kW

4.2.1 Anomalías principales (IPb)

4.2.1.1 Fuga de gas (IPb-1)

Se debe realizar una comprobación de estanquidad de la instalación, acometida interior, estación de regulación y medida, líneas de distribución, hasta llave de aparato indistintamente mediante alguna de las técnicas descritas en la UNE 60670-11: 2023.

En el caso de que se detecte fuga en la instalación se procederá de una de las siguientes formas:

A) Gases menos densos que el aire

a) Fuga de gas localizada en un espacio interior del edificio considerado como emplazamiento no peligroso de acuerdo con el RD 400/1996 que transpone la Directiva ATEX sobre sistemas de protección para uso en atmósferas potencialmente explosivas.

a1) Midiendo el caudal de fuga. Se utilizará el método adecuado, efectuando la medición a la presión de operación, aplicándose los siguientes criterios:

* Instalación no apta para uso. Si el caudal de fuga es superior a 5 l/h de gas se considerará anomalía principal IPb-1, también se considera esta situación para toda la sala de máquinas en la que el caudal de fuga de gas detectado sea superior a 1 l/h si dicha sala no dispone de un sistema de detección y corte de gas de acuerdo con los requisitos establecidos en UNE 60601.

* Instalación en aptitud de uso pendiente de corrección. Si el caudal de fuga se encuentra entre 1 l/h y 5 l/h se considerará anomalía secundaria ISb-1.

* Instalación en aptitud de uso. Si el caudal de fuga es inferior a 1 l/h se considera la instalación como apta para su uso.

a2) No midiendo el caudal de fuga. En este caso se considera siempre la instalación no apta para su uso y por tanto como anomalía principal IPb-1.

b) Fuga de gas localizada en un espacio interior del edificio considerado como emplazamiento peligroso de acuerdo a la reglamentación vigente o fuga de gas no localizada.

En cualquiera de estas dos situaciones se considera la instalación no apta para su uso y como anomalía principal IPb-1.

c) Fuga de gas localizada en un tramo aéreo situado en el exterior del edificio. Si no comporta riesgo potencial se considera como anomalía secundaria ISb-1 siendo anomalía principal IPb-1 en el resto de los casos.

d) Tramo enterrado: Se debe aplicar lo indicado en la UNE 60311.

B) Gases más densos que el aire

En este caso se considerará siempre como anomalía principal IPb-1 sin medir el caudal de fuga.

4.2.2 Anomalías secundarias (ISb)

4.2.2.1 Fugas de gas secundarias (ISb-1)

Para considerarla como tal se atenderá a lo indicado en el apartado 4.2.1.1.

4.2.2.2 Estado general de conservación de la instalación defectuoso o utilización de materiales o técnicas de unión inadecuados (ISb-2)

Se considera como anomalía secundaria:

– Materiales de tuberías soportes o uniones en mal estado o con deficiencias (por ejemplo, corrosión).
– Llaves de corte en malas condiciones, que falten o no son accesibles (llave de usuario de aparato si esta última existiese).
– Llaves de corte en condiciones malas, que faltan o que no son accesibles (llave de usuario, de vivienda o de aparato).
– Estado defectuoso del regulador de usuario y/o de la válvula de seguridad por presión mínima.
– En el caso de instalaciones receptoras individuales no conectadas a una instalación receptora común:
  * Puerta o cerradura incorrecta en armario de regulación y/o medida.
  * Existencia de grietas, que se aprecien visualmente en las paredes interiores del armario de regulación y/o medida, que puedan canalizar potenciales fugas de gas a la estructura del edificio.

4.2.2.3 El incumplimiento, apreciable a través de las partes visibles, de las condiciones establecidas en el apartado dedicado a tuberías alojadas en vainas o conductos de la UNE 60670-4: 2023 al discurrir tuberías por las cavidades de altillos, falsos techos, cámaras y sótanos (ISb-3)

4.2.2.4 Inexistencia o difícil accesibilidad de la llave general de usuario (ISb-4)

La llave general de usuario, o de inicio de instalación receptora, debe existir y permitir su adecuada manipulación.

No deben existir obstáculos que impidan su accesibilidad, ni se recurrirá a soluciones extrañas para acceder a la misma (escaleras móviles, trampillas, etc.).

4.2.2.5 Estación de regulación y/o medida sin toma de tierra y/o juntas dieléctricas (ISb-5)

Se considera anomalía cuando se observa que en la ERM sus dispositivos no están conectados a tierra.

Igualmente se debe indicar esta anomalía cuando la ERM no disponga de juntas aislantes que la protejan de posibles corrientes eléctricas que puedan entrar en la estación, bien en el tramo de acometida interior o de las líneas de distribución.

4.2.2.6 Ventilación del recinto de la ERM insuficiente o incorrecta (ISb-6)

El incumplimiento de los requisitos de ventilación indicados en el apartado Ventilaciones de la UNE 60620-3: 2021 se considerará como anomalía secundaria.

4.2.2.7 Ubicación del recinto de la ERM y/o distancias mínimas de seguridad incorrectas (ISb-7)

Se considerará anomalía secundaria el incumplimiento de ubicación de la ERM en función de la clase y tipo de recinto. Se comprobará este extremo con los apartados "Ubicación de los recintos y distancias mínimas de seguridad", "Condiciones especiales que deben reunir los recintos incorporados a un edificio " y "Condiciones especiales que deben reunir los recintos ubicados en azoteas, terrazas o tejados ", en lo relativo a las descargas de gas a la atmósfera de la UNE 60620-3: 2005.

4.2.2.8 Inexistencia, deterioro o caducidad de la revisión del extintor de polvo seco (ISb-8)

En las inmediaciones del límite del recinto de la ERM y en el exterior del mismo, debe existir un extintor de polvo seco, accesible, de capacidad igual a 12 kg y en perfectas condiciones de uso.

4.2.2.9 La instalación eléctrica de la ERM incumple con la normativa vigente (ISb-9)

Incumplimiento del apartado 7.3 de la UNE 60620-3: 2021.

4.2.2.10 Inexistencia de la señalización correspondiente (ISb-10)

Incumplimiento del capítulo 6 de la UNE 60620-3: 2021, en lo correspondiente a la señalización mediante letreros.

5 Control periódico de instalaciones receptoras comunes

5.1 Anomalías principales (CP)

5.1.1 Fuga de gas principal (CP-1)

La comprobación de la estanquidad se realizará mediante las técnicas descritas en la UNE 60670-11: 2023.

En el caso de que se detecte fuga en la instalación común, se debe actuar de una de las siguientes formas:

A) Gases menos densos que el aire

a) Fuga de gas localizada en un espacio interior del edificio considerado como emplazamiento no peligroso de acuerdo a la reglamentación vigente (la norma señala como reglamentación vigente en el momento de edición el RD 400/1996, que traspone la Directiva ATEX, sobre sistemas de protección para uso en atmósferas potencialmente explosivas.

a1) Midiendo el caudal de fuga, para ello se utiliza un método adecuado al propósito efectuando la medición a la presión de operación y se aplican los siguientes criterios:

* Instalación no apta para uso. Si el caudal de fuga es superior a 5 l/h de gas, se considera anomalía principal CP-1.
* Instalación en aptitud de uso pendiente de corrección. Si el caudal de fuga está entre 1 l/h y 5 l/h, se considera anomalía secundaria CS-1.
* Instalación en aptitud de uso. Si el caudal de fuga es inferior a 1 l/h, se considera como instalación apta para su uso.

a2) No midiendo el caudal de fuga. En este caso se considera siempre la instalación no apta para su uso y por tanto como anomalía principal CP-1.

b) Fuga de gas localizada en un espacio interior del edificio considerado como emplazamiento peligroso de acuerdo a la reglamentación vigente o fuga de gas no localizada.

En cualquiera de estas dos situaciones se considerará la instalación no apta para su uso y como anomalía principal CP-1.

c) Fuga de gas localizada en un tramo aéreo situado en el exterior del edificio.

Si no comporta riesgo potencial se considera como anomalía secundaria CS-1, siendo anomalía principal CP-1 en el resto de casos.

d) Tramo enterrado: se debe aplicar lo indicado en la Norma UNE 60311.

B) Gases más densos que el aire

En este caso se considera siempre como anomalía principal CP-1, sin medir el caudal de fuga.

5.2 Anomalías secundarias (CS)

5.2.1 Fuga de gas secundarias (CS-1)

Para considerarla como tal se atenderá a lo indicado en el apartado 5.1.1 de la presente norma.

5.2.2 Conjunto de regulación situado en un local interior del edificio ubicado en un armario que no ventile directamente al exterior (CS-2)

Se considerará como tal la inexistencia de ventilación directa al exterior del armario de regulación cuando este está situado en un local interior del edificio.

5.2.3 Ventilación del recinto de centralización de contadores insuficiente o incorrecta (CS-3)

Se considera anomalía secundaria el incumplimiento de los requisitos de ventilación del recinto de centralización de contadores de gas descritos en la UNE 60670-5: 2023.

5.2.4 Estado general de conservación de la instalación defectuoso, o utilización de materiales o técnicas de unión inadecuados (CS-4)

Se considera anomalía secundaria:

- Materiales de tuberías, soportes o uniones en mal estado o con deficiencias (por ejemplo, corrosión manifiesta).
- Llaves de corte en malas condiciones, que falten o no son accesibles (llave general).

5.2.5 El incumplimiento, apreciable a través de las partes visibles de las condiciones establecidas en el apartado 4.4 de la Norma UNE 60670-4: 2023 al discurrir tuberías por cavidades de altillos, falsos techos, cámaras y sótanos (CS-5)

5.2.6 Evidente mal estado de conservación de la instalación eléctrica en el recinto de contadores (CS-6)

5.2.7 Existencia de instalaciones ajenas al mismo en el recinto de contadores o incorrecta ejecución de las mismas (CS-7)

5.2.8 Puerta o cerradura incorrecta en armario de regulación o en el recinto de contadores (CS-8)

5.2.9 Existencia de grietas apreciables visualmente en las paredes del recinto de contadores, reguladores o colectores de llaves, que posibilitan canalizar potenciales fugas de gas a la estructura del edificio (CS-9)

En el caso de gas natural estas grietas deben ser evaluadas en la zona del techo del recinto y la que queda por encima de la rejilla de ventilación superior. En el caso de GLP debe comprobarse el suelo del recinto y la zona que queda por debajo de la rejilla de ventilación inferior.

5.2.10 Falta de identificación de los contadores (en centralización de contadores) o de las llaves de usuario (en centralizaciones de llaves) (CS-10)

Resumen UNE 60670-13: 2023
Instalaciones receptoras de gas suministradas a una presión máxima de operación (MOP) inferior o igual a 5 bar

Parte 13: Criterios técnicos básicos para el control periódico de los aparatos a gas de las instalaciones receptoras en servicio

Se establecen los criterios técnicos básicos que se deben aplicar en el control periódico de los aparatos a gas conectados a una instalación receptora en condiciones reales de instalación y del funcionamiento del conducto de evacuación de los productos de combustión en los aparatos que lo precisen.

Esta norma no es de aplicación al mantenimiento de aparatos a gas.

Procedimiento y clasificación de las anomalías

a) Procedimiento

En el control periódico de los aparatos a gas se debe verificar la inexistencia de las anomalías recogidas en esta norma. Cuando en el control periódico el resultado obtenido sea favorable se debe emitir el certificado correspondiente.

Si se detectara una anomalía, se debe emitir el informe de anomalías en el que se indique el alcance de las mismas y la situación en que queda la instalación, así como el plazo para su corrección.

Asimismo se deben incluir, en ambos documentos, las recomendaciones de seguridad que se consideren oportunas.

b) Clasificación de las anomalías

Las anomalías de los aparatos se clasifican:

- Anomalías principales. Son aquellas que por su propia naturaleza es necesario subsanar en el momento de su detección. En el caso de que esto no sea posible, se debe interrumpir el suministro de gas al aparato afectado.
- Anomalías secundarias. Son aquellas en las que no es preciso cortar el suministro de gas al aparato. No obstante, el usuario debe proceder a su reparación en el plazo máximo de 6 meses.

4 Control periódico de aparatos a gas de una instalación individual

4.1 Anomalías principales (AP)

4.1.1 Revoco en el conducto de evacuación de un aparato a gas o concentración de CO-ambiente en el local superior a 50 ppm (AP-1)

La comprobación del revoco se debe realizar cuando existan aparatos tipo B de tiro natural. No será necesario para este tipo de aparatos cuando estén instalados en recintos considerados como zona exterior.

La concentración de CO-ambiente se comprobará cuando existan vitrocerámicas a gas de fuegos cubiertos, generadores de aire caliente que, independientemente de su consumo nominal, cumplan con los requisitos establecidos en UNE-EN 525, aparatos suspendidos de calefacción por radiación tipo A o aparatos de tipo B o C. No es necesario en caso de que estos aparatos estén instalados en recintos considerados como zona exterior.

En el caso de que el conducto de evacuación de los aparatos tipo B y C pase por otros locales no considerados zona exterior distintos de aquel en que están instalados los propios aparatos, se deben realizar mediciones de CO-ambiente en dichos locales situando el analizador a 1,80 m de altura.

La comprobación del revoco y la medición de la concentración de CO-ambiente se deben realizar con las puertas y ventanas del local cerradas y con la campana extractora, si existe, apagada.

La comprobación del revoco se debe realizar mediante un sistema adecuado, debiéndose considerarse como anomalía principal AP-1 cuando se detecten revocos continuados.

Si el sistema utilizado para la comprobación del revoco es la medición del CO_2-ambiente, se debe realizar por un analizador adecuado cuya sonda se sitúe aproximadamente a 1 m del aparato y 1,80 m de altura, considerando anomalía principal AP-1 cuando la concentración de CO_2-ambiente sea superior a 5.000 ppm.

La medición de CO-ambiente se realizará poniendo en marcha el aparato en régimen estacionario y en el caso de los tipos B y C a máxima potencia. Transcurridos 5 minutos desde la puesta en marcha, se mide la concentración de CO-ambiente con un analizador adecuado cuya sonda se sitúa aproximadamente a 1 m del aparato y 1,80 m de altura, considerándose como anomalía principal AP-1 cuando la concentración de CO-ambiente sea superior a 50 ppm.

Si un local contiene varios aparatos a gas tipo B o C de tiro natural o vitrocerámicas de fuegos cubiertos, la comprobación se hará de forma conjunta, poniendo en funcionamiento simultáneo todos los aparatos para determinar cuál es el aparato que produce el exceso de CO.

Se exceptúan de lo anterior los aparatos suspendidos de calefacción por radiación de tipo A, en cuyo caso la medición de CO-ambiente debe realizarse por el procedimiento descrito en el anexo B.

4.1.2 Combustión no higiénica de aparatos a gas (AP-2)

En el control periódico de los aparatos, se realizará una comprobación de la combustión de los quemadores de aparatos a gas tipo B, tanto de tipo natural como forzado de aparatos tipo C que dispongan de toma de muestras en el conducto (a excepción de lo indicado en el apartado 4.2.4), los quemadores de encimeras vitrocerámicas de fuegos cubiertos y de los generadores de aire caliente que con independencia de su consumo calorífico nominal, cumplen con los requisitos de la Norma UNE-EN 525, mediante un analizador de combustión adecuado, dicha comprobación se realizará con las puertas y ventanas del local cerradas.

Para determinar sobre los productos de la combustión cuál es la concentración de monóxido de carbono (CO) corregido no diluido, salvo en el caso de los generadores de aire caliente, conforme a la Norma UNE-EN 525, que por su propia concepción, este se toma ya diluido y se debe seguir el proceso descrito en el anexo A de UNE-EN 60670-10: 2023, con la campana extractora, si hubiese, apagada.

> **Nota**
>
> En el Anexo A de la norma UNE-EN 60670-10 se recoge el "Procedimiento para realizar el análisis de la combustión en aparatos de tipo B y tipo C, vitrocerámicas de fuegos cubiertos y generadores de aire caliente de calefacción directa por convección forzada que, independientemente de su consumo calorífico nominal, cumplen con los requisitos establecidos en la Norma UNE-EN 525", acompañado de dos figuras relativas a la toma de muestras.
>
> A modo complementario, se incluyen aquí dos figuras adicionales no contempladas en dicho anexo: una también relacionada con la toma de muestras y otra con la obtención de los valores de medida.

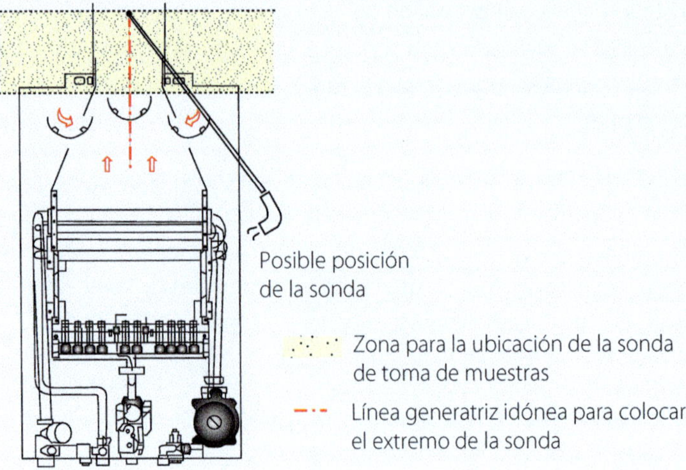

Toma de muestras en aparatos de tipo B con cortatiros cuando no existe o no se ha podido
practicar el orificio de la sonda en el tubo de evacuación

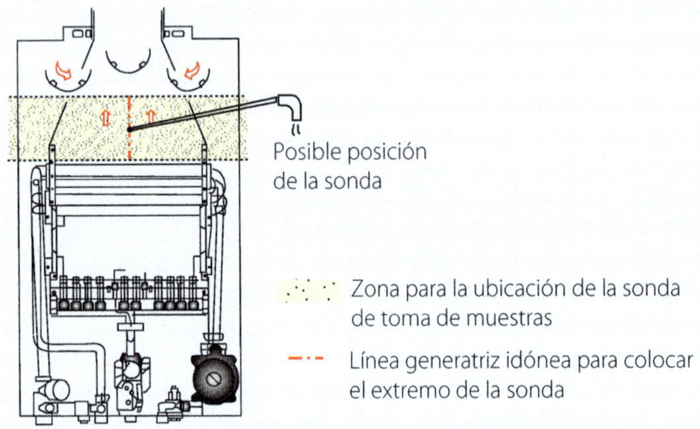

Toma de muestras en aparatos de tipo B con cortatiros cuando no existe o
no se ha podido practicar el orificio de la sonda en el tubo de evacuación y constata posible inversión de tiro

Se considera que la combustión es no higiénica (anomalía principal AP-2) cuando la concentración de CO corregido en los productos de la combustión (CO-PdC), supere el valor de 1.000 ppm, excepto en el caso de los generadores de aire caliente conformes a la Norma UNE-EN 525, en que se considera esta circunstancia cuando el valor de CO obtenido y corregido supere el que establece la norma.

4.1.3 Inexistencia de dispositivo de control de contaminación de la atmósfera (AS) en aquellos aparatos que reglamentariamente lo requieran (AP-3)

4.1.4 Interferencia grave del extractor mecánico o la campana extractora en el funcionamiento de un aparato a gas (AP-4)

La comprobación se realizará por la medición del revoco y del CO-ambiente cuando sea un aparato tipo B de tiro natural, en un local en el que exista también un extractor mecánico o campana extractora que no disponga del dispositivo que evite la interacción de dicho aparato (dispositivo de enclavamiento, detector de CO).

Previamente se debe comprobar la existencia o no del citado dispositivo entre la campana y el aparato, no será necesario continuar si existe dicho aparato.

La comprobación del revoco y del CO-ambiente se realizará con las puertas y ventanas del local cerradas y con la campana funcionando a su máxima potencia.

Se considera interferencia grave, anomalía principal AP-4, cuando se detecte revoco continuado o concentraciones de CO-ambiente superior a 50 ppm. Si el sistema utilizado para la comprobación del revoco es la medición del CO_2-ambiente, esta se realizará de forma simultánea con la medición del CO-ambiente, considerándose interferencia grave cuando se detecten concentraciones de CO_2-ambiente superiores a 5.000 ppm.

4.2 Anomalías secundarias (AS)

4.2.1 Revoco moderado en el conducto de evacuación de un aparato o concentración de CO-ambiente en el local comprendida entre 15 y 50 ppm (AS-1)

Se considera anomalía secundaria cuando en el caso de locales que contengan aparatos descritos en el apartado 4.1.1 y de acuerdo con los procedimientos descritos en el mismo, se detecten revocos moderados o concentraciones de CO-ambiente superiores a 15 ppm e inferiores o iguales a 50 ppm.

Si el sistema utilizado para la comprobación del revoco es la medición del CO_2-ambiente, esta se hará de forma simultánea con la medición del CO-ambiente, considerando que el revoco es moderado cuando se detecten concentraciones de CO_2-ambiente superiores a 2.500 ppm e inferiores o iguales a 5.000 ppm.

4.2.2 Interferencia moderada de la campana extractora en el funcionamiento de un aparato a gas (AS-2)

La comprobación se debe realizar de acuerdo con lo indicado en el apartado 4.1.4.

Se considera interferencia moderada, anomalía secundaria AS-2, cuando se detecte revoco moderado o concentraciones de CO-ambiente superiores a 15 ppm e inferiores o iguales a 50 ppm.

Si el sistema utilizado para la comprobación del revoco es la medición del CO_2-ambiente, esta se hará de forma simultánea con la medición del CO-ambiente, considerándose interferencia moderada cuando se detecten concentraciones de CO_2-ambiente superiores a 2.500 ppm e inferiores a 5.000 ppm.

En estos casos se deben dejar instrucciones escritas de no usar simultáneamente el aparato y la campana extractora hasta que sea reparada la anomalía por parte del usuario.

4.2.3 Funcionamiento incorrecto de los dispositivos de seguridad por extinción o detección de llama en los aparatos a gas que deban disponer de ellos (AS-3)

Se comprobará que todo funcione correctamente.

4.2.4 Imposibilidad de comprobación de los productos de la combustión del aparato cuando sea de tipo B o C (AS -4)

Debe entenderse tal imposibilidad en los aparatos del tipo B y C cuando no exista toma de muestras en el conducto de evacuación que permita el acceso sin desmontar la carcasa del aparato para acceder con una sonda para la toma de combustión de tipo convencional o con sonda de tipo flexible.

No se aplicará esta anomalía a los radiadores murales de tipo C ni a las secadoras

4.2.5 No se acredita la realización del mantenimiento obligatorio del aparato en las salas de máquinas con una potencia instalada superior a 70 kW (AS-5)

4.2.6 Combustión deficiente de aparatos a gas (AS-6)

Se considera como tal, cuando siguiendo el procedimiento descrito en el apartado 4.1.2, la concentración de CO corregido obtenida de los PdC (CO-PdC) sea superior a 500 ppm e inferior o igual a 1.000 ppm.

4.2.7 Incorrecta regulación de los mínimos de los quemadores superiores de cocinas, encimeras encastrables u otros aparatos de cocción (AS-7)

Se considera anomalía cuando al girar rápidamente cada uno de los mandos de los quemadores superiores de los aparatos a cocción, del máximo al mínimo, la llama de alguno de ellos se apague.

4.2.8 Incorrecto funcionamiento de los quemadores de los aparatos de cocción (AS-8)

Se considera anomalía cuando no funcione correctamente alguno de los quemadores o sus mandos (no salga gas, esté bloqueado, roto, desprendido, etc.).

Resumen UNE 123001: 2012
Cálculo, diseño e instalación de chimeneas

Objeto y campo de aplicación

Se establecen los criterios para el cálculo, diseño e instalación de chimeneas para la evacuación de los productos de la combustión.

Es de aplicación a la instalación de todo tipo de chimeneas metálicas o de plástico, excepto las autoportantes, destinadas a la evacuación de gases de aparatos de combustión que formen parte de las instalaciones en los edificios, como son: calderas, calentadores, chimeneas de salón, estufas e insertables, equipos de cogeneración y microcogeneración, bombas de calor a gas, bombas diésel contra incendios, hornos y cocinas industriales de P > 20 kW.

Elección de las chimeneas

Todas las chimeneas, independientemente del material de su pared interior, se designan conforme a la UNE-EN 1443.

Las chimeneas metálicas se designan específicamente por UNE-EN 1856-1 y UNE-EN 1856-2.

Las chimeneas de plástico lo hacen por norma UNE-EN 14471.

Designación según la UNE-EN 1443

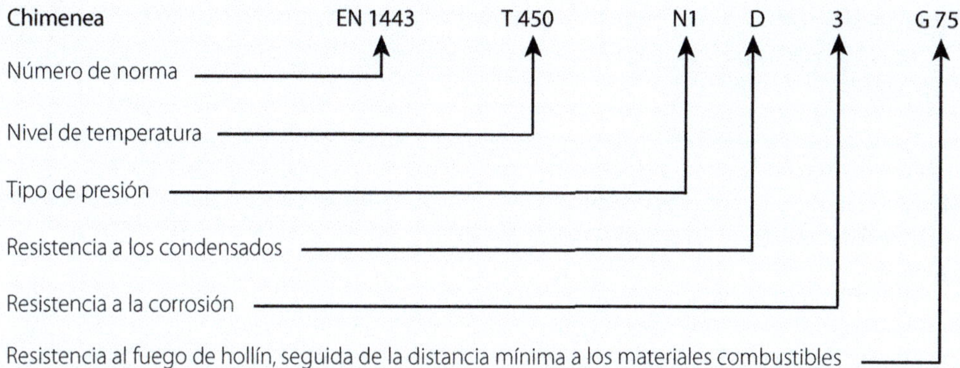

Nivel de temperatura

La temperatura de la chimenea elegida debe ser igual o superior a la temperatura de los gases de combustión, funcionando el aparato a potencia nominal. Los niveles de temperatura son:

T 600 > T 450 > T 400 > T 300 > T 250 > T 200 > T 160 > T 140 > T 120 > T 100 > T 080

Los fabricantes en sus ensayos térmicos lo hacen a una temperatura superior a la declarada, este margen de seguridad es de +20 ºC hasta T 100, +30 ºC desde T 120 hasta T 160, +50 ºC desde T 200 hasta T 300 y +100 ºC desde T 400 hasta T 600.

Al seleccionar la chimenea tendremos en cuenta la temperatura de los gases de combustión y, en el caso de los aparatos que utilicen combustible sólido, se recomienda que el nivel de la chimenea supere los 50 ºC la temperatura de los gases de la combustión.

Tipo de presión

Para chimeneas con presión negativa (tiro natural) N1 > N2.

Para chimeneas con presión positiva (hasta 200 Pa) P1 > P2.

Para chimeneas con alta presión positiva (hasta 5.000 Pa) H1 > H2.

Chimeneas individuales. Caso general

Si la chimenea se dimensiona para funcionamiento con presión negativa (tiro natural) según la norma UNE-EN 13384-1, el tipo de presión será al menos N1.

Si la chimenea se dimensiona para presión positiva (tiro forzado) de acuerdo con UNE-EN 13384-1:

- El tipo de presión en el tramo horizontal o conducto será P1 o H1 cuando la presión calculada en la boca de salida de gases de combustión del aparato no supere los 200 Pa y H1 cuando supere dicha presión.

- Cuando el tramo vertical de la chimenea discurra por el interior del edificio, el tipo de presión será al menos N1 cuando la presión calculada sea negativa en el punto de conexión con el tramo vertical, siendo P1 o H1 cuando dicha presión sea positiva e inferior o igual a 200 Pa y H1 cuando sea superior a 200 Pa.

- Cuando el tramo vertical de la chimenea discurra por el exterior del edificio el tipo de presión será al menos N1 si la presión es negativa en el punto de conexión con el tramo horizontal, P1, P2, H1 o H2 cuando dicha presión sea positiva e inferior o igual a 200 Pa y H1 o H2 cuando sea superior a 200 Pa.

Chimeneas individuales conectadas a caldera de condensación

Debido al elevado riesgo de fuga de condensados que existe en este tipo de calderas, y especialmente en los tramos horizontales de las chimeneas conectadas a ella, los requisitos de estanquidad son más exigentes.

Independientemente del método de cálculo utilizado (tiro forzado o natural) en el tramo horizontal el conducto de unión de la chimenea será P1 o H1 cuando la presión calculada en la boca de salida de gases no supere los 200 Pa y H1 cuando sea superior.

Para el tramo vertical se aplicará lo indicado en el apartado anterior.

Chimeneas colectivas. Caso general

Si la chimenea se dimensiona con la UNE-EN 13384-2:

- El tipo de presión de los conductos de unión será al menos N1 cuando la presión calculada en la boca de salida de los gases de combustión sea negativa, P1 o H1, cuando la presión es positiva e inferior o igual a 200 Pa y H1 cuando sea superior.

- El tipo de presión debe ser N1 cuando se dimensione para trabajar con presión negativa, P1 o H1 cuando se dimensione con presión positiva y esta sea inferior o igual a 200 Pa y H1 cuando dicha presión sea superior a 200 Pa.

Si la chimenea se dimensiona de acuerdo con el anexo A de esta norma, el tipo de presión de la chimenea colectiva y de los conductos de unión será al menos N1.

Chimeneas colectivas para calderas de baja temperatura o de condensación

En este tipo de instalación, el riesgo de fuga de condensados se produce en las configuraciones en cascada, en el tramo horizontal de la chimenea colectiva, por la baja velocidad de evacuación de los gases de combustión, que favorece la formación de condensados.

Cuando se emplean calderas de condensación, el tipo de presión de los conductos de unión será P1 o H1 si la presión calculada a la salida de los gases de combustión de los aparatos es inferior o igual a 200 Pa y H1 si es superior a 200 Pa.

Cuando las calderas son de baja temperatura se aplicará lo indicado en el apartado anterior.

El tipo de presión de las chimeneas colectivas para trabajar con presión negativa y conectadas a calderas de baja temperatura o de condensación será:

- En instalaciones en cascada, P1 o H1 en el tramo horizontal o colector y al menos N1 en el tramo vertical.

- En instalaciones multientrada, N1.

Resistencia a los condensados

La clase de resistencia viene determinada por las letras → **W:** resistente   **D:** no resistente

En condiciones de trabajo húmedas, con la presencia de condensados en el interior de la chimenea, la resistencia será W.

Resistencia a la corrosión

La UNE-EN 1443 define 3 clases de resistencia a la corrosión (clase 1, 2, 3), en función de la capacidad de la pared interior de la chimenea para resistir el ataque corrosivo de los gases de combustión. La máxima resistencia corresponde a la clase 3. A su vez los combustibles se agrupan en 3 tipos tal como se detalla en la tabla siguiente:

Combustibles	Tipo 1	Tipo 2	Tipo 3
Gaseosos	Gas natural		
Líquidos	Queroseno: contenido en azufre ≤ 50 mg/m³	Gasóleo: contenido en azufre ≤ 0,2 % en masa Queroseno: contenido en azufre > 50 mg/m³	Gasóleo: contenido en azufre > 0,2 % en masa
Sólidos	-	-	Madera para hogares abiertos [1] Madera para hogares cerrados, estufas y calderasb [2]
	-	-	Carbón
	-	-	Turba

1) A los efectos de esta norma la madera para hogares abiertos se considerará como combustible tipo 3, aunque la Norma UNE-EN 1443 la considera como combustible tipo 2.
2) En este grupo se incluyen los pellets.

Tabla. Tipos de combustibles

En general, la clase de corrosión 1 será la mínima exigible para combustibles de tipo 1, la 2 para combustibles tipo 2, etc.

Resistencia al fuego de hollín

Las clases de resistencia al fuego de hollín son → **G:** resistente   **O:** no resistente

Con aparatos que empleen combustible sólido la clase de resistencia de hollín será G.

Chimeneas metálicas. Designación según UNE-EN 1856-1 y UNE-EN 1856-2

UNE-EN 1856-1, las chimeneas designadas por esta UNE podrán emplearse en las instalaciones como tramo vertical, tramo horizontal, conducto de unión y conducto interior para entubamiento.

UNE-EN 1856-2, las chimeneas designadas por esta UNE, podrán emplearse exclusivamente como conducto de unión o como conducto interior para entubamiento según corresponda.

Chimeneas modulares metálicas

Todas las chimeneas de este tipo se designan según UNE 1856-1:

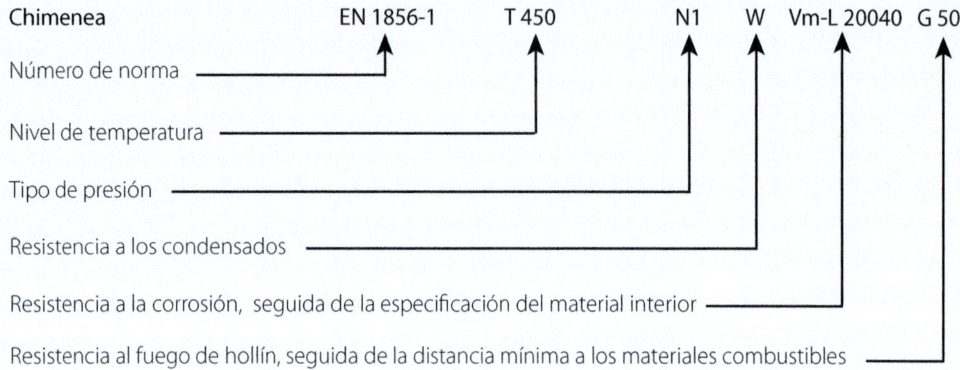

Conductos interiores metálicos para entubamiento, rígidos o flexibles

Los conductos interiores metálicos para entubamiento deben ser rígidos.

Como excepción, en renovación de chimeneas de obra existentes, cuando estas presentan desvíos respecto a la vertical, se admitirá el empleo de conducto flexible si la geometría de dichos desvíos imposibilita la realización del entubamiento por conducto rígido.

Se designan por UNE-EN 1856-2:

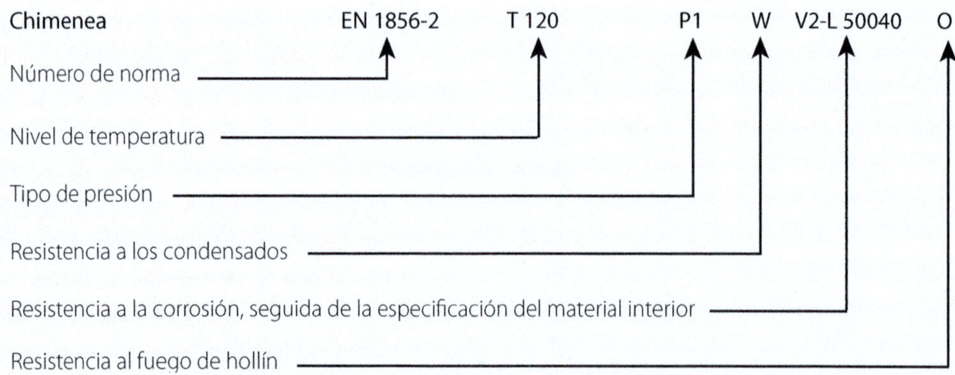

Conductos de unión metálicos rígidos

Se designan por la UNE-EN 1856-2:

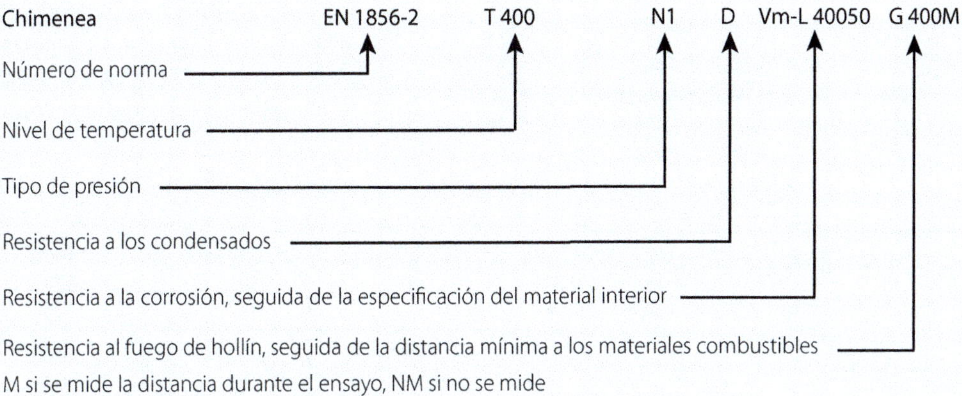

No se permite la utilización de conductos flexibles como conductos de unión.

Resistencia a la corrosión de las chimeneas metálicas. Clases de resistencia a la corrosión

Existen dos posibilidades para designar una chimenea metálica en función de su resistencia a la corrosión.

V1, V2, V3, cuando el fabricante ha superado alguno de los 3 ensayos de corrosión existentes.

Vm, cuando el fabricante no ha realizado ningún ensayo de corrosión.

Es recomendable que la chimenea metálica haya superado algún ensayo, pues esto da cierta seguridad de uso, tal como indica la tabla siguiente:

Condiciones de trabajo	Tipo de combustible 1	Tipo de combustible 2	Tipo de combustible 3
Secas (clase D)	V1, V2, V3	V2, V3	V2, V3
Húmedas (clase W)	V1, V2	V2	-

Clases de resistencia a la corrosión recomendadas en función de la aplicación

Material de la pared interior

La designación se realizará según las normas UNE-EN 1856-1 o 1856-2, según el caso.

En la tabla siguiente se definen los materiales que son admisibles para su empleo como pared interior de las chimeneas metálicas.

| Clase de material según la Norma UNE 123001: 2009 | Tipo de material admisible | Denominación | | Espesor mínimo rígido (flexible) | Designación de material según la Norma UNE-EN 1856 |
		AISI	Europa		
M13	Acero inoxidable	904L	1.4539	0,40 (0,10)	L70040 (L70010)
MI2	Acero inoxidable	316L	1.4432	0,40 (0,10)	L60040 (L60010)
	Acero inoxidable	316L	1.4404	0,40 (0,10)	L50040 (L50010)
	Acero inoxidable	316Ti	1.4571	0,40 (0,10)	L50040 (L50010)
	Acero inoxidable	316	1.4401	0,40 (0,10)	L40040 (L40010)
	Acero vitrificado por ambas caras[1]	-	-	0,80 [2]	L80080
MI1	Acero inoxidable	304L	1.4307	0,40	L30040
	Acero inoxidable	304	1.4301	0,40	L20040
	Acero inoxidable	444	1.4521	0,40	L99040
MI0	Aluminio	-	EN AW-6060	0,80	L13080
	Aluminio	-	EN AW–1200 A	0,80	L11080
	Aluminio	-	EN AW-4047 A	0,80	L10080

1) Para funcionamiento en seco, sin condensaciones en el interior de la chimenea (D).

2) El espesor mínimo del acero vitrificado comprende el espesor del acero base más el recubrimiento de esmalte vítreo por ambas caras.

Tabla. Clases de material interior

Los conductos interiores metálicos para entubamiento flexible deben ser de doble capa siendo lisa la capa interior y el espesor mínimo según lo indicado en la tabla anterior.

Chimeneas, conductos interiores rígidos y conductos de unión rígidos	Tipo de combustible 1	Tipo de combustible 2	Tipo de combustible 3
Caldera genérica estándar	MI1	MI1	MI2
Caldera genérica de baja temperatura	MI1	MI2	MI2 (chimenea aislada)[1]
Caldera genérica de condensación	MI2	MI2	
Caldera estanca (tipo C)[2] o atmosférica (tipo B)[2] de combustible gas, estándar o de baja temperatura, y potencia útil ≤ 70 kW	MI0 (conducto de unión o chimenea individual) MI1 (chimenea colectiva)		
Chimenea de salón, estufa o insertable	MI1		MI2
Grupo electrógeno, turbina o bomba contra incendios	MI1	MI1	
Grupo electrógeno con recuperador de calor (CHP) o equipo de microgeneración	MI2	MI2	
Cocina industrial (potencia instalada > 20 kW)	MI1		

1) Con el fin de limitar la formación de condensados, los cuales pueden resultar particularmente agresivos con algunos combustibles pertenecientes a este grupo, como por ejemplo algunos tipos de pellets la chimenea deberá estar convenientemente aislada. El valor mínimo de la resistencia térmica de la chimenea, será de 0,4 m² K/W.

2) Clasificación de aparatos que utilizan combustibles gaseosos según la forma de evacuación de los productos de combustión (tipos), según el informe UNE-CEN/TR 1749 IN.

Tabla. Clases mínimas de material interior en función de la aplicación. Chimeneas y conductos rígidos

Conductos interiores flexibles	Tipo de combustible 1	Tipo de combustible 2	Tipo de combustible 3
Caldera genérica estándar	MI2	MI2	MI3
Caldera genérica de baja temperatura	MI2	MI3	
Caldera genérica de condensación	MI3		
Chimenea de salón, estufa o insertable	MI2		MI3

Tabla. Clases mínimas de material interior en función de la aplicación. Conductos flexibles

Tablas de selección de chimeneas metálicas

Las tablas que se indican a continuación se hacen para facilitar la elección de la chimenea.

Las clases V1, V2, V3, son recomendables, no obligatorias, pudiéndose utilizar también las marcadas con Vm, siempre y cuando cumpla el resto de características de la designación.

Tipo de combustible 1	Chimeneas individuales	Chimeneas colectivas multientrada [1]	Chimeneas colectivas cascada [1]
	UNE-EN 1856-1	UNE-EN 1856-1	UNE-EN 1856-1
Caldera genérica estándar	T250 N1 D V1-MI1 O	T250 N1 D V1-MI1-O	T250 N1 D V1-MI1-O
Caldera genérica de baja temperatura	T160 N1 W V1-MI1 O	T160 N1 W V1-MI1 O	T160 P1 [2] W V1-MI1 O
Caldera genérica de condensación	T120 P1 W V1-MI2 O	T120 N1 W V1-MI2 O	T120 P1 W V1-MI2 O
Caldera estanca (tipo C), estándar o baja temperatura y $P_n \leq 70$ kW	T160 P1 W V1-MI0 O	T160 N1 W V1-MI1 O	T160 P1 [2] W V1-MI1 O
Caldera estanca (tipo C), de condensación y $P_n \leq 70$ kW	T120 P1 W V1-MI2 O	T120 N1 W V1-MI2 O	T120 P1 W V1-MI2 O
Chimenea de salón genérica, estufa o insertable	T450 N1 D V1-MI1 O		
Grupo electrógeno turbina o bomba contra incendios	T600 H1 D V1-MI1 O		
Grupo electrógeno con recuperador de calor CHP o equipo de microcogeneración	T160 H1 W V1-MI2 O		

1) El dimensionado de las chimeneas colectivas se ha considerado en depresión para calderas estándar y de baja temperatura, y en sobrepresión para calderas de condensación.

2) El tramo vertical de la chimenea colectiva en estos puede ser de clase N1, de acuerdo con lo establecido en el punto 4.2.1.2.2.2.

Tabla. Designaciones según aplicación. Combustible tipo 1. Chimeneas individuales y colectivas

Tipo de combustible 1	Conductos de unión rígidos	Conductos interiores para entubamiento rígidos	Conductos interiores para entubamiento flexibles
	UNE-EN 1856-2	UNE-EN 1856-2	UNE-EN 1856-2
Caldera genérica estándar	T250 N1 V1-MI1 O	T250 N1 V1-MI1 O	T250 N1 D V1-MI2 O
Caldera genérica de baja temperatura	T160 N1 W V1-MI1 O	T160 N1 W V1-MI1 O	T160 N1 W V1-MI2 O
Caldera genérica de condensación	T120 P1 W V1-MI2 O	T120 P1 W V1-MI2 O	T120 P1 W V1-MI3 O
Caldera estanca (tipo C), estándar o baja temperatura y $P_n \leq 70$ kW	T160 P1 W V1-MI0 O	T160 P1 W V1-MI0 O	T160 P1 W V1-MI2 O
Caldera estanca (tipo C), de condensación y $P_n \leq 70$ kW	T120 P1 W V1-MI2 O	T120 P1 W V1-MI2 O	T120 P1 W V1-MI3 O
Chimenea de salón genérica	T450 N1 D V1-MI1 O	T450 N1 D V1-MI1 O	T450 N1 D V1-MI2 O
Grupo electrógeno turbina o bomba contra incendios		T600 H1 D V1-MI1 O	
Grupo electrógeno con recuperador de calor CHP o equipo de microcogeneración		T160 H1 W V1-MI2 O	

Tabla. Designaciones según aplicación. Combustible tipo 1. Conductos de unión y conductos para entubamiento

Tipo de combustible 2	Chimeneas individuales	Chimeneas colectivas multientrada	Chimeneas colectivas cascada
	UNE-EN 1856-1	UNE-EN 1856-1	UNE-EN 1856-1
Caldera genérica estándar	T300 N1 D V2-MI1 O	T300 N1 D V2-MI1 O	T300 N1 D V2-MI1 O
Caldera genérica de baja temperatura	T200 N1 W V2-MI2 O	T200 N1 W V2-MI2 O	T200 P1 [1] W V2-MI2 O
Caldera genérica de condensación	T120 P1 W V2-MI2 O	T120 N1 W V2-MI2 O	T120 P1 [1] W V2-MI2 O
Grupo electrógeno turbina o bomba contra incendios	T600 H1 D V2-MI1 O		

1) El tramo vertical de la chimenea colectiva en estos casos puede ser de clase N1, de acuerdo con lo establecido en el punto 4.2.1.2.2.2.

Tabla. Designaciones según aplicación. Combustible tipo 2. Chimeneas individuales y colectivas

Tipo de combustible 2	Conductos de unión rígidos	Conductos interiores para entubamiento rígidos	Conductos interiores para entubamiento flexibles
	UNE-EN 1856-2	UNE-EN 1856-2	UNE-EN 1856-2
Caldera genérica estándar	T300 N1 D V2-MI1 O	T300 N1 D V2-MI1 O	
Caldera genérica de baja temperatura	T200 N1 W V2-MI2 O	T200 N1 W V2-MI2 O	
Caldera genérica de condensación	T120 P1 W V2-MI2 O	T120 P1 W V2-MI2 O	
Grupo electrógeno turbina o bomba contra incendios		T600 H1 D V2-MI1 O	

Tabla. Designaciones según aplicación. Combustible tipo 2. Conductos de unión y conductos para entubamiento

Tipo de combustible 3	Chimeneas individuales	Chimeneas colectivas multientrada	Chimeneas colectivas cascada
	UNE-EN 1856-1	UNE-EN 1856-1	UNE-EN 1856-1
Caldera genérica	T450 N1 D V3-MI2 G		
Caldera genérica de baja temperatura	T200 N1 W V2-MI2 G		
Chimeneas de salón abiertas	T400 N1 D V3-MI2 G		
Chimeneas de salón cerradas, estufas o insertables, de leña	T450 N1 D V3-MI2 G		
Chimeneas de salón cerradas, estufas o insertables, de pellets	T200 N1 D V3-MI2 G		

Tabla. Designaciones según aplicación. Combustible tipo 3. Chimeneas individuales y colectivas

Tipo de combustible 3	Conductos de unión rígidos	Conductos interiores para entubamiento rígidos	Conductos interiores para entubamiento flexibles
	UNE-EN 1856-2	UNE-EN 1856-2	UNE-EN 1856-2
Caldera genérica	T450 N1 D V3-MI2 G	T450 N1 D V3-MI2 G	T450 N1 D V3-MI3 G
Caldera genérica de baja temperatura			
Chimeneas de salón abiertas	T400 N1 D V3-MI2 G	T400 N1 D V3-MI2 G	T400 N1 D V3-MI3 G
Chimeneas de salón cerradas, estufas o insertables, de leña	T450 N1 D V3-MI2 G	T450 N1 D V3-MI2 G	T450 N1 D V3-MI3 G
Chimeneas de salón cerradas, estufas o insertables, de pellets	T200 N1 D V3-MI2 G	T200 N1 D V3-MI2 G	T200 N1 D V3-MI3 G

Tabla. Designaciones según aplicación. Combustible tipo 3. Conductos de unión y conductos para entubamiento

Requisitos específicos para chimeneas de plástico. Designación según UNE-EN 14471

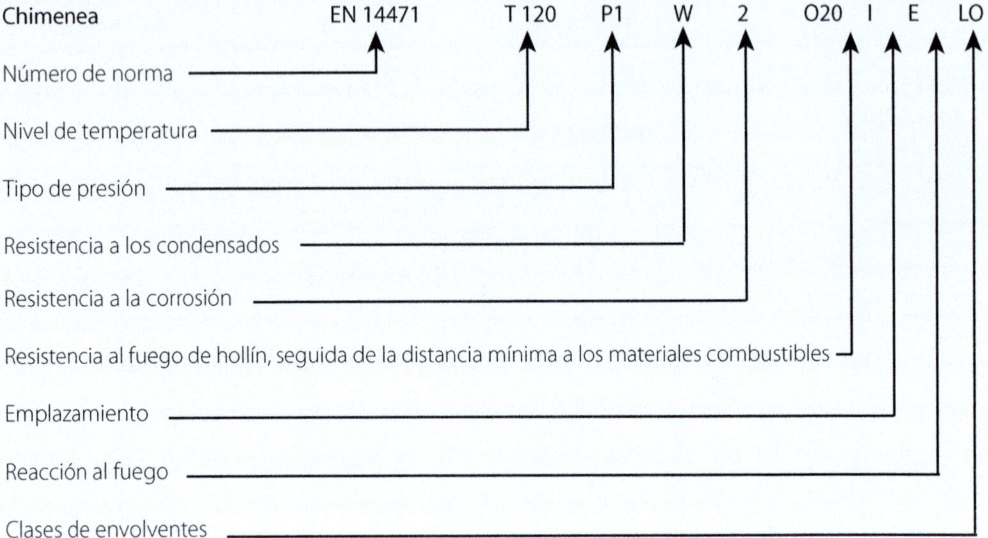

Los conductos de plásticos para entubamiento deben ser rígidos. Como excepción, en renovación de chimeneas de obras existentes, cuando presenten desvíos respecto a la vertical se admitirá el empleo de conducto flexible, en caso de que esos desviamientos imposibiliten el empleo de conducto rígido.

No se permite la utilización de conductos flexibles como tramos horizontales o conductos de unión.

Resistencia a la corrosión de chimeneas de plástico

Existen dos clases de resistencia: Clase 1 y 2, las chimeneas clase 2 tienen mayor resistencia a la corrosión que las clase 1.

La clase de corrosión 1 será la mínima exigible para combustibles tipo 1 y la clase 2 para combustibles tipo 2.

Emplazamiento

I: instalación interior, o, E: instalación interior o exterior.

Reacción al fuego y clase de envolvente

Las clases de reacción al fuego son:

A1 no contribución al fuego, incombustible > A2 no contribución al fuego incombustible > B contribución muy limitada al fuego > C contribución limitada al fuego > D contribución no despreciable al fuego > E malas propiedades de reacción al fuego > F sin criterio de prestaciones.

Las clases de envolvente existentes son:

- LO con envolvente incombustible.
- L sin envolvente.
- L1 con envolvente combustible.

Las clases de reacción al fuego L o L1 deben ser al menos A2-s1, d0, cuando la chimenea discurre por el interior del edificio, salvo si la chimenea dispone de un cerramiento de obra de material incombustible y va acompañada exclusivamente de otras chimeneas con un nivel de temperatura igual o inferior al suyo.

La clase mínima de reacción al fuego de las chimeneas de plástico debe ser:

▫ E, malas propiedades de reacción al fuego para chimeneas de clase L0.
▫ B-s1, d0, para chimeneas de clase L o L1, es decir, sin envolvente.

Tablas de selección de chimeneas de plástico

Tipo de combustible 1	Instalación interior, sin cerramiento incombustible	Instalación interior con cerramiento incombustible	Instalación exterior
Caldera genérica de condensación	T120 P1 W 1 O I E L0	T120 P1 W 1 O I E L0 T120 P1 W 1 O I E L1 T120 P1 W 1 O I E L	T120 P1 W 1 O E E L0

Tabla. Designaciones según aplicación. Combustible tipo 1

Tipo de combustible 2	Instalación interior, sin cerramiento incombustible	Instalación interior con cerramiento incombustible	Instalación exterior
Caldera genérica de condensación	T120 P1 W 2 O I E L0	T120 P1 W 2 O I E L0 T120 P1 W 2 O I E L1 T120 P1 W 2 O I E L	T120 P1 W 2 O E E L0

Tabla. Designación según aplicación. Combustible tipo 2

Resistencia a la corrosión ambiental de chimeneas metálicas y con conducto interior de plástico

Clase de material según la Norma UNE 123001: 2009	Tipo de material	Denominación		Espesor mínimo rígido
		AISI	Europea	
ME3	Acero inoxidable	904L	1.4539	0,40
ME2	Acero inoxidable	316L	1.4432	0,40
	Acero inoxidable	316L	1.4404	0,40
	Acero inoxidable	316Ti	1.4571	0,40
	Acero inoxidable	316	1.4401	0,40
ME1	Acero inoxidable	304L	1.4307	0,40
	Acero inoxidable	304	1.4301	0,40
	Acero inoxidable	444	1.4251	0,40
	ME0/ME0+ lacado [1]	-	-	0,40 [2]
	Cobre	-	Según Norma UNE-EN 1652	0,50
ME0+	Acero inoxidable	430Ti	1.4510	0,40
	Acero inoxidable	430	1.4016	0,40

Clase de material según la Norma UNE 123001: 2009	Tipo de material	Denominación		Espesor mínimo rígido
		AISI	Europea	
ME0	Aluminio	-	EN AW-6060	0,80
	Aluminio	-	EN AW-1200 A	0,80
	Aluminio	-	EN AW-4047	0,80
	Acero aluminizado	-	A 1.0226 AS120	0,40
	Aluzinc	-	1.0226 AZ150	0,40
	Acero galvanizado	-	1.0226 Z275	0,40

1) Características mínima de lacado: pintura en polvo, con alta resistencia a la intemperie y máxima solidez a la luz. Espesor mínimo 60 µ.

2) El espesor mínimo se refiere únicamente al acero base, sin contar el recubrimiento del lacado.

Tabla. Clases de material exterior

La máxima resistencia a la corrosión se corresponde con la clase ME3 y decrece hasta MEO.

Condiciones del entorno	Clase de material exterior según Norma UNE 123001: 2012
Instalación interior en ambiente no contaminado (locales habitables, patinillos, galerías de obra…)	ME0
Instalación interior en locales técnicos (salas de máquinas, cocinas industriales…)	ME0+
Instalación en patio de ventilación interior	ME1
Instalación exterior en zona alejada de la costa y poco contaminada	ME1
Instalación exterior en zona costera o en zona industrial con ambiente contaminado	ME2
Instalación interior y ambiente contaminado, con presencia de Cl y otros agentes corrosivos (piscinas, lavanderías…)	ME2
Instalación en ambientes especialmente agresivos o particularmente sensibles a corrosión (plataformas marítimas, barcos, laboratorios químicos…)	ME3

Tabla. Clases mínimas de material exterior en función de las condiciones del entorno

Diseño

Para limitar el riesgo de contaminación del aire interior de los edificios y del entorno exterior de fachadas y patios, la evacuación de los productos de combustión de las instalaciones se producirá, con carácter general, por la cubierta del edificio, con independencia del tipo de combustible y del aparato que se utilice, de acuerdo con la reglamentación específica sobre instalaciones térmicas.

Cálculo de la sección

Se realizará aplicando lo indicado en:

- UNE-EN 13384-1 para chimeneas individuales.
- UNE-EN 13384-2 para chimeneas colectivas, excepto las chimeneas colectivas con conducto secundario en configuración multientrada que dan servicio a más de un generador atmosférico para las cuales se aplicará el anexo A de la presente norma.

Las chimeneas colectivas multientrada que den servicio a calderas estancas tipo C, de condensación que empleen combustibles tipo 1 y potencia inferior o igual a 70 kW, pueden dimensionarse para funcionar con presión positiva interior, según UNE-EN 13384-2, siempre que cumplan las siguientes condiciones:

- El fabricante de la caldera debe indicar que es apta para conectarse a un sistema colectivo multientrada en sobrepresión.
- Cada una de las calderas debe incorporar una válvula antirretorno que impida en situación de apagado, el paso de los gases de combustión provenientes de las calderas en funcionamiento.
- Cada una de las conexiones debe incorporar en un lugar visible, una etiqueta o placa con las siguientes indicaciones:

  a. descripción del sistema: chimenea colectiva en sobrepresión,

  b. fabricante y modelo de la chimenea,

  c. diámetro y materiales de la chimenea y diámetro de las conexiones,

  d. tipología y potencia máxima de las calderas a conectar,

  e. datos del instalador y fecha de instalación.

- Las conexiones a la chimenea no deben quedar abiertas en ningún caso.

Las chimeneas colectivas en cascada que den servicio a calderas de condensación con combustible tipo 1, se dimensionarán de acuerdo con la UNE-EN 13384-2, y cumplirán las siguientes condiciones, con las salvedades que se indican:

- El fabricante de la caldera debe indicar que es apta para conectarse en cascada y sobrepresión.
- Puede prescindirse de la válvula antirretorno si se comprueba mediante cálculo que no existe sobrepresión en el interior de la chimenea cuando una de las calderas está en situación apagada y el resto funcionando a potencia máxima y en todas las combinaciones posibles.
- La etiqueta o placa de identificación puede ser única para cada chimenea, situada de forma visible y próxima a las conexiones de las calderas.

Instalación exterior

Las chimeneas que discurren por el exterior del edificio deberán estar aisladas, o ventiladas en el caso de chimeneas concéntricas de forma que la temperatura de la pared exterior en condiciones normales de funcionamiento no supere los 70 ºC.

El valor mínimo de la resistencia térmica de las chimeneas aisladas será de 0,4 m^2 K/W.

Las chimeneas concéntricas podrán ser de dos paredes si la t$_{gases}$ de combustión a P$_n$ es ≤ 160 ºC, el combustible es tipo 1 y la P$_t$ conectada < 400 kW.

En caso de reforma de las instalaciones existentes, cuando los antiguos generadores se sustituyan por calderas de condensación estancas, tipo C, que empleen combustible tipo 1 y cuya P$_u$ ≤ 70 kW, las chimeneas metálicas, sean individuales o colectivas, pueden ser de pared simple, cuando discurran por el patio interior de ventilación y no exista riesgo de contacto humano accidental y la P$_t$ < 400 kW en el caso de chimeneas colectivas.

Consideraciones particulares sobre chimeneas de plástico

Los componentes de plástico de la chimenea que puedan quedar expuestos a la luz solar, deberán ser resistentes a los rayos ultravioleta.

Instalación interior en locales habitables

Las chimeneas deberán estar aisladas y el valor mínimo de la resistencia térmica será 0,4 m² K/W.

Los conductos de unión y las chimeneas individuales conectadas a calderas estancas tipo C, o calderas atmosféricas tipo B, estándar de baja temperatura o condensación de $P_n \leq 70$ kW, y que empleen combustible tipo 1, pueden ser de pared simple o concéntricas de dos paredes.

Los conductos de unión de las chimeneas de salón, estufas e insertables pueden ser de pared simple, única y exclusivamente en el tramo que discurra por el local donde se ubica el generador, salón o sala de estar, mayoritariamente, con la finalidad de radiar calor al ambiente. En este caso se tendrá especial cuidado con la distancia mínima a los materiales combustibles indicada por el fabricante del producto.

Cuando la chimenea discurra por el interior de locales habitables, la t superficial no podrá exceder de 50 °C cuando exista riesgo de contacto humano accidental, salvo que esté protegida por cerramiento, la t exterior del mismo no excederá de 50 °C.

Si las chimeneas discurren por locales habitables, no podrán trabajar con presión positiva (sobrepresión) salvo si disponen de un cerramiento ventilado, o cuando se trate de chimeneas concéntricas, ya que el conducto interior está ventilado. La sobrepresión interior no debe superar en ningún caso 200 Pa.

Instalación interior en salas de máquinas

La chimenea estará aislada, el valor mínimo de resistencia térmica de las chimeneas aisladas debe ser de 0,4 m²K/W.

Las chimeneas conectadas a calderas de condensación de combustible tipo 1, pueden ser de pared simple cuando la $P_t < 400$ kW.

Los conductos de unión y las chimeneas individuales conectadas a calderas estancas tipo C, o calderas atmosféricas tipo B, estándar o de baja temperatura de $P_n \leq 70$ kW y que empleen combustible tipo 1, pueden ser de pared simple.

Las chimeneas concéntricas pueden ser de dos paredes si la temperatura de los gases de combustión a $P_n \leq 160$ °C y el combustible empleado es tipo 1 y la potencia total conectada es inferior a 400 kW.

La temperatura superficial de los tramos que discurran por el interior de la sala de máquinas no excederá de 70 °C cuando exista riesgo de contacto humano accidental, pudiendo ser superior si está protegido por cerramiento adecuado y su temperatura no excederá de 70 °C.

Las chimeneas que discurran por salas de máquinas pueden trabajar con presión positiva interior (sobrepresión) no pueden superar los 5.000 Pa.

Instalación interior en patinillos o galería de obra

Estarán aisladas, el valor mínimo de la resistencia térmica de las chimeneas aisladas será 0,4 m² K/W.

Las chimeneas pueden ser de pared simple si la t de los gases de combustión a P_n ≤ 160 °C, el combustible empleado es tipo 1 y la P_t < 400 kW siempre que no compartan el patinillo o galería con otro tipo de instalaciones que no sean chimeneas.

Si la t de los gases de combustión a P_n es igual o inferior a 160 °C, el combustible empleado es de tipo 1 y la P_t < 400 kW, las chimeneas concéntricas podrán ser de dos paredes, aunque vayan acompañadas de otro tipo de instalaciones que no sean chimeneas, pero respetando las distancias mínimas a materiales combustibles especificadas en su designación y cumpliendo la normativa aplicada al tipo de instalación.

En todos los casos se debe verificar que en condiciones normales de funcionamiento y a temperatura ambiente, la temperatura de la pared de los locales colindantes al patinillo o galería no es superior a 5 °C respecto a la temperatura ambiente de proyecto y en cualquier caso no superior a 28 °C.

El interior del patinillo o galería deberá estar ventilado para evitar el aumento de temperatura y el estancamiento de los gases y se prestará especial cuidado cuando la chimenea trabaje con presión positiva interior (sobrepresión).

Consideraciones particulares sobre chimeneas de plástico

La dilatación térmica de las chimeneas de plástico es elevada, por ello debe tenerse especial cuidado para que puedan dilatar y contraer libremente por efecto de la temperatura a fin de evitar fugas de gases por desacoplamientos parciales en las uniones.

Chimeneas individuales (un solo aparato)

Conducto de unión o tramo horizontal de la chimenea

Se diseñará con la mínima longitud posible y evitando al máximo los cambios de dirección y sección. Cuando estos cambios sean necesarios se diseñarán de forma que ofrezcan la mínima resistencia al paso de gases.

Cuando se prevea la formación constante de condensados durante el funcionamiento normal de la instalación el conducto de unión, o, el tramo horizontal tendrá una pendiente ascendente mínima del 3º (5,2 %) para facilitar el drenaje, evitar la corrosión o fugas. Esta pendiente mínima es importante cuando se conectan calderas de condensación.

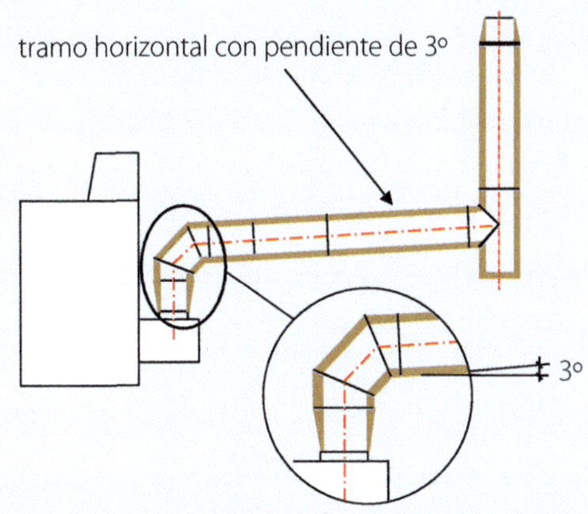

Para generadores atmosféricos, el conducto de unión o tramo horizontal de chimenea tendrá una altura mínima vertical y ascendente igual o mayor que 0,2 m justo por encima del cortatiros.

Tramo vertical de la chimenea

Este tramo se diseñará evitando los cambios de dirección y sección, pero cuando sean necesarios se realizarán de forma que ofrezca resistencia mínima al paso de gases.

La base del tramo vertical tendrá una zona de recogida de hollín, condensados y pluviales, provista de un registro de inspección, limpieza y manguito de drenaje.

Si la chimenea trabaja con presión positiva (sobrepresión), debe conectarse un sifón al manguito de drenaje, que impida la salida de gases de evacuación por el tubo. Ver figura inferior.

Chimeneas colectivas (más de un aparato)

Será exclusiva para este fin, pudiéndose conectar solamente aparatos del mismo tipo, estancos tipo C o atmosféricos tipo B y que además utilicen el mismo combustible.

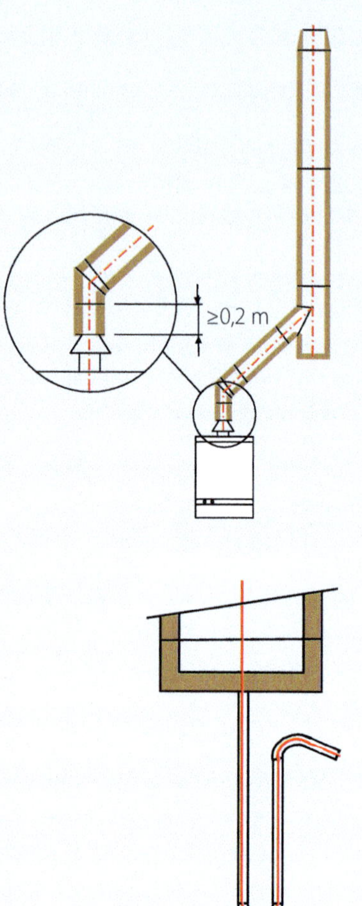

Configuración multientrada. Conexiones

En este tipo de configuración el número máximo de aparatos conectados a la misma vertical será:

- 10 aparatos tipo C con un máximo de 2 conexiones por planta, para chimeneas equilibradas.
- 10 aparatos tipo C con un máximo de 5 plantas conectadas y 2 conexiones por planta para chimeneas no equilibradas,
- 7 aparatos tipo B, con un máximo de 1 conexión por planta para chimeneas colectivas con conducto secundario.

Cuando existan dos conexiones por planta, estas deben incorporar un deflector que impida la entrada de los gases de combustión procedentes de presión por turbulencias.

Chimenea equilibrada

Chimenea en la que el punto de entrada al conducto del aire de combustión está adyacente al punto de descarga de los productos de la combustión procedentes del conducto de humos, estando la entrada y la salida situadas de tal modo que los efectos de viento se equilibran sustancialmente.

Chimenea. Requisitos generales

La chimenea será recta y vertical en toda su longitud, como excepción se admite que las dimensionadas en sobrepresión tengan desviaciones respecto a la vertical con un ángulo máximo de 45º, siempre por encima de la conexión más alta.

La conexión entre el conducto de unión y la chimenea se efectuará preferentemente con una "T" con un ángulo sobre la horizontal de 45º para evitar la formación de turbulencias, especialmente cuando la velocidad de los gases es elevada.

La base del tramo vertical de una zona de recogida de condensados y pluviales, con registro de inspección, limpieza y drenaje. En la parte superior se pondrá un remate que funcione como aspirador estático.

Requisitos específicos. Chimeneas conectadas a aparatos estancos tipo C

Este tipo de chimeneas estarán provistas en la base inferior de un cortatiros regulable cuando sean equilibradas. Cuando no lo sean, el cortatiros será necesario solamente si la altura desde la primera conexión hasta el remate es superior a 18 m.

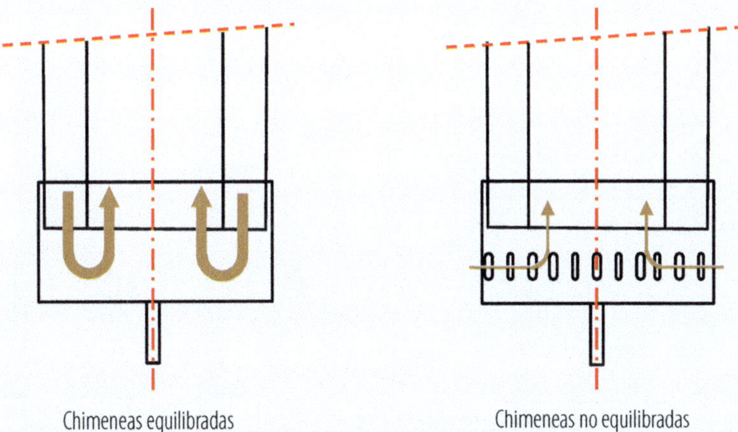

Chimeneas equilibradas · Chimeneas no equilibradas

Si las calderas son de condensación, la distancia mínima entre la conexión de la primera caldera y el cortatiros será de 1 m, para evitar recirculaciones en los arranques.

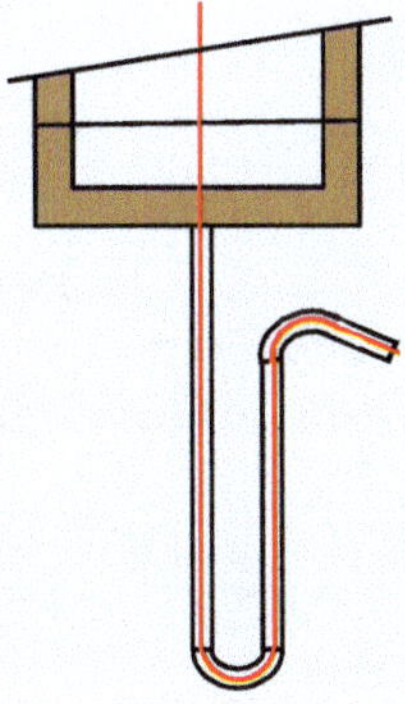

Requisitos específicos. Chimeneas conectadas a aparatos atmosféricos tipo B

Este tipo de chimeneas llevarán interiormente un conducto secundario que lleve individualmente los gases de la caldera desde el punto de conexión entre el conducto de unión y la chimenea hasta su desembocadura en el conducto colectivo o principal a la altura de la planta siguiente.

El diámetro hidráulico del conducto secundario no será menor de 120 mm y su longitud similar a la altura equivalente entre plantas.

La altura del conducto secundario del último aparato no debe ser menor de 2 m y terminar como mínimo 1 m por debajo de la salida de la chimenea.

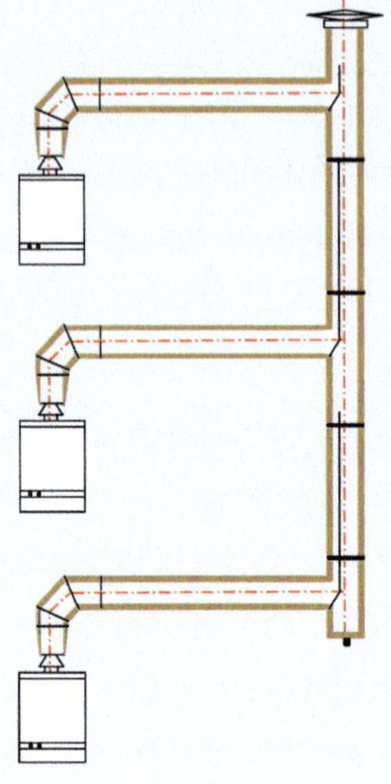

Configuración en cascada. Conducto de unión

Los conductos de unión cumplirán lo indicado al respecto con anterioridad en esta UNE y además, en instalaciones en cascada, el conducto de unión individual entre cada una de las calderas y el tramo horizontal de la chimenea colectiva o colector deberá ser lo más directo y alto posible.

Cuando las calderas sean atmosféricas tipo B, todos los conductos de unión, excepto el de la caldera más alejada de la vertical de la chimenea, llevarán un regulador de tiro manual o automático. Ver figura inferior.

Tramo horizontal de chimenea o colector

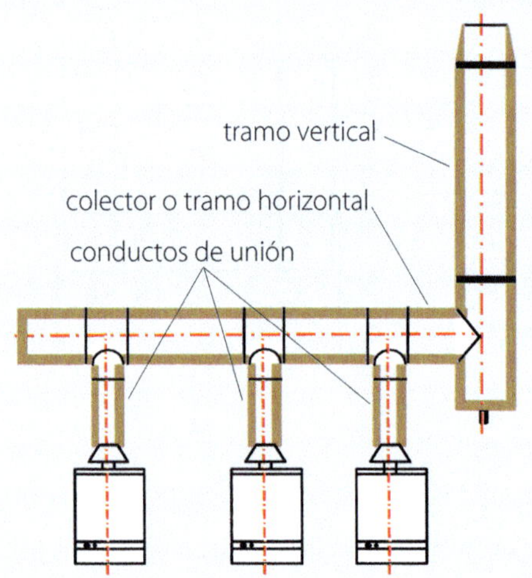

En instalaciones en cascada el tramo horizontal no tendrá estrangulamiento de sección en ningún punto.

Se evitarán los cambios de dirección y sección, si fuesen necesarios se diseñarán de forma que ofrezcan la menor resistencia posible al paso de los gases.

Cuando se prevea la formación de condensados, el colector tendrá una pendiente mínima de 3º (5,2%) para facilitar el drenaje, evitar la corrosión y fugas. Esta pendiente es importante cuando se conectan calderas de baja temperatura o condensación.

La base del colector horizontal tendrá un registro de inspección y limpieza, además de un drenaje cuando se prevea la formación de condensados.

Preinstalación de chimeneas en edificios de nueva construcción

Viviendas

En edificios de viviendas de nueva construcción, donde alguna de las instalaciones térmicas previstas no sean de combustión, puede ser necesario por la legislación en vigor, realizar una preinstalación que permita en el futuro la conversión de dichas unidades a otras de combustión:

a. En aquellos edificios donde las instalaciones previstas de calefacción y ACS no sean de combustión, la preinstalación consistirá en un conducto de evacuación individual o colectivo que desemboque en cubierta, que permita conectar aparatos individuales de gas estancos, tipo C, que tengan las características siguientes:

- clase de temperatura T160 o superior,
- clase de presión P1 o H1,
- clase de resistencia a los condensados W,
- para chimeneas de plástico la clase de corrosión mínima es 1,
- para chimeneas metálicas la clase mínima de material es MI2.
- El dimensionado del conducto se realizará según corresponda por la UNE-EN 13384-1 o 2, siendo válido el mismo para la conexión de los tipos de aparatos siguientes:
- calderas individuales estancas, tipo C, de rendimiento estándar, de condensación y con combustible gaseoso,
- bombas de calor a gas individuales.

b. En aquellos edificios que no requieran instalación de calefacción, donde la instalación prevista para producción de ACS no sea de combustión, la preinstalación debe consistir en un conducto de evacuación, individual o colectivo, que desemboque por cubierta y que permita conectar aparatos individuales a gas destinados a ACS y con las siguientes características:

- clase de temperatura T160 o superior,
- clase de presión N1 o superior,
- clase de resistencia a los condensados W,
- para chimeneas de plástico la clase de corrosión mínima es 1,
- para chimeneas metálicas la clase mínima de material es MIO en caso de individuales y MI1 para colectivas.
- El dimensionado del conducto se realizará según lo indicado en UNE-EN 13384-1 o 2, siendo válido para conectar los siguientes aparatos:
- calentadores de ACS, atmosféricos tipo B, y estancos, tipo C, individuales y de combustible gaseoso.

En los dos tipos de preinstalación descritos, en cada chimenea individual o en cada una de las conexiones colectivas, tendrán en un lugar visible una etiqueta o placa con los siguientes datos:

- fabricante y modelo de chimenea,
- diámetro y materiales de la chimenea, así como de las conexiones,
- tipología y potencia máxima del generador (es) a conectar,
- datos del instalador y fecha de la instalación.

Los puntos de conexión previstos llevarán una tapa estanca que será retirada en el momento de la conexión.

Bajos comerciales

Según la normativa en vigor puede ser necesaria la realización de una instalación que permita en el futuro la extracción de vapores y humos de una campana de extracción industrial, que preste servicio a una cocina de gas de potencia instalada superior a 20 kW.

Esta preinstalación consiste en un conducto metálico de evacuación, que desemboque en cubierta y que tenga las siguientes características:

- clase de temperatura T080,
- clase de presión P1,
- clase de resistencia a los condensadores W,
- clase mínima de material MI1,
- clase de resistencia al fuego EI.

El dimensionado del conducto se realizará según la UNE-EN 13384-1, el conducto debe tener un diámetro interior de 300 mm.

Remate de la chimenea

Diseño

En los remates de las chimeneas colectivas concéntricas (entrada de aire-salida de humos) la entrada de aire estará situada como mínimo a 40 cm por debajo del punto de evacuación de humos.

Distancias

Distancia respecto al propio tejado o cubierta

Caso A; el tejado es plano (inclinación inferior a 20º):

El remate de la chimenea debe situarse a más de 1 m por encima de la cubierta o de la cumbrera del tejado.

Caso B; el tejado es inclinado (inclinación superior o igual a 20º):

En este caso, debe cumplirse una de las dos condiciones siguientes:

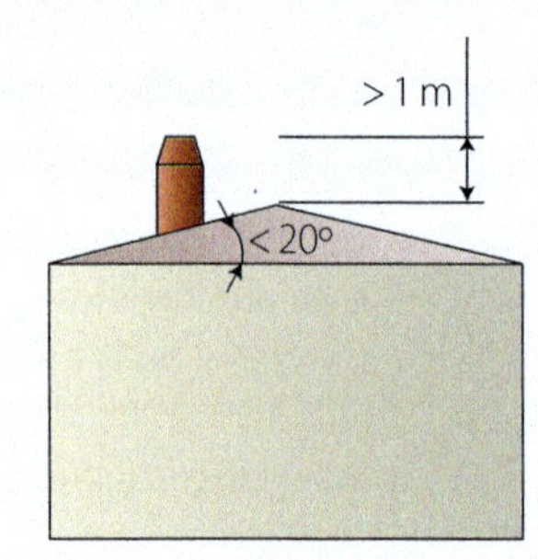

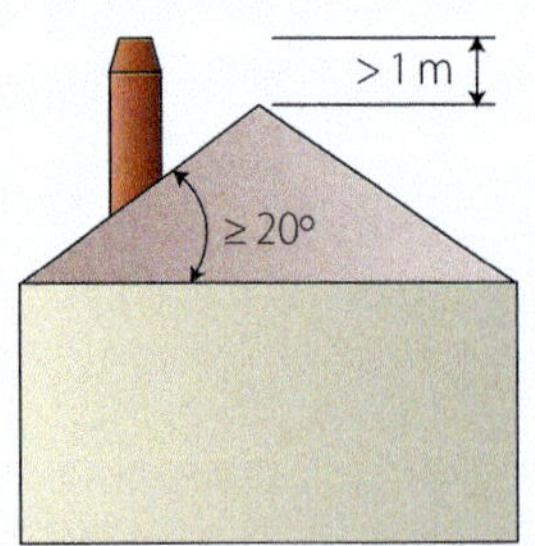

a. El remate de la chimenea está situado a más de 1 m por encima de la cumbrera del tejado.

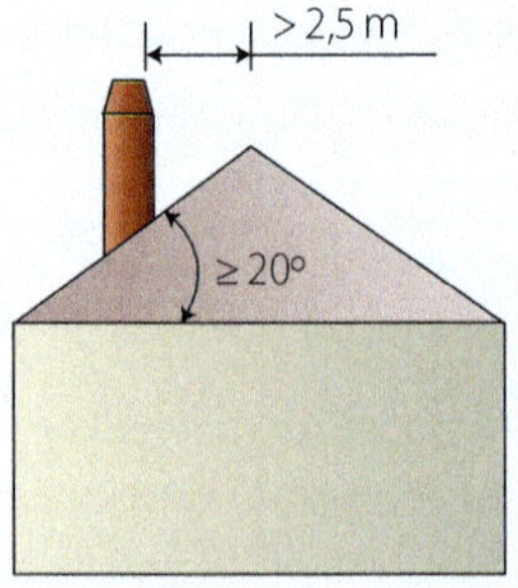

b. La distancia horizontal desde el remate de la chimenea a la superficie del tejado es superior a 2,5 m.

Distancias respecto a los obstáculos en el propio tejado o cubierta

Debe cumplirse al menos una de las condiciones siguientes:

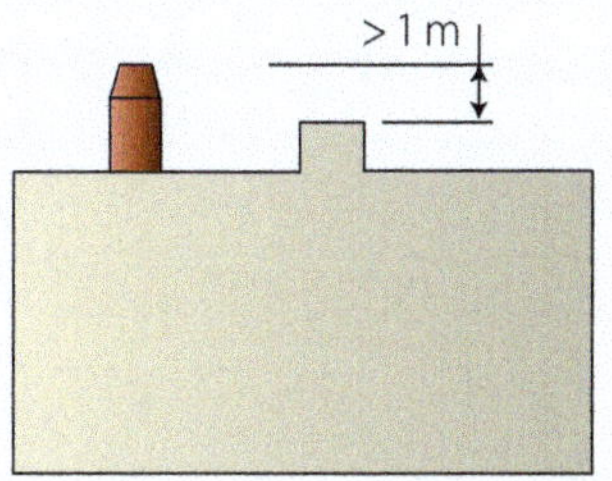

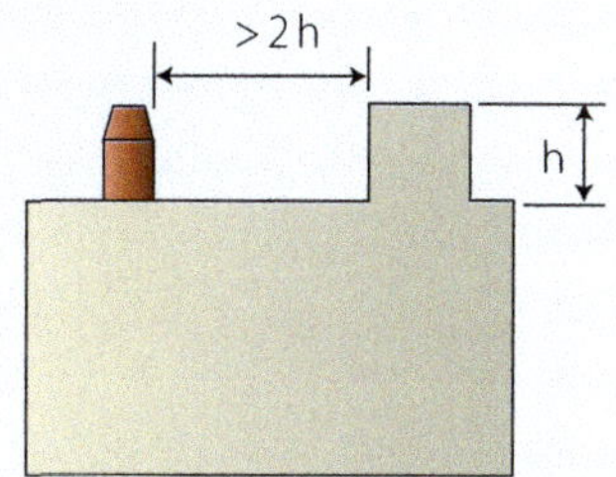

El remate se eleva más de 1 m por encima de dicho obstáculo.

La chimenea se instala a una distancia horizontal del obstáculo mayor que 2 veces la altura del mismo.

Distancias respecto a obstáculos exteriores al edificio

El remate debe elevarse más de 1 m por encima de la parte más alta de cualquier edificación situada en un radio inferior a 10 m respecto a la salida de la chimenea.

El remate debe efectuarse simplemente por encima de cualquier edificación situada en un radio de entre 10 y 20 m respecto a la salida de la chimenea.

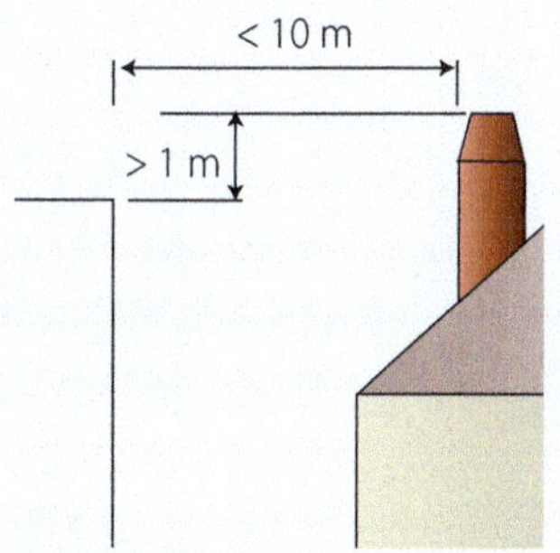

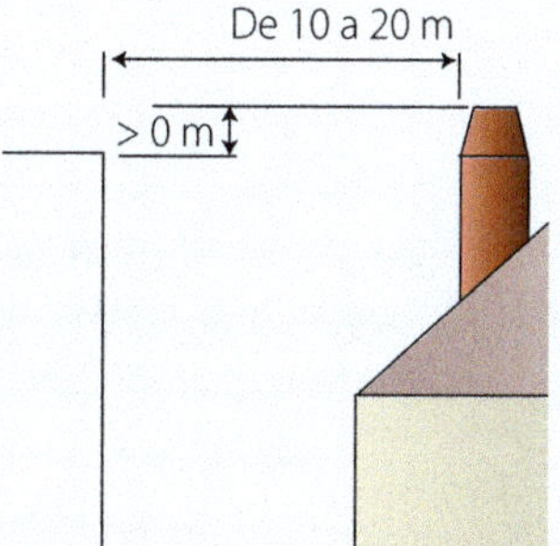

Distancias mínimas del remate de la chimenea según criterios medioambientales

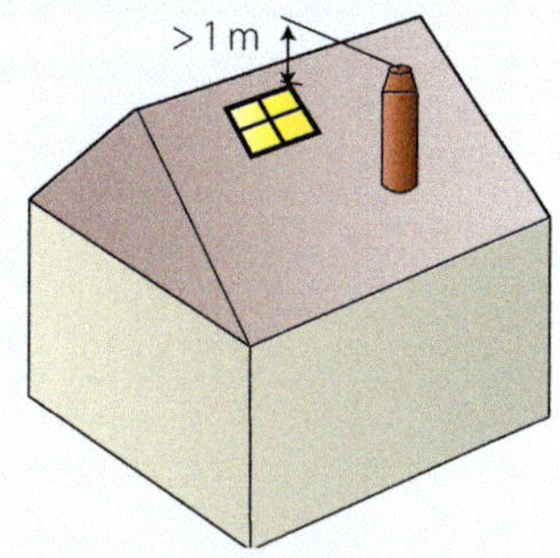

Además de lo expuesto antes, se han de tener presentes los siguientes casos:

Existen aberturas o ventanas situadas en el mismo tejado o cubierta donde esté ubicada la chimenea.

La distancia, medida sobre la superficie del tejado o cubierta, desde la chimenea hasta el punto más próximo de la abertura o ventana deberá ser mayor de:

2 m cuando la chimenea está situada por delante de la abertura en el sentido ascendente de la pendiente del tejado.

1 m cuando la chimenea está situada a los lados o detrás de la abertura o ventana en el sentido ascendente de la pendiente del tejado.

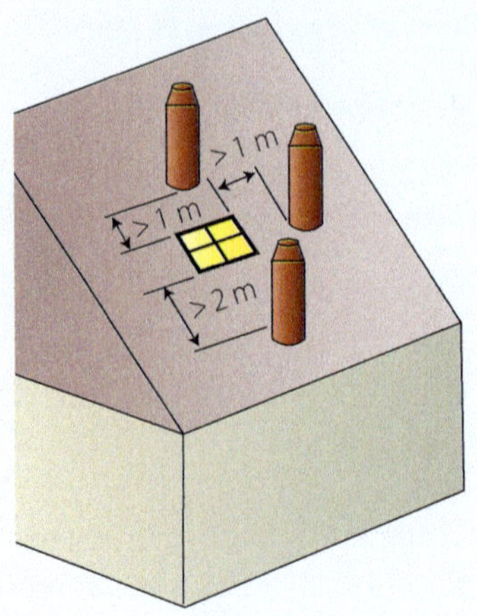

Consideraciones sobre vientos dominantes

En los dos casos anteriores han de tenerse en cuenta la dirección de los vientos dominantes en la zona, que en ningún caso deben provocar la entrada de humos en los locales habitables.

Medición, inspección y limpieza

Cuando se utilicen combustibles tipo 2 o 3, deberán habilitarse los accesos necesarios para que puedan realizarse adecuadamente la inspección y limpieza interior del conducto a lo largo de todo el trazado. Ello es especialmente importante en los combustibles sólidos debido a la formación de hollín, para ello se preverá un acceso cada 9 m en tramos horizontales y al menos un acceso en el tramo vertical.

La chimenea tendrá unos orificios de diámetro adecuado a la salida de cada uno de los aparatos, que permitan la entrada de la sonda o aparato de medida, debiendo mantenerse las condiciones de estanquidad y resistencia de las chimeneas.

Protección contra el ruido

En las chimeneas que funcionan con sobrepresión, por ejemplo las conectadas a grupos electrógenos o bombas contra incendios, la velocidad de salida de los gases de la combustión es muy elevada, lo que puede llegar a producir molestias por ruido.

En la tabla siguiente se indica la máxima velocidad de salida de los gases de la combustión en función del tipo de edificio:

Tipología del edificio	Velocidad máxima de gases [1]
Hospital	15 m/s
Residencial	25 m/s
Comercial	30 m/s
Industrial	35 m/s
1) Valores máximos de referencia obtenidos para chimeneas con aislamiento de lana de roca de 40 mm	

Tabla. Velocidad de los gases de combustión en función del tipo de edificio

Suportación de la chimenea

Estarán adecuadamente soportadas mediante anclajes fijados a la estructura del edificio o por las estructuras autoportantes.

Cuando la chimenea va fijada a una estructura se diseñará y construirá de acuerdo con la UNE 13084-1.

Si la chimenea va fijada a la entrada del edificio, esta debe ser capaz de soportar el peso y los esfuerzos laterales transmitidos; y si va por el exterior del mismo, deberá haber superado los ensayos de resistencia al viento según la normativa vigente.

Los anclajes a la pared deberán utilizarse de acuerdo con las instrucciones del fabricante, debiendo ser la distancia entre ellos inferior o igual a la máxima declarada por el fabricante y nunca superior a 4 m.

La altura de la chimenea sobre un anclaje de carga debe ser inferior o igual a la indicada por el fabricante.

La altura autoportante desde el anclaje más alto debe ser inferior o igual a la máxima declarada por el fabricante y nunca superior a 3 m, salvo que se utilicen vientos, mástiles o estructuras de acompañamiento, en cuyo caso se diseñarán con UNE-EN 13084-1.

La distancia horizontal entre el edificio y la superficie exterior de la chimenea debe ser igual o inferior a la indicada por el fabricante y nunca superior a 1 m, salvo que se utilicen estructuras de acompañamiento.

Ningún elemento de la chimenea debe estar sometido a un esfuerzo de compresión superior al máximo declarado por el fabricante.

Ninguna unión entre elementos debe estar sometida a un esfuerzo de tracción superior al indicado por el fabricante.

Salvo indicación del fabricante del aparato, este no debe soportar el peso de la chimenea.

Puesta en marcha de la instalación

Verificaciones a realizar en la puesta en marcha:

a. Que la chimenea y el conducto de unión tengan una designación de acuerdo con los requerimientos de la instalación.

b. Que en el proceso de montaje de la chimenea y el conducto de unión se han seguido las instrucciones del fabricante de la chimenea y de la caldera, así como las de esta norma.

c. Se debe comprobar la existencia y correcto dimensionado de las aberturas de ventilación del local de ubicación de la caldera.

d. Se comprobará el dimensionado de la chimenea de acuerdo con las normas UNE-EN 13384-1, UNE-EN 13384-2 o el anexo de esta norma.

e. Una vez puesta en marcha la instalación y con el generador funcionando a la potencia máxima nominal, y alcanzando la temperatura máxima de funcionamiento del generador y un régimen de temperatura estable en la chimenea se debe comprobar:

1. Que existe tiro necesario.

2. Que la temperatura de salida de humos es inferior o igual a la clase de temperatura de la designación de la chimenea.

3. La estanquidad a los humos y condensados.

4. Que la temperatura de la pared exterior no supera el valor máximo establecido en la tabla siguiente (UNE 1856-1):

Material de la superficie exterior	Temperatura máxima admisible ºC
Metal - desnudo (sin revestimiento)	70
Metal - pintado	80
Metal - esmaltado	86
Metal - recubierto de plástico	90
Nota: los valores de esta tabla se basan en los criterios de la EN 563 referidos a un umbral de quemaduras 1 s	

En caso de instalaciones de chimeneas colectivas de entrada múltiple, estas mediciones se realizarán en todas y cada una de las calderas en funcionamiento y en las tres situaciones siguientes, debiéndose cumplir el orden de realización establecido:

1. Con la caldera del piso más bajo funcionando a la potencia nominal máxima, y una vez alcanzada la temperatura de funcionamiento del generador y el resto apagadas.

2. Con la caldera del piso más alto funcionando a la potencia nominal máxima y una vez alcanzada la temperatura de funcionamiento del generador y el resto apagadas.

3. Con todas las calderas funcionando a la máxima potencia nominal y una vez alcanzada la temperatura de funcionamiento de los generadores.

En caso de instalaciones de chimeneas colectivas con calderas en cascada, estas mediciones se realizarán en todas y cada una de las calderas en funcionamiento y en las dos situaciones siguientes:

1. Con la caldera más alejada de la vertical funcionando a potencia nominal máxima y una vez alcanzada la temperatura máxima de funcionamiento de los generadores y el resto apagadas.

2. Con todas las calderas funcionando a la potencia máxima nominal, y una vez alcanzada la temperatura máxima de funcionamiento de los generadores.

f. Se debe emitir el correspondiente certificado de puesta en marcha una vez que se ha verificado todo lo anteriormente expuesto.

Placa de chimenea

Una vez finalizada la instalación debe colocarse una placa en la chimenea en sitio visible como en la figura siguiente:

Fabricante:	
Designación:	
Diámetro:	
Instalador:	nombre
	dirección
	teléfono
Fecha de instalación:	

La placa es suministrada por el fabricante de la chimenea y cumplimentada por el instalador antes de su colocación. Estará grabada o impresa de forma indeleble y con material duradero.

Mantenimiento

Como mínimo cada año se realizarán las siguientes acciones de mantenimiento:

- Limpieza del conducto de unión y de la chimenea, cuando se utilicen combustibles líquidos o sólidos. La periodicidad de la limpieza viene determinada por el grado de acumulación del hollín, del tipo de generador, del combustible y de las horas de funcionamiento de la instalación.
- Se debe verificar especialmente en chimeneas en sobrepresión, que mantienen las condiciones iniciales de estanquidad del sistema, especial atención tendrán los puntos de unión.

Cálculo de la chimenea

Datos para el proyecto

Los datos necesarios para efectuar el cálculo de la sección de la chimenea son:

- características geométricas de la chimenea (longitud, tipo y número de piezas especiales, ancho, alto),
- materiales de construcción de la chimenea y sus características térmicas,
- altitud sobre el nivel del mar,
- temperatura seca del aire del ambiente exterior,
- dirección de los vientos dominantes,
- características del combustible empleado,
- potencia útil del generador y rendimiento,
- caudal másico de los productos de la combustión,
- contenido de anhídrido carbónico en los gases,
- presión disponible a la salida del generador.

Caudal de los productos de la combustión

Caudal másico

Al caudal másico de los gases de combustión procedentes del generador hay que añadir el caudal másico del aire que entra por el cortatiros. Para el cálculo se considerará el caudal másico del aire que entra por el cortatiros como la mitad del caudal másico de los gases de combustión.

El caudal másico de los gases de combustión podrá calcularse, con muy buena aproximación, mediante la siguiente expresión:

$$\dot{m} = 1,2 \times \left(PF + e \times PC\right) \times \frac{P}{\eta \times PCI}$$

Donde:

$\dot{m}$; caudal másico, expresado en kg/s

PF; poder fumígeno (cantidad de gases resultante de la combustión con aire estequiométrico de una unidad de masa o volumen de combustible líquido o sólido o bien gaseoso, respectivamente

PC; poder comburívoro (cantidad estequiométrica de aire seco necesario para la combustión completa de una unidad de masa o volumen de combustible, referida a las condiciones normalizadas), medido en Nm^3/kg o Nm^3/Nm^3, según se trate de combustible líquido o sólido o bien gaseoso, respectivamente

η; rendimiento total del generador, referido al PCI del combustible (adimensional)

PCI; poder calorífico inferior del combustible, medido en kJ/kg o kJ/Nm^3 según se trate de combustible líquido o sólido o bien gaseoso, respectivamente

P; potencia térmica útil del generador, expresada en kW

e; exceso de aire que se calcula con la expresión: $e = \left(\dfrac{CO_{2\,máx}}{CO_2} - 1 \right) \times C_c$

Donde:

$CO_{2\,máx}$; contenido máximo teórico de dióxido de carbono en los humos, que depende del tipo de combustible

CO_2; contenido medio de dióxido de carbono en los humos, que depende del régimen de funcionamiento del generador

C_c; coeficiente corrector del exceso de aire

En los anexos B y C se encuentran valores prácticos de las características de algunos combustibles y datos de funcionamiento de generadores de calor, respectivamente.

Caudal másico del aire: $\dot{m}_a = \dot{m} \times 0,5$ (A.3)

Caudal másico unitario (por caldera): $\dot{m}_u = \dot{m} + \dot{m}_a$ (A.4)

Caudal másico total: $\dot{m}_t = \dot{m}_u \times n$ (A.5)

Donde:

$\dot{m}$; caudal másico de los gases de combustión de cada generador, en kg/s

$\dot{m}_a$; caudal másico del aire que entra por el cortatiros de cada uno de los generadores, en kg/s

n; número de generadores conectados al conducto principal y cuyos caudales confluyen en el punto de referencia de cálculo

$\dot{m}_u$; caudal másico unitario de los humos, producido por cada uno de los generadores, en kg/s

$\dot{m}_t$; caudal másico total de todos generadores, expresado en kg/s

Caudal volumétrico

Para calcular el caudal volumétrico de los humos, expresado en m^3/s, se utilizarán las siguientes ecuaciones:

Caudal volumétrico unitario de los humos (por caldera): $v_u = \dfrac{m_u}{\rho_{ec}}$ (A.6)

Caudal volumétrico total: $v_t = \dfrac{m_t}{\rho_{hm}}$ (A.7)

Densidad de los humos unitario y total: $\rho_{hm} = \dfrac{101.325 \times \left(1 - 0{,}000012 \times A\right)}{R \times T_{hm}}$ (A.8)

Donde:

A; altitud sobre el nivel del mar, expresada en m

R; constante de elasticidad de los humos, expresada en J/(kg · K)

T_{hm}; temperatura media de los humos, en K

La constante de elasticidad de los humos, definida como relación entre la constante universal de los gases y el peso medio ponderal molecular del gas, se indica en el anexo B.

Temperatura de los productos de la combustión

Temperaturas

Conocidas las temperaturas de salida de los gases de la caldera y la temperatura del aire que entra por el cortatiros, podemos calcular la temperatura de los humos en el cortatiros de la siguiente forma:

Temperaturas en el cortatiros: $T_{ec} = \dfrac{m \times C_p \times T_{sg} + m_a \times C_{pa} \times T_a}{m \times C_p + m_a \times C_{pa}}$ (A.9)

Temperaturas de salida y temperatura media de un tramo:

Conocida la temperatura de entrada de los humos en un tramo de una chimenea T_{he}, puede calcularse la temperatura a la salida del tramo en cuestión T_{hs}, y la temperatura media T_{hm}

en el tramo, mediante las ecuaciones:

$T_{hs} = T_a + \left(T_{he} - T_a\right) \times e - f_e$ (A.10)

$T_{hm} = T_a + \dfrac{T_{he} - T_a}{f_e} \times \left(1 - e - f_e\right)$ (A.11)

Donde las temperaturas pueden expresarse en K o en ºC.

El factor enfriamiento f_e se calcula con: $f_e = \dfrac{U \times S_i}{C_p \times \dot{m}}$ (A.12)

Donde:

U; coeficiente global de transmisión de calor de la pared de la chimenea, expresado en W/(m² · K)

S_i; área de la superficie interior de la chimenea, en m²

C_p; calor específico a presión constante de los humos, expresado en J/(kg·K), que puede calcularse mediante las ecuaciones indicadas en el capítulo C.6 en función de la temperatura media y del contenido de CO_2 de los humos

Parte 1: Chimeneas que se utilizan con un único aparato

Campo de aplicación

Los métodos de cálculo de esta norma son válidos para chimeneas con presión positiva o negativa con condiciones de servicio en húmedo o en seco.

Método de cálculo con conductos de humos no equilibrados

Para el cálculo de la sección transversal de las chimeneas con presión negativa (depresión) se basa en los cuatro criterios siguientes:

- El tiro mínimo a la entrada de humos en la chimenea debe ser ≥ que P_{ze} (tiro mínimo necesario a la entrada de humos en la chimenea).
- El tiro mínimo a la entrada de humos en la chimenea debe ser ≥ que P_B (resistencia a la presión efectiva del suministro de aire).
- El tiro máximo a la entrada de los humos en la chimenea debe ser ≤ que $P_{z\,máx}$ (tiro máximo permitido a la entrada de humos de la chimenea).
- La temperatura de la pared interior en la salida de la chimenea será ≥ que T_g (límite de temperatura de la pared).

Para las chimeneas en presión positiva (sobrepresión) el cálculo de su sección transversal se basa en los cuatro criterios siguientes:

- La presión positiva máxima en la entrada de humos de a chimenea será ≤ que P_{zoe} (diferencia de presión máxima a la entrada de la chimenea).
- La presión positiva en el tramo del conducto de unión y la chimenea debe ser mayor que la sobrepresión para la que se diseñó el conducto.
- La presión positiva máxima a la entrada de humos en la chimenea será ≥ que P_{zoe} (diferencia de presión máxima a la entrada de la chimenea).
- La temperatura de la pared interior a la salida de la chimenea será ≥ que T_g (límite de temperatura de la pared).

Con el fin de verificar los criterios anteriores se utilizan dos series de condiciones exteriores:

- El cálculo de la presión (tiro) se hace con condiciones para las cuales la capacidad de la chimenea es mínima (temperatura exterior alta).
- El cálculo de la temperatura de la pared interior se hace con condiciones para las cuales la temperatura interior de la chimenea es mínima (temperatura exterior baja).

Requisitos de presión

Chimeneas de presión negativa (en depresión)

Deben verificarse las relaciones siguientes:

$$P_Z = P_H - P_R - P_L \geq P_W + P_{FV} + P_B = P_{ze} \text{ en Pa}$$

$P_Z = P_B$ en Pa

y si procede: $P_{z\,máx} = P_H - P_R \leq P_{W\,máx} + P_{FV} + P_B = P_{ze\,máx}$ en Pa

Donde:

P_B: resistencia de presión (caída de presión) efectiva del suministro de aire, Pa

P_{FV}: resistencia a la presión efectiva del tramo del conducto de unión, Pa

P_H: tiro teórico disponible debido al efecto de chimenea, Pa

P_L: presión del viento, Pa

P_R: resistencia de presión de la chimenea, Pa

P_w: tiro mínimo para el aparato de calefacción, Pa

$P_{w\,máx}$: tiro máximo del aparato de calefacción, Pa

P_z: tiro a la entrada de los humos en la chimenea, Pa

$P_{z\,máx}$: tiro máximo a la entrada de los humos en la chimenea, Pa

P_{ze}: tiro necesario a la entrada de los humos en la chimenea, Pa

$P_{ze\,máx}$: tiro máximo permitido a la entrada de humos de la chimenea, Pa

Chimeneas de presión positiva (en sobrepresión)

Deben verificarse las relaciones siguientes:

$P_{ZO} = P_R - P_H + P_{LPwo} \leq P_{wo} - P_B - P_{FV} = P_{zoe}$ en Pa

$P_{ZO} \leq P_{zv\,excess}$ en Pa

$P_{ZO} + P_{FV} \leq P_{zv\,excess}$ en Pa

y si procede: $P_{zo\,mín} = P_R - P_H \geq P_{wo\,mín} - P_B - P_{FV} = P_{zoe\,mín}$ en Pa

Donde:

P_{wo}: presión diferencial máxima del aparato de calefacción, Pa

$P_{wo\,mín}$: diferencia de presión mínima del aparato de calefacción, Pa

P_{zo}: presión positiva a la entrada de humos en la chimenea, Pa

$P_{zo\,mín}$: presión positiva mínima a la entrada de humos en la chimenea, Pa

P_{zoe}: diferencia de presión máxima a la entrada de humos en la chimenea, Pa

$P_{zoe\,mín}$: diferencia de presión mínima a la entrada de humos en la chimenea, Pa

$P_{z\,excess}$: presión máxima permitida de la chimenea, Pa

$P_{zv\,excess}$: presión máxima permitida para el diseño del conducto de unión, Pa

Requisitos de temperatura

Debe verificarse la relación siguiente: $T_{iob} \geq T_g$ en K

Donde:

T_{iob}: temperatura de la pared interior en la salida de la chimenea en régimen de temperatura, K

T_{ig}; límite de temperatura, K

Si la chimenea tiene un aislamiento adicional por encima del tejado, debe verificarse también la relación siguiente:

$$T_{irb} \geq T_g \text{ K}$$

Donde:

T_{irb}; temperatura de la pared interior inmediatamente antes del aislamiento, K

El límite de temperatura T_{ig} de las chimeneas con condiciones de funcionamiento en seco debe tomarse igual a la temperatura de condensación de los humos T_{isp}.

Los límites de temperatura T_{ig} de las chimeneas con condiciones de funcionamiento en húmedo deben tomarse igual a 273,15 K, que previene la formación de hielo en la salida de la chimenea.

Para las chimeneas que funcionan en condiciones húmedas, la comparación no es necesaria si el valor de la temperatura del aire ambiente inmediatamente antes del aislamiento adicional es $\geq$ 0 ºC.

La comparación de la temperatura de la pared interior antes del aislamiento adicional T_{irb} con la temperatura límite admisible de los humos T_g no es necesaria si el valor de la resistencia térmica del aislamiento adicional no supera 0,1 m² k/W.

> **Para el procedimiento de cálculo de los parámetros anteriores recomendamos consultar la UNE.**

Resumen NTE ISH 1974
Humos y gases. Diseño

1. Ámbito de aplicación

Instalaciones para evacuación de humos o gases resultantes de la combustión en aparatos para calefacción y/o agua caliente, instalados en edificios, de uso no industrial, con un máximo de 20 plantas.

2. Información previa

2.1 De proyecto

Plantas y secciones del edificio, con indicación exacta del tipo y situación de los aparatos de combustión.

Potencia calorífica de los aparatos instalados, según las NTE:

- IFC Instalaciones de Fontanería. Agua caliente.
- ICR Instalaciones de Calefacción. Radiación.
- ICC Instalaciones de Climatización. Calderas.

Tipo de combustible utilizado por los aparatos de combustión.

3. Criterios de diseño

1. Se conectarán a chimenea mediante conductos de evacuación:

a. Los aparatos de combustión en instalación fija que utilicen combustible que en el momento de la combustión se encuentre en estado sólido o líquido.

b. Los aparatos de combustión en instalación fija que utilicen combustible, que en el momento de la combustión se encuentre en estado gaseoso, a excepción de los aparatos que se citan a continuación, siempre que el local donde estén instalados cumpla la NTE-ISV Instalaciones de Salubridad. Ventilación.

2. No será necesario conectar a chimenea los siguientes aparatos:

- Aparatos domésticos de cocción.
- Máquinas de lavar ropa y vajilla, con una potencia calorífica menor de 7.500 kcal/h.
- Calentadores de agua instantáneos, de funcionamiento intermitente, de potencia calorífica útil menor de 7.500 kcal/h, con una producción máxima de agua caliente de 5 l/min.
- Aparatos fijos de calefacción, de potencia calorífica menor de 4.000 kcal/h.
- Refrigeradores y otros aparatos domésticos cuya potencia calorífica sea menor de 2.000 kcal/h.

3. Toda instalación de evacuación de humos y gases constará de:

a. Conducto de evacuación. Unirá el aparato productor de humos o gases con la chimenea. Será recto y vertical en una longitud no menor de 20 cm medida desde el cortatiro del aparato. La acometida a la chimenea se realizará mediante un tramo con una inclinación no menor del 3 % y una longitud horizontal no mayor de 3 m que tendrá como punto más bajo el de la unión con el tramo vertical. Cuando los conductos de evacuación atraviesen paredes o techos de madera u otro material combustible, el orificio de paso será de diámetro superior en 10 cm al del conducto y el paso se protegerá con material incombustible. No podrá disponer de elementos de regulación de tiro.

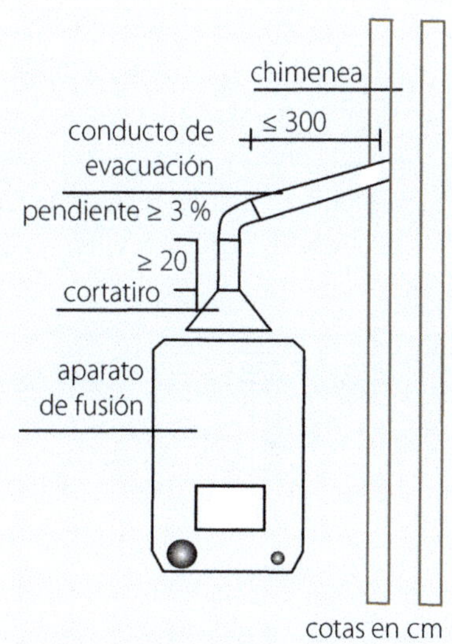

b. Chimenea. Recogerá los humos o gases procedentes de uno o más conductos de evacuación, para su expulsión al exterior. Las chimeneas serán de recorrido vertical y servirán para la evacuación de humos y gases, no debiendo acometer simultáneamente a la misma chimenea humos o gases procedentes de tipos distintos de combustibles.

4. Toda instalación de evacuación de humos y gases se ajustará a uno de los siguientes esquemas:

A. Esquema de evacuación unitario: constituido por una chimenea de un solo conducto colector al que acomete un solo conducto de evacuación de humos y gases procedentes de aparatos de combustión.

Para calefacción y/o agua caliente, cuya potencia calorífica sea superior a 26.000 kcal/h para combustible sólido y 40.000 kcal/h para combustible líquido o gaseoso (figura adjunta).

B. Esquema de evacuación múltiple: constituido por una chimenea de uno o más conductos colectores a los que acometen uno o más conductos de evacuación de humos o gases procedentes de aparatos de combustión para calefacción y/o agua caliente, cuya potencia calorífica sea superior a 26.000 kcal/h para combustible sólido y 40.000 kcal/h para combustible líquido o gaseoso.

B-1. La chimenea estará formada por tantos conductos colectores como conductos de evacuación acometen a ella. Cada conducto colector de la chimenea solo admitirá una acometida y desembocará directamente en el exterior del edificio.

B-2. La chimenea estará formada por tantos conductos colectores como conductos de evacuación acometen a ella. Cada conducto auxiliar de la chimenea solo admitirá una acometida y desembocará en un conducto colector, que saldrá directamente al exterior del edificio. Cada conducto colector admitirá un máximo de siete acometidas de conductos auxiliares, correspondientes a siete acometidas de plantas sucesivas.

B-3. La chimenea estará formada por tantos conductos colectores como conductos de evacuación acometen a ella. Cada conducto auxiliar de la chimenea solo admitirá una acometida y desembocará en un conducto colector, que saldrá directamente al exterior del edificio. Cada conducto colector admitirá un máximo de cuatro acometidas de conductos auxiliares, correspondientes a cuatro acometidas de plantas alternadas.

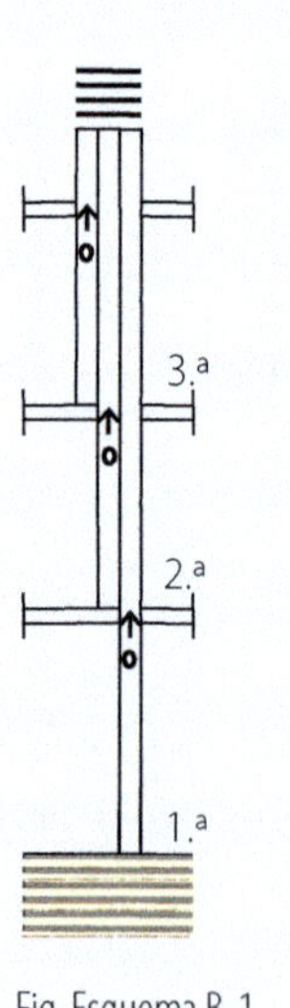

Fig. Esquema B-1

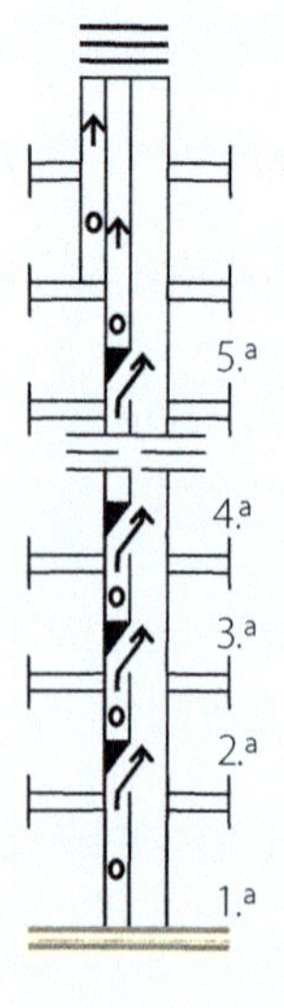

Fig. Esquema B-2

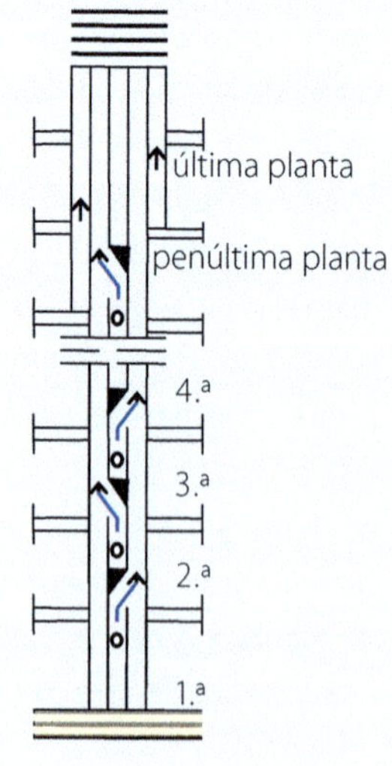

Fig. Esquema B-3

5. La elección del esquema se efectuará en el cuadro siguiente en función del número de plantas servidas, del tipo de combustible empleado y de la potencia calorífica del aparato de combustión.

Número de plantas	Tipo de combustible	Potencia calorífica en kcal/h	Esquema
1 a 3	Sólido	hasta 26.000	B-1
		más de 26.000	A
	Líquido o gas	hasta 40.000	B-1
		más de 40.000	A
4 a 20	Sólido	hasta 13.000	B-2
		de 13.000 a 26.000	B-3
		más de 26.000	A
	Líquido o gas	hasta 20.000	B-2
		de 20.000 a 40.000	B-3
		más de 40.000	A

6. La especificación correspondiente al tipo de chimenea a utilizar en el esquema B se determina en el cuadro adjunto, en función del número de plantas servidas, del tipo de combustible empleado y del esquema correspondiente.

Tipo de combustible	Esquema	N.º de plantas servidas																			
		1	2	3	4	5	6	7	8	9	10	11	12	13	14	15	16	17	18	19	20
Sólido	B-1	ISH-21																			
	B-2				ISH-23					ISH-24						ISH-25					
	B-3				ISH-29						ISH-30									ISH-31	
Gas	B-1	ISH-22																			
	B-2				ISH-26					ISH-27						ISH-28					
	B-3				ISH-32						ISH-33									ISH-34	

7. Las chimeneas se situarán preferentemente agrupadas en núcleos y de manera que su salida al exterior quede lo más cerca posible del punto más alto de la cubierta.

8. Los remates sobre cubierta de varias chimeneas se alinearán perpendicularmente a la dirección de los vientos dominantes.

9. Las chimeneas unitarias serán autoportantes y se cimentarán directamente sobre el terreno. Irán rematadas con un sombrerete, siempre que la potencia calorífica del aparato de combustión al que sirven sea menor de 100.000 kcal/h. En el remate sobre cubiertas llevarán incorporado un tubo de registro para la toma de muestras de humos y gases.

10. Las chimeneas múltiples apoyarán en los forjados, que serán capaces de resistir la carga transmitida por las piezas de apoyo. La carga máxima transmitida a cada forjado, no superará la correspondiente

a 3,50 m de altura de la chimenea. En el remate sobre cubierta deberán resistir además el esfuerzo de viento transmitido por la chimenea. Irán rematadas con un aspirador estático según la NTE-ISV Instalaciones de Salubridad. Ventilación.

11. La distancia entre un conducto de evacuación de humos o gases y una tubería de gas será como mínimo de 5 cm.

Especificación	Símbolo	Aplicación
ISH-16 Conducto de evacuación colocado-D		Se utilizará para la conducción de humos o gases desde los aparatos de combustión hasta la chimenea. Será recto y vertical en una longitud no menor de 20 cm, medidos desde el cortatiro del aparato. La acometida a la chimenea se realizará mediante un tramo con una inclinación no menor del 3 % y una longitud no mayor de 3 m, que tendrá como punto más bajo el de unión con el tramo vertical. Cuando los conductos de evacuación atraviesan paredes o techos de madera u otro material combustible, el orificio de paso será de diámetro superior en 10 cm al del conductor y el paso se protegerá con material incombustible. No podrá disponer de elementos de regulación de tiro.
ISH-17 Chimenea unitaria interior de bloques de hormigón -ABHFGPQR		Se utilizará en el interior de edificios para la evacuación de humos o gases procedentes de una sola acometida en instalaciones de calefacción y/o agua caliente con potencias caloríficas superiores a 26.000 kcal/h para combustible sólido o 40.000 kcal/h para combustible líquido o gaseoso. Se aplicará para dimensiones interiores A × B no mayores de 60 × 60 cm.
ISH-18 Chimenea unitaria exterior de bloques de hormigón -ABHFGPQR		Se utilizará, en el exterior de los edificios y en el interior de patios o patinillos, para la evacuación de humos o gases procedentes de una sola acometida en instalaciones de calefacción y/o agua caliente con potencias caloríficas superiores a 26.000 kcal/h para combustible sólido o 40.000 kcal/h para combustible líquido o gaseoso. Se aplicará para dimensiones interiores A × B no mayores de 60 × 60 cm.
ISH-19 Chimenea unitaria interior de ladrillo -ABHFGPQR		Se utilizará en el interior de edificios para la evacuación de humos o gases procedentes de una sola acometida en instalaciones de calefacción y/o agua caliente con potencias caloríficas superiores a 26.000 kcal/h para combustible sólido o 40.000 kcal/h para combustible líquido o gaseoso. Se aplicará para dimensiones interiores C × D no superiores a 90 × 90 cm.
ISH-20 Chimenea unitaria exterior de ladrillo -ABHFGPQR		Se utilizará, en el exterior de los edificios y en el interior de patios o patinillos, para la evacuación de humos o gases procedentes de una sola acometida, en instalaciones de calefacción y/o agua caliente con potencias caloríficas superiores a 26.000 kcal/h para combustible sólido o 40.000 kcal/h para combustible líquido o gaseoso. Se aplicará para dimensiones interiores C × D no mayores de 90 × 90 cm.

Especificación	Símbolo	Aplicación
ISH-21 Chimenea múltiple para combustible sólido desde 1 hasta 3 plantas-H×N		Se utilizará para la evacuación de humos procedentes de la combustión de productos sólidos, en instalaciones de calefacción y/o agua caliente con una potencia calorífica inferior a 26.000 kcal/h, en edificios con un máximo de tres plantas, con una sola acometida por planta servida.
ISH-22 Chimenea múltiple para combustible gas desde 1 hasta 3 plantas-H×N		Se utilizará para la evacuación de gases procedentes de la combustión de productos gaseosos, en instalaciones de calefacción y/o agua caliente con una potencia calorífica inferior a 40.000 kcal/h, en edificios con un máximo de tres plantas, con una sola acometida por planta servida.
ISH-23 Chimenea múltiple para combustible sólido con acometidas sucesivas desde 4 hasta 8 plantas-H×N		Se utilizará para la evacuación de humos procedentes de la combustión de productos sólidos, en instalaciones de calefacción y/o agua caliente con una potencia calorífica inferior a 26.000 kcal/h, en edificios de cuatro a ocho plantas con acometidas sucesivas y una sola acometida por planta servida.
ISH-24 Chimenea múltiple para combustible sólido con acometidas sucesivas desde 9 hasta 14 plantas-H×N		Se utilizará para la evacuación de humos procedentes de la combustión de productos sólidos, en instalaciones de calefacción y/o agua caliente con una potencia calorífica inferior a 26.000 kcal/h, en edificios de nueve a catorce plantas con acometidas sucesivas y una sola acometida por planta servida.
ISH-25 Chimenea múltiple para combustible sólido con acometidas sucesivas desde 15 hasta 20 plantas-H×N		Se utilizará para la evacuación de humos procedentes de la combustión de productos sólidos, en instalaciones de calefacción y/o agua caliente con una potencia calorífica inferior a 26.000 kcal/h, en edificios de quince a veinte plantas con acometidas sucesivas y una sola acometida por planta servida.
ISH-26 Chimenea múltiple para combustible gas con acometidas sucesivas desde 4 hasta 8 plantas-H×N		Se utilizará para la evacuación de gases procedentes de la combustión de productos gaseosos, en instalaciones de calefacción y/o agua caliente con una potencia calorífica inferior a 40.000 kcal/h, en edificios de cuatro a ocho plantas con acometidas sucesivas y una sola acometida por planta servida.
ISH-27 Chimenea múltiple para combustible gas con acometidas sucesivas desde 9 hasta 14 plantas-H×N		Se utilizará para la evacuación de gases procedentes de la combustión de productos gaseosos, en instalaciones de calefacción y/o agua caliente con una potencia calorífica inferior a 40.000 kcal/h, en edificios de nueve a catorce plantas con acometidas sucesivas y una sola acometida por planta servida.

Especificación	Símbolo	Aplicación
ISH-25 Chimenea múltiple para combustible gas con acometidas sucesivas desde 15 hasta 20 plantas-HxN		Se utilizará para la evacuación de gases procedentes de la combustión de productos gaseosos, en instalaciones de calefacción y/o agua caliente con una potencia calorífica inferior a 40.000 kcal/h, en edificios de quince a veinte plantas con acometidas sucesivas y una sola acometida por planta servida.
ISH-29 Chimenea múltiple para combustible sólido con acometidas alternadas desde 4 hasta 10 plantas-HxN		Se utilizará para la evacuación de humos procedentes de la combustión de productos sólidos, en instalaciones de calefacción y/o agua caliente con una potencia calorífica inferior a 26.000 kcal/h, en edificios de cuatro a diez plantas con acometidas alternadas y una sola acometida por planta servida.
ISH-30 Chimenea múltiple para combustible sólido con acometidas alternadas desde 11 hasta 18 plantas-HxN		Se utilizará para la evacuación de humos procedentes de la combustión de productos sólidos, en instalaciones de calefacción y/o agua caliente con una potencia calorífica inferior a 26.000 kcal/h, en edificios de once a dieciocho plantas con acometidas alternadas y una sola acometida por planta servida.
ISH-31 Chimenea múltiple para combustible sólido con acometidas alternadas desde 19 hasta 20 plantas-HxN		Se utilizará para la evacuación de humos procedentes de la combustión de productos sólidos, en instalaciones de calefacción y/o agua caliente con una potencia calorífica inferior a 26.000 kcal/h, en edificios de diecinueve a veinte plantas con acometidas alternadas y una sola acometida por planta servida.
ISH-32 Chimenea múltiple para combustible gas con acometidas alternadas desde 4 hasta 10 plantas-HxN		Se utilizará para la evacuación de gases procedentes de la combustión de productos gaseosos, en instalaciones de calefacción y/o agua caliente con una potencia calorífica inferior a 40.000 kcal/h, en edificios de cuatro a diez plantas con acometidas alternadas y una sola acometida por planta servida.
ISH-33 Chimenea múltiple para combustible gas con acometidas alternadas desde 11 hasta 18 plantas-HxN		Se utilizará para la evacuación de gases procedentes de la combustión de productos gaseosos, en instalaciones de calefacción y/o agua caliente con una potencia calorífica inferior a 40.000 kcal/h, en edificios de once a dieciocho plantas con acometidas alternadas y una sola acometida por planta servida.
ISH-34 Chimenea múltiple para combustible gas con acometidas alternadas desde 19 hasta 20 plantas-HxN		Se utilizará para la evacuación de gases procedentes de la combustión de productos gaseosos, en instalaciones de calefacción y/o agua caliente con una potencia calorífica inferior.

4. Planos de obra

escala

ISH-Plantas

Se representará por un símbolo en cada planta del edificio la sección horizontal correspondiente de la chimenea, expresando las dimensiones interiores y exteriores de la misma y el número de la planta correspondiente.

En la planta de cubierta se representará la situación del remate de la chimenea con indicación del parámetro H.

1:100

En la planta en que vaya situada una compuerta de limpieza quedará definido el acceso a esta.

ISH-Secciones

Se darán las secciones acotadas necesarias para definir todos los elementos de la chimenea.

1:100

ISH- Detalles

Se representarán gráficamente todos los detalles de elementos para los cuales no se hayan adoptado o no exista especificación NTE.

1:20

5. Esquema

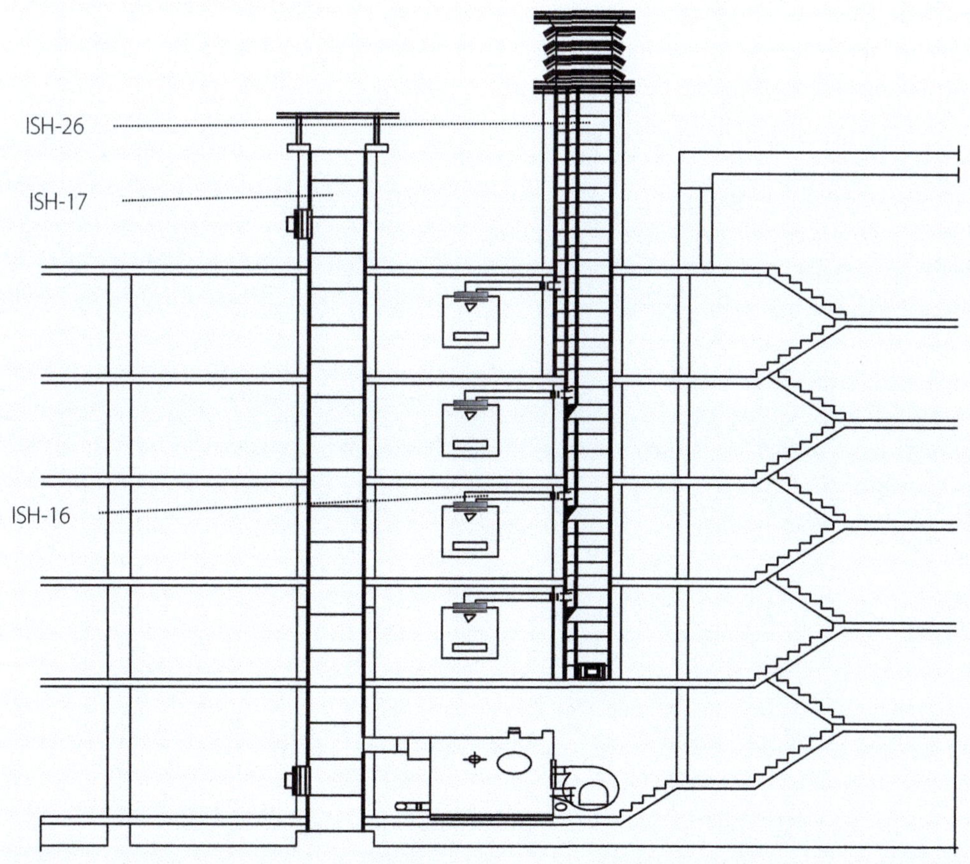

1. Cálculo de la altura libre H sobre cubierta

La altura libre H sobre cubierta de las chimeneas unitarias y múltiples se determina en las tablas 1 y 2 según se trate de azotea o tejado.

Azotea

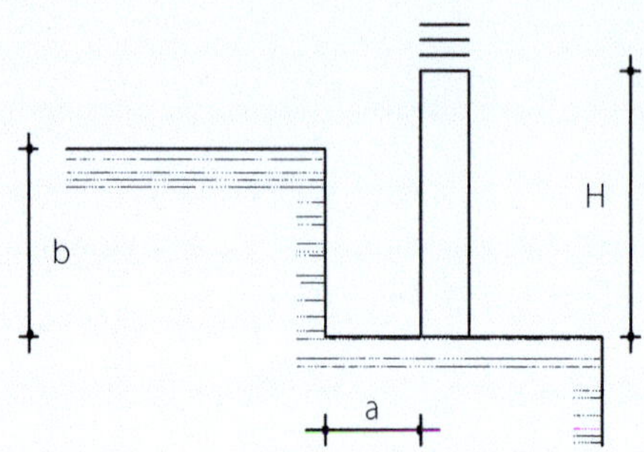

La altura libre H se determina en la tabla 1 en función de la distancia a en metros de la chimenea a la obstrucción y de la altura b de la obstrucción.

En el caso de que aparezca más de una obstrucción, se calculará H para cada uno de los casos y se tomará el valor superior.

Tabla 1		Altura b en m de la obstrucción						
		0,00	0,50	1,00	1,50	2,00	2,50	3,00
Distancia en metros de la chimenea a la obstrucción	hasta							
	2,50	1,10	1,60	2,10	2,60	*	*	*
	3,00	1,10	1,55	2,00	2,50	3,00	*	*
	4,00	1,10	1,50	1,90	2,30	2,75	*	*
	5,00	1,10	1,45	1,80	2,15	2,50	2,80	*
	6,00	1,10	1,40	1,65	1,95	2,25	2,50	2,80
	7,00	1,10	1,30	1,55	1,75	2,00	2,20	2,40
	8,00	1,10	1,25	1,40	1,55	1,75	1,90	2,00
	Altura H en m							

* Altura excesiva. Es aconsejable volver a estudiar la situación de la chimenea, con respecto a la obstrucción.

Tejado

La altura libre H se determina en la tabla 2 en función de la distancia a en metros de la chimenea a la cumbre y del ángulo α en grados de inclinación del tejado.

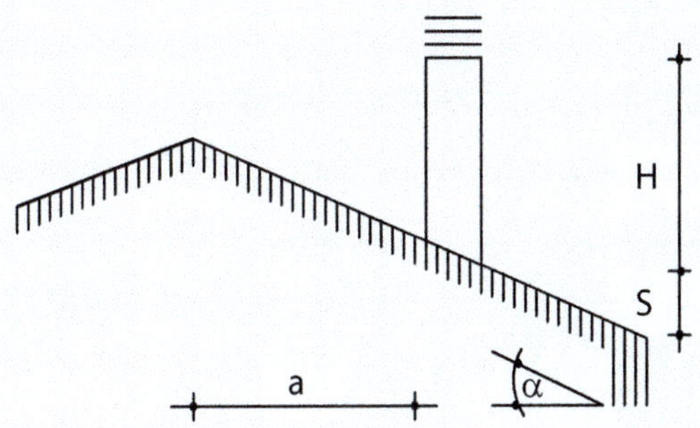

Tabla 2		Distancia a en m de la chimenea a la cumbre					
		0,00	0,50	1,00	1,50	2,00	más de 2,00
Ángulo α en grados de inclinación del tejado	5° a 10°	1,10	1,20	1,30	1,35	1,45	1,55
	11° a 20°	1,10	1,30	1,45	1,65	1,85	2,00
	21° a 30°	1,10	1,40	1,70	2,00	2,25	2,55
	31° a 40°	1,10	1,50	1,95	2,35	2,75	*
	40° a 50°	1,10	1,70	2,30	2,90	*	*
	50° a 60°	1,10	1,95	2,85	*	*	*
	Altura H en m						

* Altura excesiva. Es aconsejable volver a estudiar la situación de la chimenea, con respecto a la cumbrera.

2. Cálculo de las dimensiones interiores de las chimeneas unitarias

Las dimensiones interiores A y B en cm en bloques prefabricados de hormigón y C y D en cm en fábrica de ladrillo, las dimensiones F y G en cm de la compuerta metálica de registro y las dimensiones P, Q y R en cm del sombrerete se determinan en la tabla 3 (I, II, III), en función de la altura total de la chimenea en m y de la potencia calorífica del aparato de combustión en miles de kcal/h.

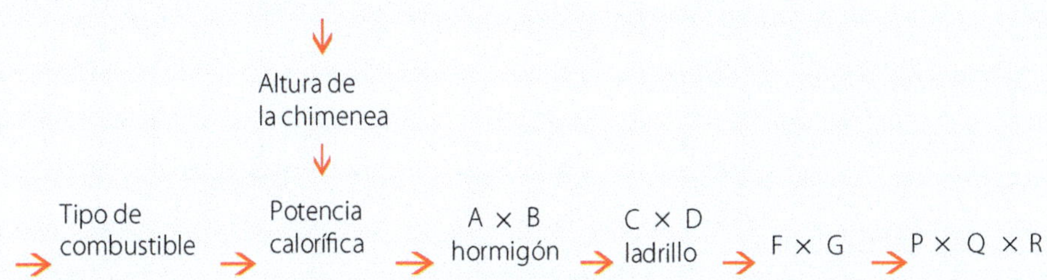

Altura total de la chimenea en m															A×B		C×D		F×G		P×Q×R		
4	8	12	16	20	24	28	32	36	40	44	48	52	56	60	cm		cm		cm		cm		
40	56	65	75	85	95	100	110	115	120	130	140	145	150	155	20	20	18	26	30	18	34	37	26
56	65	80	100	110	115	125	140	155	165	175	185	195	205	210	30	20	26	26	30	18	34	37	37
75	100	125	150	175	200	215	225	237	250	262	275	287	300	300	30	30	32	26	30	18	38	46	37
100	150	175	200	225	250	275	300	325	350	365	380	390	400	400	40	30	40	26	30	18	44	57	37
140	200	240	270	300	340	370	400	420	450	470	485	500	520	530	40	40	40	40	30	18	0	0	0
175	250	300	350	400	440	470	500	540	570	600	625	650	675	700	50	40	51	40	30	18	0	0	0
200	300	375	450	500	550	600	630	670	720	750	775	800	825	850	50	50	51	51	60	50	0	0	0
250	350	450	525	600	650	700	750	800	850	900	930	960	990	1.000	60	50	65	51	60	50	0	0	0
350	450	550	650	720	780	850	900	950	1.000	1.050	1.100	1.140	1.170	1.200	60	60	76	51	60	50	0	0	0
400	500	600	700	800	880	960	1.030	1.080	1.150	1.200	1.250	1.300	1.350	1.400	→	→	65	65	60	50	0	0	0
500	610	730	850	950	1.030	1.120	1.200	1.300	1.360	1.440	1.510	1.580	1.640	1.700	→	→	76	65	60	50	0	0	0
600	700	800	900	1.000	1.100	1.200	1.300	1.400	1.500	1.600	1.700	1.800	1.850	1.900	→	→	90	65	60	50	0	0	0
700	800	900	1000	1.100	1.200	1.300	1.400	1.500	1.600	1.700	1.800	1.900	1.950	2.000	→	→	76	76	60	50	0	0	0
800	950	1.100	1.200	1.350	1.500	1.600	1.700	1.800	1.900	2.000	·	·	·	·	→	→	90	76	60	50	0	0	0
900	1.050	1.200	1.400	1.600	1.700	1.850	2.000	·	·	·	·	·	·	·	→	→	90	90	60	50	0	0	0
Potencia calorífica en miles de kcal/h															Bloques de hormigón		Fábrica de ladrillo		Compuerta metálica		Sombrerete		

Combustible líquido y gas

· Potencia excesiva. Es necesario poner dos chimeneas

à Dimensión excesiva. Pasar a fábrica de ladrillo

Tabla 3.1 Combustible líquido y gas

	Altura total de la chimenea en m															A×B		C×D		F×G		P×Q×R		
	4	8	12	16	20	24	28	32	36	40	44	48	52	56	60	cm		cm		cm		cm		
Combustible líquido y gas	26	40	46	54	60	67	71	78	81	85	92	99	103	106	110	20	20	18	26	30	18	34	37	26
	40	46	56	71	78	81	88	99	110	117	124	131	138	145	150	30	20	26	26	30	18	34	37	37
	54	71	88	106	124	142	152	159	168	177	186	195	203	213	213	30	30	32	26	30	18	38	46	37
	71	106	124	142	159	177	195	213	230	248	259	269	276	284	284	40	30	40	26	30	18	44	57	37
	99	142	170	191	213	241	262	284	298	319	333	344	355	369	376	40	40	40	40	30	18	44	57	37
	124	177	213	248	284	312	333	355	383	404	426	443	461	479	497	50	40	51	40	30	18	44	57	37
	142	213	266	319	355	390	426	447	475	511	532	550	568	585	603	50	50	51	51	60	50	0	0	0
	177	248	319	372	426	461	497	532	568	603	639	660	681	702	710	60	50	65	51	60	50	0	0	0
	248	319	390	461	511	553	603	639	674	710	745	781	809	830	852	60	60	76	51	60	50	0	0	0
	284	355	426	497	568	624	681	731	766	816	852	887	923	958	994	→	→	65	65	60	50	0	0	0
	355	433	518	603	674	731	795	852	923	965	1.022	1.072	1.121	1.164	1.207	→	→	76	65	60	50	0	0	0
	426	497	568	639	710	781	852	923	994	1.065	1.136	1.207	1.278	1.313	1.349	→	→	90	65	60	50	0	0	0
	497	568	639	710	781	582	923	994	1.065	1.136	1.207	1.278	1.349	1.384	1.420	→	→	76	76	60	50	0	0	0
	568	674	781	852	958	1.065	1.136	1.207	1.278	1.349	1.420	1.500	1.583	1.666	1.750	→	→	90	76	60	50	0	0	0
	639	745	852	994	1.136	1.267	1.313	1.420	1.500	1.583	1.666	1.750	1.833	2.000	·	→	→	90	90	60	50	0	0	0
	Potencia calorífica en miles de kcal/h															Bloques de hormigón		Fábrica de ladrillo		Compuerta metálica		Sombrerete		

· Potencia excesiva. Es necesario poner dos chimeneas

à Dimensión excesiva. Pasar a fábrica de ladrillo

Tabla 3.2 Combustible sólido

Combustible líquido y gas	Altura total de la chimenea en m															A×B (cm)		C×D (cm)		F×G (cm)		P×Q×R (cm)		
	4	8	12	16	20	24	28	32	36	40	44	48	52	56	60									
	66	93	108	125	141	158	166	183	191	200	216	233	241	250	258	20	20	18	26	30	18	34	37	26
	93	108	133	166	183	191	208	233	258	275	291	308	325	341	350	30	20	26	26	30	18	34	37	37
	125	166	208	250	291	333	358	375	395	416	436	458	478	500	500	30	30	32	26	30	18	0	0	0
	166	250	291	333	375	416	458	500	541	583	608	633	650	666	666	40	30	40	26	30	18	0	0	0
	233	333	400	450	500	566	616	666	700	750	783	808	833	866	883	40	40	40	40	30	18	0	0	0
	291	416	500	583	666	733	783	833	900	950	100	1.041	1.083	1.125	1.166	50	40	51	40	30	18	0	0	0
	333	500	625	750	833	916	1.000	1.050	1.116	1.200	1.250	1.291	1.333	1.375	1.416	50	50	51	51	60	50	0	0	0
	416	583	750	875	1.000	1.083	1.166	1.250	1.333	1.416	1.500	1.550	1.600	1.650	1.666	60	50	65	51	60	50	0	0	0
	583	750	916	1.083	1.200	1.300	1.416	1.500	1.583	1.666	1.750	1.833	1.900	1.950	2.000	60	60	76	51	60	50	0	0	0
	666	833	1.000	1.166	1.333	1.466	1.600	1.716	1.800	1.916	2.000	·	·	·	·	→	→	65	65	60	50	0	0	0
	833	1.016	1.216	1.416	1.583	1.716	1.866	2.000	·	·	·	·	·	·	·	→	→	76	65	60	50	0	0	0
	1.000	1.166	1.333	1.500	1.666	1.833	2.000	·	·	·	·	·	·	·	·	→	→	90	65	60	50	0	0	0
	1.166	1.333	1.500	1.666	1.833	2.000	·	·	·	·	·	·	·	·	·	→	→	76	76	60	50	0	0	0
	1.333	1.583	1.833	2.000	·	·	·	·	·	·	·	·	·	·	·	→	→	90	76	60	50	0	0	0
	1.500	1.750	2.000	·	·	·	·	·	·	·	·	·	·	·	·	→	→	90	90	60	50	0	0	0
	Potencia calorífica en miles de kcal/h															Bloques de hormigón		Fábrica de ladrillo		Compuerta metálica		Sombrerete		

· Potencia excesiva. Es necesario poner dos chimeneas

→ Dimensión excesiva. Pasar a fábrica de ladrillo

Tabla 3.3 Combustible líquido y gas en calderas presurizadas

3. Cálculo del conducto de evacuación

El diámetro D del conducto de evacuación en mm, de los aparatos de combustión, en el esquema de evacuación múltiple se determina en la tabla 4 a partir del tipo de combustible y de la potencia calorífica en kcal/h del apartado de combustión.

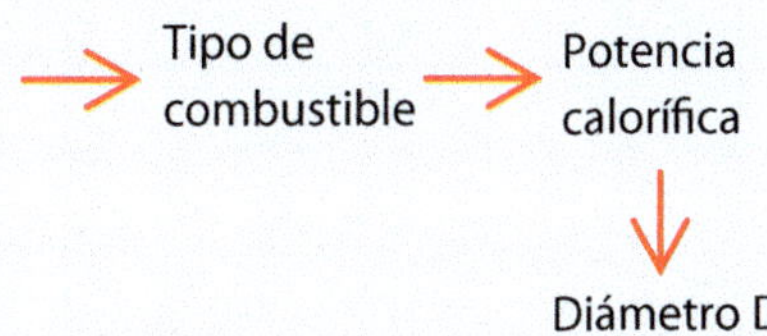

Tipo de combustible	Potencia calorífica en kcal/h			
Sólido	hasta 8.000	de 8.000 hasta 13.000	de 13.000 hasta 20.000	de 20.000 hasta 26.000
Gas	hasta 12.000	de 12.000 hasta 18.000	de 18.000 hasta 30.000	de 30.000 hasta 40.000
Diámetro D en mm	90	110	130	150

Tabla 4

El diámetro D del conducto de evacuación de los aparatos de combustión en el esquema de evacuación unitario, es una característica del tipo de aparato de combustión.

4. Ejemplo

Datos	Tabla	Resultados
ISH-19 Chimenea unitaria de ladrillo -C H E G P Q R Edificio de 7 plantas con altura entre plantas 2,75 m y cubierta de azotea. Obstrucción en azotea: Cuarto de máquinas de ascensor de altura b = 2,5 m Distancia de la chimenea a la obstrucción a = 6 m Distancia entre la cara superior del forjado y el faldón de azotea 0,25 m. Altura total de la chimenea 22,00 m. Caldera para combustible líquido de potencia calorífica: 250.000 kcal/h	1 3	Altura libre sobre cubierta H = 2,50 m Altura total de la chimenea 7 × 2,75 + 2,50 + 0,25 = 22,00 m Dimensiones interiores de la chimenea de fábrica de ladrillo: C = 40 cm; D = 26 cm Dimensiones de la compuerta metálica: F = 30 cm; G = 18 cm Dimensiones del sombrerete: P = 44 cm; Q = 57 cm; R = 37 cm

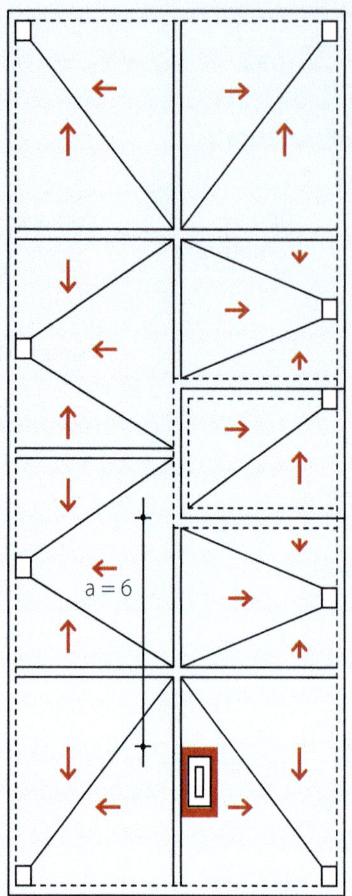

Planta de cubierta   Cotas m

ITC-ICG 8 Aparatos de gas

1 Objeto y campo de aplicación

La presente instrucción técnica complementaria (en adelante también denominada ITC) tiene por objeto establecer los criterios técnicos y documentales, así como los requisitos esenciales de seguridad y los medios de certificación que han de cumplir los aparatos que utilizan combustibles gaseosos que no se encuentren incluidos en el ámbito de aplicación de las disposiciones que trasponen a derecho interno español las directivas específicas de la Unión Europea aplicables a los aparatos de gas, de acuerdo con lo indicado en el artículo 4 del reglamento técnico de distribución y utilización de combustibles gaseosos.

Asimismo, se establecen los requisitos para la documentación y puesta en marcha de todos los aparatos a gas.

Se entiende como puesta en marcha de un aparato la verificación de que el mismo en su ubicación e instalación definitivas, funciona de acuerdo con los parámetros de seguridad establecidos por el fabricante.

2 Comercialización

2.1 Solo se permitirá la comercialización y puesta en marcha de los aparatos que, en condiciones normales de funcionamiento, no pongan en peligro la seguridad de las personas, de los animales, ni de los bienes.

No se podrá prohibir, limitar, ni obstaculizar, la comercialización ni la puesta en marcha de los aparatos que cumplan las disposiciones de esta ITC, cuando esta les sea de aplicación.

Cuando se compruebe que determinados aparatos, en condiciones normales de funcionamiento, entrañan riesgos para la seguridad de las personas, de los animales domésticos o de los bienes, la Administración competente adoptará todas las medidas necesarias para retirar tales aparatos del mercado, o prohibir, o restringir, su comercialización.

Se entenderá que los aparatos están en «condiciones normales de funcionamiento», cuando se cumpla simultáneamente que:

- Estén correctamente instalados y sean sometidos a mantenimiento periódico, de conformidad con las instrucciones del fabricante.
- Se utilicen con la variación del Índice de Wobbe y de la presión de suministro reconocidas y publicadas en el «Diario Oficial de la UE».
- Se utilicen de acuerdo con los fines previstos.

2.2 Todos los aparatos se pondrán en el mercado:

- Acompañados de un manual de información técnica destinado al instalador.
- Acompañados del manual de instrucciones para su uso y mantenimiento, destinadas al usuario.
- Provistos de las advertencias oportunas en el propio aparato y en su embalaje.

Dichas instrucciones y advertencias deberán estar redactadas en español.

2.2.1 El manual de información técnica destinado al instalador deberá contener todas las instrucciones de instalación, de regulación y de mantenimiento necesarias para la correcta ejecución de dichas funciones y para la utilización segura del aparato.

El manual deberá precisar, en particular:

- El tipo de gas utilizado.
- La presión de suministro.
- El consumo nominal.
- La cantidad de aire nuevo exigido.

Para la alimentación en aire de combustión.

Para evitar la creación de mezclas con un contenido peligroso de gas no quemado para los aparatos no provistos del dispositivo contemplado en el punto 2.3.15 del anexo 3 de esta ITC.

- Las condiciones de evacuación de los gases de combustión.

Para los quemadores de aire forzado y los generadores de calor que vayan a ir equipados con dichos quemadores, sus características, los requisitos de montaje, para ajustarse a las prescripciones de seguridad aplicables a los aparatos terminados y, cuando proceda, la lista de las combinaciones recomendadas por el fabricante.

- Datos eléctricos y un esquema con los bornes de conexionado.
- La indicación de los aparatos de regulación que pueden utilizarse.
- La advertencia de que los reglajes y modificaciones solo pueden ser realizados por personal competente.
- Una descripción general del aparato con figuras de las principales partes (subconjuntos) que pueden ser desmontadas y sustituidas.
- Para el cálculo de las chimeneas, la indicación del caudal másico de los productos de la combustión, en g/s, y su temperatura media.
- Una advertencia indicando la limitación de uso, en el caso de aparatos para uso exclusivo al aire libre o en lugar suficientemente ventilado, según proceda.
- Instrucciones sobre las operaciones de adaptación del aparato a los distintos tipos de gases, cuando corresponda, y una indicación de que estas solo pueden ser llevadas a cabo por personal autorizado.

2.2.2 Las instrucciones de uso y mantenimiento destinadas al usuario deberán incluir toda la información necesaria para el uso en condiciones de seguridad, y en particular, deberán llamar la atención del usuario sobre:

- Las posibles restricciones referidas a su uso, en especial incluirán una advertencia indicando la limitación de uso, en el caso de aparatos para uso exclusivo al aire libre o en lugar suficientemente ventilado, según proceda.
- Tratará de las maniobras de encendido, del empleo de los elementos regulables, de la posición y uso de los elementos accesorios.
- Deberá explicar las operaciones necesarias para la limpieza y mantenimiento básico e indicar que es aconsejable que sea revisado periódicamente por un experto cualificado.
- Advertir contra falsas maniobras.

2.2.3 Las advertencias que figuren en el aparato deben cumplir los requisitos del anexo 2 de esta ITC.

2.2.4 Las advertencias que figuren en el embalaje deberán indicar de forma clara:

- El tipo de gas.
- La presión de suministro.
- Las posibles restricciones referidas a su uso, en particular, la advertencia de no instalar el aparato en locales que no dispongan de la ventilación suficiente, o al aire libre, según proceda.

2.3 El diseño y la fabricación de los equipos destinados a ser utilizados en un aparato deberá ser tal que, montados de acuerdo con las instrucciones del fabricante de dichos equipos, funcionen correctamente para los fines previstos.

Los equipos se suministrarán acompañados de las instrucciones para su instalación, regulación, empleo y mantenimiento.

3 Conformidad de los aparatos

La fabricación para el mercado interior y la comercialización, importación o instalación, en cualquier punto del territorio nacional de los aparatos a que se refiere esta ITC, deben corresponder a tipos conforme a normas, de acuerdo con los requisitos establecidos en:

a. Las normas españolas, UNE o UNE-EN, o europeas, EN, que les sean de aplicación.

b. En ausencia de normas UNE, UNE-EN o EN, se aplicarán las prescripciones de seguridad indicadas en el anexo 3 de esta ITC.

Los procedimientos de certificación de la conformidad serán:

a. El Examen de Tipo según el procedimiento descrito en el capítulo 1 del anexo 1 de esta ITC.

b. La Verificación de conformidad de la producción, según uno de los procedimientos descritos en el capítulo 2 del anexo 1 de esta ITC.

c. La Verificación por Unidad, según el procedimiento descrito en el capítulo 3 del anexo 1 de esta ITC.

Para poder ser comercializados, los aparatos se someterán al procedimiento indicado en a) y uno de los indicados en b) o, alternativamente, al procedimiento contemplado en c), a solicitud del fabricante o el representante legal de este.

4 Marcado e instrucciones

Todos los aparatos deberán llevar en un lugar visible una placa de características que cumplan los requisitos del anexo 2 de esta ITC, y deben ir acompañados o provistos de instrucciones. El contenido de las instrucciones y el marcado del embalaje, si procede, serán los indicados en las normas que les sean de aplicación, si existen, o en caso contrario, como mínimo, el indicado en el anexo 3 de esta ITC.

5 Documentación y puesta en marcha de aparatos de gas

5.1 Autorización administrativa

La instalación de los aparatos de gas no precisa autorización administrativa.

5.2 Conexión de aparatos de ga s

La conexión de los aparatos de gas a instalaciones receptoras se deberá realizar según lo indicado en la norma UNE 60670-7, y siempre por un instalador, salvo cuando dicha conexión se haga a través de un tubo flexible elastomérico con abrazadera, en cuyo caso podrá ser realizada por el usuario.

Los aparatos no conectados a una instalación receptora deberán cumplir las condiciones de ubicación indicadas en el capítulo 4 de la norma UNE 60670-6.

5.3 Puesta en marcha, mantenimiento, reparación y adecuación de los aparatos de gas

5.3.1 La puesta en marcha, mantenimiento y reparación de los aparatos de gas podrá realizarse:

a. Por el servicio técnico de asistencia del fabricante, siempre que posea un sistema de calidad certificado, o por instaladores de gas que cumplan los requisitos indicados en el capítulo 4 de la ITC-ICG 09, cuando se trate de aparatos de gas conducidos (aparatos de tipo B y C) de más de 24,4 kW de potencia útil o de vitrocerámicas a gas de fuegos cubiertos.

b. Por el servicio de asistencia técnica del fabricante o una empresa instaladora de gas, para el resto de aparatos.

5.3.2 La adecuación de aparatos por cambio de familia de gas podrá ser realizada por el servicio técnico del fabricante siempre que posea un sistema de calidad certificado o por instaladores de gas de categoría A o B que cumplan los requisitos indicados en el capítulo 4 de la ITC-ICG 09. Para este fin, siempre se utilizarán componentes de características técnicas iguales a las aprobadas en la certificación de tipo.

5.4 Comprobaciones para la puesta en marcha de los aparatos de gas

Las comprobaciones mínimas a realizar para la puesta en marcha de los aparatos de gas conectados a instalaciones receptoras, serán las indicadas en la norma UNE 60670-10, junto con las indicaciones adicionales del fabricante.

El agente que realice la puesta en marcha de un aparato de gas deberá emitir y entregar al cliente un certificado de puesta en marcha, conforme al contenido del modelo del anexo 4 de esta ITC. Asimismo, archivará dicha documentación y la mantendrá a disposición del órgano competente de la Comunidad Autónoma por un periodo mínimo de cinco años.

5.5 Comunicación a la Administración

No se precisa ninguna comunicación.

Anexo 1
Procedimientos de certificación de la conformidad de los aparatos a gas

1 Examen de tipo

El Examen de Tipo es el procedimiento por el cual un organismo de control comprueba y certifica que un aparato representativo de la producción en cuestión, cumple con los requisitos y normas que le son aplicables.

El fabricante del aparato, o su representante legal, presentará la solicitud de examen de certificación de tipo a un organismo de control.

La solicitud incluirá:

Nombre y dirección del fabricante, añadiéndose el nombre y dirección del representante legal, si ha sido este el que ha presentado la solicitud.

La documentación de diseño, tal y como se especifica en el capítulo 4.

El fabricante pondrá a disposición del organismo de control, según sea necesario, uno o varios aparatos representativos de la producción en cuestión, en adelante denominados «tipo». El tipo podrá incluir distintas variantes de productos, siempre que dichas variantes no presenten características diferentes en lo referente a los tipos de riesgo.

El organismo de control examinará la documentación de diseño y comprobará que el tipo ha sido fabricado de acuerdo con la misma, identificando los elementos diseñados según las disposiciones pertinentes de los requisitos contemplados en la normativa vigente que le sea aplicable y, realizará o hará que se realicen, de acuerdo con la acreditación correspondiente para la realización de ensayos que procedan, las pruebas necesarias para comprobar si las soluciones adoptadas por el fabricante cumplen los requisitos indicados en las normas o procedimientos aplicables.

Cuando el tipo cumpla todas las disposiciones aplicables, el organismo de control expedirá al solicitante un certificado de examen de tipo.

El solicitante informará al organismo de control que haya emitido el certificado de examen de tipo de todas las modificaciones introducidas en el tipo aprobado que pudieran incidir en el cumplimiento de los requisitos contemplados en la normativa vigente que le sea aplicable.

Las modificaciones aportadas al tipo aprobado deberán recibir una aprobación adicional, por parte del organismo de control que emitió el certificado del examen de tipo, cuando los cambios afecten a dichos requisitos, o a las condiciones prescritas para la utilización del aparato. Esta aprobación adicional se realizará como complemento al certificado de examen de tipo.

2 Verificación de conformidad de la producción

El fabricante adoptará todas las medidas necesarias para que el proceso de fabricación, incluidas la inspección y las pruebas finales del producto, garanticen la homogeneidad de la producción y la conformidad de los aparatos con el tipo descrito en el certificado de examen de tipo.

La verificación de conformidad de la producción se realizará a través de un organismo de control y mediante uno de los procedimientos indicados a continuación, a elección del fabricante.

La verificación de conformidad de la producción deberá realizarse antes de la comercialización de los aparatos.

2.1 Declaración de conformidad con el tipo (Examen de producto)

El procedimiento de declaración de conformidad con el tipo es aquel por el cual un fabricante garantiza la conformidad de los aparatos con el tipo descrito en el certificado de examen de tipo, mediante exámenes periódicos de los aparatos fabricados, que efectúa un organismo de control.

El fabricante del aparato, o su representante legal, presentará la solicitud de examen de conformidad con el tipo (Examen de producto) a un organismo de control.

El organismo de control realizará controles de los aparatos in situ y sin aviso previo, a intervalos máximos de un año, se examinará un número adecuado de aparatos y, sobre al menos uno de estos aparatos seleccionados realizará o hará que se realicen, de acuerdo con la acreditación correspondiente para la realización de ensayos que procedan, las pruebas necesarias de acuerdo con los requisitos contemplados en las normas o procedimientos aplicables.

El organismo de control determinará, en cada caso, si las pruebas deben realizarse total o parcialmente. Cuando uno o más aparatos sean rechazados, el organismo de control adoptará las medidas apropiadas para evitar su comercialización.

2.2 Declaración de conformidad con el tipo (Aseguramiento de la calidad de la producción o el producto)

El procedimiento de garantía de calidad de la producción es aquel por el cual un fabricante garantiza la conformidad de los aparatos con el tipo descrito en el certificado de examen de tipo mediante un sistema de calidad de la producción o del producto de acuerdo con los criterios establecidos en la norma UNE-EN ISO 9001 para aseguramiento de la calidad de la producción o del producto específicamente aplicados para el aparato de gas de que se trate.

El sistema de calidad estará evaluado y certificado por un organismo de control acreditado, para este cometido.

2.2.1 Solicitud

El fabricante presentará una solicitud de aprobación de su sistema de calidad a un organismo de control. La solicitud incluirá:

    a. La documentación relativa al sistema de calidad, específica para la fabricación del aparato de que se trate.

    b. La documentación relativa al tipo aprobado y una copia del certificado de examen de tipo.

2.2.2 Evaluación

El organismo de control evaluará la documentación del sistema de calidad enviada por el fabricante, verificando si esta es completa y ajustada para el aparato de que se trate, y que está actualizada.

El organismo de control decidirá si el sistema de calidad cumple todos los requisitos necesarios y notificará su decisión al fabricante.

El fabricante informará y enviará al organismo de control cualquier actualización del sistema de calidad, por ejemplo, motivada por nuevas tecnologías y nuevos conceptos de calidad, mediante el envío de la documentación correspondiente.

En este caso el organismo de control examinará la documentación de las modificaciones propuestas y decidirá si se siguen cumpliendo los requisitos necesarios.

2.2.3 Seguimiento

El objetivo del seguimiento es comprobar que el fabricante cumple correctamente las obligaciones derivadas del sistema de calidad aprobado.

El fabricante enviará anualmente al organismo de control la documentación acreditativa del mantenimiento del sistema de calidad aprobado, expedida por el organismo de certificación del mismo.

El organismo de control podrá siempre, y especialmente en caso de duda, solicitar el envío de una muestra correspondiente a la producción seleccionada y muestreada por el mismo u otro organismo independiente con objeto de verificar que cumple con los requisitos aplicables.

3 Verificación por unidad

La verificación por unidad es el procedimiento mediante el cual un organismo de control comprueba y certifica que un aparato en concreto y de forma independiente cumple los requisitos contemplados en la normativa vigente que le sea aplicable.

El fabricante del aparato, o su representante legal, presentará la solicitud de examen de verificación de unidad a un organismo de control.

La solicitud incluirá:

- Nombre y dirección del fabricante, añadiéndose el nombre del representante legal, si ha sido este el que ha presentado la solicitud.
- Destino del aparato.
- La documentación de diseño, tal y como se especifica en el capítulo 4.

El organismo de control:

- Examinará la documentación de diseño, y comprobará que el aparato ha sido fabricado de acuerdo con la misma, y con los requisitos contemplados en la normativa vigente que le sea aplicable.
- Realizará o hará que se realicen, de acuerdo con la acreditación correspondiente para la realización de ensayos que procedan, las pruebas de acuerdo con las normas o procedimientos aplicables. Si el organismo de control lo considera necesario, los exámenes y ensayos podrán llevarse a cabo tras la instalación del aparato.

Cuando el aparato cumple todas las disposiciones aplicables, el organismo de control expedirá al solicitante el certificado de verificación de la unidad.

4 Documentación de diseño

4.1 Documentación de diseño para el examen de tipo

La documentación de diseño incluirá la siguiente información:

- Marca, modelo, fabricante e importador, en su caso.
- Descripción general del aparato, con indicación expresa de:
  - Descripción de la cámara de combustión.
  - Salida de humos.
  - Categoría del aparato y descripción de los tipos de gases y presiones de utilización.
  - Descripción de los quemadores, inyectores, consumos nominales y volumétricos o másicos.
  - Elementos de seguridad, descripción, esquemas y valores de tarado.
  - Elementos de regulación, descripción, esquemas y rangos de regulación.
  - Datos para la instalación, distancias requeridas, acometidas, situación, y diámetro nominal de la tubería de conexión.
  - Materiales utilizados.
  - Piezas susceptibles de ser sustituidas.
  - Descripción de las piezas y accesorios.
  - Esquemas del sistema de regulación y de seguridad.
  - Esquema de la instalación eléctrica interior del aparato.
  - Planos de fabricación, esquemas de los componentes, subconjuntos, circuitos, etc., acotados y a escala.
  - Descripciones y explicaciones necesarias para la comprensión de dichos elementos, incluyendo el funcionamiento de los aparatos.
  - Lista de las normas aplicadas, en su caso, ya sea total o parcialmente.
  - Documentación que acredite el cumplimiento de la legislación vigente que le sea de aplicación.
  - Contenido y ubicación de la placa de características que incorporan los aparatos.
  - Listado de los principales componentes del aparato, indicando marca, modelo y fabricante y los certificados correspondientes, si los hubiere.
  - Manuales de instrucciones técnicas, de uso y de mantenimiento del aparato.
  - Cualquier otra documentación que permita al organismo de control mejorar su evaluación.

4.2 Documentación de diseño para la verificación por unidad

La documentación de diseño incluirá la siguiente información:

- Marca, modelo, fabricante e importador, en su caso.
- Número de fabricación, domicilio de la instalación, plano de situación, en su caso.
- Una descripción general del aparato, con indicación expresa de:
  - Descripción de la cámara de combustión.
  - Salida de humos.
  - Categoría del aparato y descripción del tipo de gas y presión de utilización, para el que ha sido regulado el aparato.

– Descripción de los quemadores, inyectores, consumos nominales y volumétricos o másicos.

– Elementos de seguridad, descripción, esquemas y valores de tarado.

– Elementos de regulación, descripción, esquemas y rangos de regulación.

– Datos de la instalación, distancias existentes, acometida, situación, y diámetro nominal de la tubería de conexión.

– Materiales utilizados.

– Esquemas del sistema de regulación y de seguridad.

– Planos generales del conjunto y del quemador, acotados y a escala.

– Esquema de la línea de gas instalada. Descripciones y explicaciones para la comprensión del funcionamiento del aparato y de los elementos de regulación y seguridad.

– Una lista de las normas aplicadas, en su caso, ya sea total o parcialmente.

– Documentación que acredite el cumplimiento de la legislación vigente que le sea de aplicación.

– Contenido y ubicación de la placa de características que incorpora el aparato.

– Listado de los principales componentes del aparato, indicando marca, modelo y fabricante y los certificados correspondientes, si los hubiere.

– Manuales de instrucciones técnicas, de uso y de mantenimiento del aparato.

<h1 style="text-align:center">Anexo 2
Placa de características de los aparatos a gas</h1>

1 Contenido

Cada aparato incorporará una placa de características, fijada sólida y duraderamente sobre el aparato, de forma visible y legible.

La placa de características incorporará en caracteres indelebles al menos la siguiente información:

▫ El nombre y/o la marca del fabricante, en su caso, el nombre y la dirección del importador.

▫ La denominación comercial del aparato (marca y modelo).

▫ El número de serie o fabricación.

▫ La categoría del aparato.

▫ El tipo de gas en relación con la presión, y/o el par de presiones para los que el aparato ha sido regulado; todas las indicaciones de presión estarán identificadas en relación con el índice de la categoría correspondiente; si el aparato es apto para funcionar con más de un tipo de gas y a presiones de suministro diferentes, se indicará únicamente la presión correspondiente al reglaje actual del aparato, en relación con el tipo de gas que corresponda.

▫ El consumo calorífico nominal, y llegado el caso, el rango de consumos para los aparatos de consumo regulable, expresado en kilovatios (kW), sobre el poder calorífico inferior (PCI).

▫ La naturaleza y la tensión de la corriente eléctrica utilizada y la potencia máxima absorbida, en voltios, amperios, hertzios, y kilovatios, para todas las situaciones de alimentación eléctrica previstas.

▫ Para los aparatos de consumo calorífico nominal regulable, deberá preverse un espacio donde el instalador pueda situar la indicación del valor del consumo para la que ha regulado el aparato durante la puesta en marcha.

Además, los aparatos incorporarán, de forma visible y legible, la siguiente advertencia:

> **Este aparato se instalará de acuerdo con las normas en vigor, y se utilizará únicamente en lugares suficientemente ventilados. Consultar las instrucciones antes de la instalación y el uso de este aparato.**

En el caso de aparatos para uso exclusivo al aire libre deberá aparecer la siguiente advertencia:

> **Este aparato es de uso exclusivo al aire libre**

Esta advertencia podrá estar incluida en la placa de características o en una placa independiente.

2 Verificación de la indelebilidad de los marcados, corrosión y adherencia de la placa

Este procedimiento determina las cualidades físicomecánicas que deberán exigirse a los marcados y a las placas de características de los aparatos que utilizan gas como combustible, así como los ensayos y pruebas a los que deben someterse dichos marcados, con el fin de asegurar la indelebilidad de sus caracteres, su resistencia a la corrosión y la adherencia permanente al aparato, en su caso.

Las placas autoadhesivas y cualquier marcado deben resistir el frotamiento, la humedad, y la temperatura, y no deben despegarse, ni decolorarse, de manera que el marcado se vuelva ilegible. En particular, los marcados sobre los mandos deben permanecer visibles después de la manipulación y el frotado resultante de la operación manual.

2.1 Indelebilidad de los marcados e indicaciones

Los requisitos de indelebilidad que han de cumplir las marcas y caracteres, así como el procedimiento de verificación de los mismos, se establecen en la norma UNE 60750.

2.2 Ensayos de resistencia a la corrosión

Si la placa de características es metálica, deberá ser resistente a la corrosión.

La verificación de la protección contra la corrosión, en caso de tratarse de placas sobre base férrica, se comprobará según el procedimiento descrito en la norma UNE 60750.

2.3 Ensayos de adherencia

Si la placa es adhesiva, la adherencia deberá ser correcta en todo momento.

La verificación de la adherencia se comprobará según el procedimiento descrito en la norma UNE 60750.

2.4 Resistencia

Después de todos los ensayos efectuados sobre un aparato, en el transcurso de las pruebas que señale este Reglamento, las marcas y caracteres seguirán siendo legibles, la placa no habrá sufrido ninguna deformación y no podrá despegarse fácilmente del aparato ensayado.

Anexo 3
Prescripciones y pruebas de aparatos de gas no incluidos en normas específicas

1 Campo de aplicación

El presente anexo establece los requisitos y pruebas que deben exigirse a los aparatos que utilizan gas como combustible, para los que no exista una norma específica al respecto.

Quedan excluidos los aparatos en uso ya homologados, que utilicen gas como combustible y vayan a utilizar un gas de distinta familia, siempre que estuviera considerado en la homologación inicial.

2 Prescripciones de seguridad

Las obligaciones establecidas en las prescripciones de seguridad contempladas en el presente capítulo para los aparatos se aplicarán igualmente a los equipos componentes de los mismos cuando exista el riesgo correspondiente.

2.1 Condiciones generales

El diseño y la fabricación de los aparatos deberá ser tal que estos funcionen con seguridad total y no entrañen peligro para las personas, los animales domésticos ni los bienes, siempre que se utilicen en condiciones normales de funcionamiento, tal y como se define en el apartado 2 de esta ITC.

2.2 Materiales

2.2.1 Los materiales serán adecuados para el uso al que vayan a ser destinados y serán resistentes a las condiciones mecánicas, químicas y térmicas a las que tengan que ser sometidos.

2.2.2 Aquellas propiedades de los materiales que sean importantes para la seguridad deberán ser garantizadas por el fabricante o el proveedor del aparato.

2.3 Diseño y construcción

2.3.1 Los aparatos se fabricarán de manera que, cuando se utilicen en condiciones normales de funcionamiento, no se produzca ningún desajuste, deformación, rotura o desgaste que pueda representar una merma de la seguridad.

2.3.2 La condensación que pueda producirse al poner en marcha el aparato o durante su funcionamiento no deberá disminuir su seguridad.

2.3.3 El diseño y la fabricación de los aparatos deberán ser tales que los riesgos de explosión en caso de incendio de origen externo sean mínimos.

2.3.4 Los aparatos se fabricarán de manera que impidan la entrada inadecuada de agua y de aire en el circuito de gas.

2.3.5 En caso de fluctuación normal de la energía auxiliar, el aparato deberá continuar funcionando de forma totalmente segura.

2.3.6 Una fluctuación anormal o una interrupción de la alimentación de energía auxiliar o la reanudación de dicha alimentación no deberán constituir fuente de peligro.

2.3.7 El diseño y la fabricación de los aparatos deberán ser tales que se prevengan los riesgos de origen eléctrico. Este requisito se considerará satisfecho cuando se cumplan, en su ámbito de aplicación, los objetivos de seguridad respecto a los peligros eléctricos previstos en el RD 7/1988, de 8 de enero, relativo a las exigencias de seguridad del material eléctrico destinado a ser utilizado en determinados límites de tensión, modificado por RD 154/1995, de 3 de febrero (transposición de la Directiva 73/23/CEE).

2.3.8 Todas las partes del aparato sometidas a presión deberán resistir, sin deformarse hasta el punto de comprometer la seguridad, las tensiones mecánicas y térmicas a que estén sometidas. En el caso de aparatos sujetos al RD 769/1999, de 7 de mayo (transposición de la Directiva 97/23/CE) deberá aportarse certificado de cumplimiento.

2.3.9 El aparato deberá diseñarse y ser construido de manera que el fallo de uno de sus dispositivos de seguridad, de control o de regulación no constituya un peligro.

2.3.10 Si un aparato está equipado con dispositivos de seguridad y de regulación, los dispositivos de regulación funcionarán sin obstaculizar el funcionamiento de los de seguridad.

2.3.11 Todos los componentes de un aparato que hayan sido instalados o ajustados en el mismo en la fase de fabricación y que no deban ser manipulados por el usuario ni por el instalador irán adecuadamente protegidos.

2.3.12 Las manecillas u órganos de mando o de regulación deberán identificarse de manera precisa e incluir todas las indicaciones útiles para evitar cualquier falsa maniobra. Estarán concebidos de forma que se impidan las manipulaciones involuntarias.

2.3.13 Los aparatos deberán fabricarse de manera que la cantidad de gas liberado por fuga sea siempre una cantidad que no entrañe ningún riesgo.

2.3.14 Todo aparato deberá fabricarse de manera que la liberación de gas durante el encendido y/o el reencendido, y tras la extinción de la llama sea lo suficientemente limitada como para evitar la acumulación peligrosa de gas sin quemar dentro del aparato.

2.3.15 Los aparatos destinados a ser utilizados en locales deberán estar provistos de un dispositivo específico que evite una acumulación peligrosa de gas no quemado en los locales. Los aparatos que no tengan dicho dispositivo solo deben ser utilizados en locales con ventilación suficiente o de uso exclusivo al aire libre para evitar una acumulación peligrosa de gas no quemado.

2.3.16 Todo aparato estará fabricado de manera que, en condiciones normales de funcionamiento:

- El encendido y el reencendido se realicen con suavidad.
- Se asegure el encendido cruzado.

2.3.17 Todo aparato deberá fabricarse de manera que, en condiciones normales de utilización, se garantice la estabilidad de la llama.

2.3.18 Combustión

2.3.18.1 Todo aparato deberá fabricarse de manera que, en condiciones normales de utilización, no se produzca un escape imprevisto de productos de combustión, esto no es de aplicación obligatoria para los aparatos de uso exclusivo al aire libre.

2.3.18.2 Todos los aparatos que vayan unidos a un conducto de evacuación de los productos de combustión deberán estar construidos de modo que en caso de tiro defectuoso de dicho conducto no se produzca ningún escape de productos de combustión en cantidades peligrosas en el local en que se utilicen, que pueda presentar riesgos para la salud de las personas expuestas en función del tiempo de exposición previsible de dichas personas, esto no es de aplicación obligatoria para los aparatos de uso exclusivo al aire libre.

2.3.18.3 Los valores obtenidos en el análisis de los productos de la combustión cumplirán los límites establecidos siempre que estos estén definidos en la posible normativa parcial aplicada, o a criterio del organismo acreditado que realiza los ensayos en función del uso y ubicación en funcionamiento del aparato, en caso de que proceda.

2.3.19 Las partes de un aparato que vayan a estar próximas al suelo u otras superficies no deberán alcanzar temperaturas que entrañen peligro para su entorno.

2.3.20 La temperatura de los botones y mandos de regulación destinados a ser manipulados no deberán superar valores que entrañen peligro para el usuario.

3 Pruebas y ensayos

Para dar conformidad a las anteriores prescripciones de seguridad, se realizarán las pruebas necesarias, así como las operaciones de regulación y ajuste precisas para garantizar su correcto funcionamiento y el de todos sus dispositivos de seguridad y control.

Para la realización de dichas pruebas y las tolerancias a aplicar, el organismo acreditado para ello aplicará, siempre que sea posible, partes de normas cuyo alcance, campo de aplicación y requisitos, considere que técnicamente pueden ser apropiadas por su similitud al aparato en cuestión. Si esto no es posible los ensayos mínimos serán los establecidos a continuación.

3.1 Prueba de estanquidad

Se comprobará, mediante un procedimiento adecuado, la estanquidad del circuito de gas entre la llave del aparato y el quemador, a la presión máxima de utilización.

Asimismo, se comprobará que no existe fuga interior a través de las válvulas de corte.

3.2 Pruebas de funcionamiento

Las pruebas de funcionamiento del aparato se efectuarán con el equipo de combustión trabajando a los distintos regímenes posibles de consumo calorífico y se procederá a la comprobación de:

a. El correcto funcionamiento durante el encendido, verificando que:
   - El barrido de la cámara de combustión, si fuera necesario, es eficaz.
   - El encendido de la llama de encendido, si existe, es correcto.
   - El encendido e interencendido de las llamas del quemador principal es correcto, sin que aparezcan fenómenos anómalos en la estabilidad de las llamas ni se detecten, en su caso, golpes de presión en el hogar ni en la instalación receptora.
   - Se cumplen las secuencias y maniobras del programador en caso de utilizar equipos de combustión automáticos o semiautomáticos.
   - Los tiempos máximos de seguridad no sobrepasan los establecidos.

b. El correcto funcionamiento, verificando:
   - La eficacia del dispositivo de control de llama cuando exista dicho dispositivo.
   - La eficacia y presión de tarado del dispositivo de control de la presión de gas, si existe.
   - La eficacia y presión de tarado del dispositivo de control de la presión de aire, si existe.
   - La eficacia del dispositivo de control de tiro en el caso de extracción por tiro forzado, así como la existencia y eficacia de la abertura mínima o del dispositivo de seguridad en el caso de que el sistema de evacuación disponga de un dispositivo manual de regulación de tiro.
   - El consumo calorífico de los quemadores.
   - La temperatura y el análisis de los productos de la combustión al consumo calorífico nominal de los quemadores.
   - Los tiempos máximos de seguridad en la actuación de las válvulas automáticas de paso de gas cuando se produce un fallo detectado por alguno de los dispositivos de seguridad.

Una vez efectuadas las pruebas de funcionamiento, se comprobará, de forma visual, que los materiales y órganos del aparato, tanto el elemento receptor como el equipo de combustión, no presenten deformaciones anormales ni deterioros que puedan influir de forma negativa en su funcionamiento.

Se verificarán también los marcados e instrucciones.

Anexo 4
Certificado de puesta en marcha de aparatos de gas

El certificado de puesta en marcha de aparatos de gas, a que se refiere el punto 5.4 de la presente ITC deberá contener, como mínimo, la siguiente información:

Agente de puesta en marcha:

Nombre.
Dirección.
NIF.
Categoría (Instalador, Servicio Asistencia Técnica, etc.).

Datos del cliente:

Nombre.
Dirección.

Datos del aparato:

Tipo.
Marca.
Modelo.
Potencia.
Número de fabricación.

Pruebas realizadas y sus resultados:

Debe incluir la impresión del resultado del análisis de combustión del aparato, cuando proceda.

Otros datos:

Fecha.
Firma del técnico y sello de la empresa.
Firma del cliente o representante.

ITC-ICG 9 Instaladores y empresas instaladoras de gas

1 Objeto y campo de aplicación

La presente instrucción técnica complementaria (en adelante, también denominada ITC) tiene por objeto establecer los requisitos que deben cumplir los instaladores de gas, las empresas instaladoras y los agentes de puesta en marcha y adecuación de aparatos, a que se refiere el artículo 8 del Reglamento técnico de distribución y utilización de combustibles gaseosos (en adelante, también denominado reglamento).

2 Instalador de gas

Instalador de gas es la persona física que, en virtud de poseer conocimientos teórico-prácticos de la tecnología de la industria del gas y de su normativa, está capacitado para realizar y supervisar las operaciones correspondientes a su categoría.

El instalador de gas deberá desarrollar su actividad en el seno de una empresa instaladora de gas habilitada y deberá cumplir y poder acreditar ante la Administración competente cuando esta así lo requiera en el ejercicio de sus facultades de inspección, comprobación y control y para la categoría que corresponda de las establecidas en el apartado 2.2 siguiente, una de las siguientes situaciones:

a. Disponer de un título universitario cuyo ámbito competencial, atribuciones legales o plan de estudios cubra las materias objeto del Reglamento técnico de distribución y utilización de combustibles gaseosos, aprobado por el RD 919/2006, de 28 de julio, y de sus instrucciones técnicas complementarias.

a. Disponer de un título de formación profesional o de un certificado de profesionalidad incluido en el Repertorio Nacional de Certificados de Profesionalidad, cuyo ámbito competencial incluya las materias objeto del Reglamento técnico de distribución y utilización de combustibles gaseosos, aprobado por el RD 919/2006, de 28 de julio, y de sus instrucciones técnicas complementarias.

a. Haber superado un examen teórico-práctico ante la comunidad autónoma sobre los contenidos mínimos que se indican en el anexo 1 de esta instrucción técnica complementaria.

a. Tener reconocida una competencia profesional adquirida por experiencia laboral, de acuerdo con lo estipulado en el RD 1224/2009, de 17 de julio, de reconocimiento de las competencias profesionales adquiridas por experiencia laboral, en las materias objeto del Reglamento técnico de distribución y utilización de combustibles gaseosos, aprobado por el RD 919/2006, de 28 de julio y de sus instrucciones técnicas complementarias.

a. Tener reconocida la cualificación profesional de instalador de gas adquirida en otro u otros Estados miembros de la Unión Europea, de acuerdo con lo establecido en el RD 581/2017, de 9 de junio, por el que se incorpora al ordenamiento jurídico español la Directiva 2013/55/UE del Parlamento Europeo y del Consejo, de 20 de noviembre de 2013, por la que se modifica la Directiva 2005/36/CE relativa al reconocimiento de cualificaciones profesionales y el Reglamento (UE) nº 1.024/2012 relativo a la cooperación administrativa a través del Sistema de Información del Mercado Interior (Reglamento IMI).

a. Poseer una certificación otorgada por entidad acreditada para la certificación de personas por ENAC o cualquier otro Organismo Nacional de Acreditación designado de acuerdo a lo establecido en el Reglamento (CE) n.º 765/2008 del Parlamento Europeo y del Consejo, de 9 de julio de 2008, por el que se establecen los requisitos de acreditación y vigilancia del mercado relativos a la comercialización de los productos y por el que se deroga el Reglamento (CEE) n.º 339/93, de acuerdo a la norma UNE-EN ISO/IEC 17024

Todas las entidades acreditadas para la certificación de personas que quieran otorgar estas certificaciones deberán incluir en su esquema de certificación un sistema de evaluación que incluya como mínimo los contenidos que se indican en el anexo 1 de esta instrucción técnica complementaria.

Cualquiera de las situaciones o titulaciones previstas (título universitario, título de formación profesional o certificado de profesionalidad, examen teórico-práctico de la Comunidad Autónoma, experiencia laboral reconocida o certificación otorgada por entidad acreditada) son válidas indistintamente para las distintas categorías de instalador de gas, en función de los conocimientos acreditados.

De acuerdo con la Ley 17/2009, de 23 de noviembre, sobre el libre acceso a las actividades de servicios y su ejercicio, el personal habilitado por una Comunidad Autónoma podrá ejecutar esta actividad dentro de una empresa instaladora en todo el territorio español, sin que puedan imponerse requisitos o condiciones adicionales

2.1 Operaciones que pueden realizar los instaladores de gas

Los instaladores de gas, con las limitaciones que se establecen en función de su categoría, se consideran habilitados para realizar las siguientes operaciones:

2.1.1 En instalaciones de gas

Montaje, modificación o ampliación, revisión, mantenimiento y reparación de:

- Instalaciones receptoras de combustibles gaseosos, incluidas las estaciones de regulación y las acometidas interiores enterradas y las partes de las instalaciones que discurran enterradas por el exterior de la edificación. Se exceptúan las soldaduras de las tuberías de polietileno, que deberán ser realizadas por soldadores de tuberías de polietileno para gas.
- Instalaciones de almacenamiento de GLP en depósitos fijos.
- Instalaciones de envases de GLP para uso propio.
- Instalación de gas en estaciones de servicio para vehículos a gas.
- Instalaciones de GLP de uso doméstico en caravanas y autocaravanas.
- Verificación, realizando los ensayos y pruebas reglamentarias, de las instalaciones ejecutadas, suscribiendo los certificados establecidos en la normativa vigente.
- Puesta en servicio de las instalaciones receptoras que no precisen contrato de suministro domiciliario.
- Inspección de instalaciones receptoras alimentadas desde redes de distribución, de acuerdo con las condiciones establecidas en el 4.1.1 de la ITC-ICG 07.
- Revisiones de aquellas instalaciones en donde lo establezcan las correspondientes ITCs.

2.1.2 En aparatos de gas

Conexión a la instalación de gas y montaje, de acuerdo con la normativa vigente.

Puesta en marcha de aparatos de gas, mantenimiento y reparación, de acuerdo con el apartado 5.3 de la ITC-ICG 08, excepto cuando se trate de aparatos conducidos (aparatos de tipo B y C) de potencia útil superior a 24,4 kW, de vitrocerámicas de gas de fuegos cubiertos o de adecuación de aparatos por cambio de familia de gas, para lo cual los instaladores de gas deberán cumplir adicionalmente los requisitos establecidos en apartado 4 de la presente Instrucción Técnica Complementaria.

2.2 Categorías de los instaladores de gas

Se establecen tres tipos o categorías de instaladores de gas:

- Instalador de gas de categoría A. Los instaladores de gas de categoría A podrán realizar todas las operaciones señaladas en el apartado 2.1 en instalaciones y aparatos.
- Instalador de gas de categoría B. Los instaladores de gas de categoría B podrán realizar las operaciones señaladas en el apartado 2.1 en instalaciones receptoras y aparatos, limitadas a:
  - Instalaciones receptoras domésticas, colectivas, comerciales o industriales hasta 5 bar de presión máxima de operación, tanto comunes como individuales y cualquiera que sea la potencia de diseño, situación y familia de gas, con exclusión de las acometidas interiores enterradas y las partes de las instalaciones que discurran enterradas por el exterior de la edificación.
  - Instalaciones de envases de gases licuados del petróleo para suministro de instalaciones receptoras.
  - Instalaciones de GLP de uso doméstico en caravanas y autocaravanas.
  - Conexión y montaje de aparatos de gas.
  - Puesta en marcha, mantenimiento y reparación de aparatos de gas no conducidos (aparatos de tipo A) y de aparatos de gas conducidos (aparatos de tipo B y C) de potencia útil hasta 24,4 kW inclusive, que estén adaptados al tipo de gas suministrado, con la excepción de las vitrocerámicas a gas de fuegos cubiertos.
  - Puesta en marcha, mantenimiento y reparación de aparatos de gas conducidos (aparatos de tipo B y C) de potencia útil superior a 24,4 kW y vitrocerámicas a gas de fuegos cubiertos, que estén adaptados al tipo de gas suministrado, cumpliendo requisitos específicos, según se indica en el apartado 2.1.2.
  - Adecuación de aparatos por cambio de familia de gas.
- Instalador de gas de categoría C. Los instaladores de gas de categoría C podrán realizar las operaciones señaladas en el apartado 2.1, únicamente en instalaciones receptoras individuales que no requieren proyecto ni cambio de familia de gas y limitadas a:
  - Instalaciones de presión máxima de operación hasta 0,4 bar, de uso doméstico y situadas, exclusivamente, en el interior de viviendas.
  - Conexión y montaje de aparatos de gas.
  - Puesta en marcha, mantenimiento y reparación de aparatos de gas no conducidos (aparatos de tipo A) y de aparatos de gas conducidos (aparatos de tipo B y C) de potencia útil hasta 24,4 kW inclusive, que estén adaptados al tipo de gas suministrado, con la excepción de las vitrocerámicas a gas de fuegos cubiertos.
  - Puesta en marcha, mantenimiento y reparación de aparatos de gas conducidos (aparatos de tipo B y C) de potencia útil superior a 24,4 kW y vitrocerámicas a gas de fuegos cubiertos, que estén adaptados al tipo de gas suministrado, cumpliendo requisitos específicos, según se indica en el apartado 2.1.2.

3 Empresa instaladora de gas

Empresa instaladora de gas es la persona física o jurídica que ejerce las actividades de montaje, reparación, mantenimiento y control periódico de instalaciones de gas, cumpliendo los requisitos establecidos en esta Instrucción Técnica Complementaria.

Las competencias de una empresa instaladora de gas serán idénticas a las que se indican en el apartado 2 de esta Instrucción Técnica Complementaria para los instaladores de gas de la misma categoría.

3.1 Antes de comenzar sus actividades como empresas instaladoras de gas, las personas físicas o jurídicas que deseen establecerse en España deberán presentar ante el órgano competente de la Comunidad Autónoma en la que se establezcan una declaración responsable en la que el titular de la empresa o el representante legal de la misma declare para qué categoría va a desempeñar la actividad y, en su caso, si va a realizar las actividades de puesta en marcha, mantenimiento, reparación y/o adecuación de aparatos, que cumple los requisitos correspondientes que se exigen por esta Instrucción Técnica Complementaria, que dispone de la documentación que así lo acredita, que se compromete a mantenerlos durante la vigencia de la actividad y que se responsabiliza de que la ejecución de las instalaciones se efectúa de acuerdo con las normas y requisitos que se establecen en el Reglamento técnico de distribución y utilización de combustibles gaseosos y sus instrucciones técnicas complementarias.

3.2 Las empresas instaladoras de gas legalmente establecidas para el ejercicio de esta actividad en cualquier otro Estado miembro de la Unión Europea que deseen realizar la actividad en régimen de libre prestación en territorio español, deberán presentar, previo al inicio de la misma, ante el órgano competente de la comunidad autónoma donde deseen comenzar su actividad, una declaración responsable en la que el titular de la empresa o el representante legal de la misma declare para qué categoría va a desempeñar la actividad y, en su caso, si va a realizar las actividades de puesta en marcha, mantenimiento, reparación y/o adecuación de aparatos, que cumple los requisitos correspondientes que se exigen por esta instrucción técnica complementaria, que dispone de la documentación que así lo acredita, que se compromete a mantenerlos durante la vigencia de la actividad y que se responsabiliza de que la ejecución de las instalaciones se efectúa de acuerdo con las normas y requisitos que se establecen en el Reglamento técnico de distribución y utilización de combustibles gaseosos y sus instrucciones técnicas complementarias.

Para la acreditación del cumplimiento del requisito de personal cualificado la declaración deberá hacer constar que la empresa dispone de la documentación que acredita la capacitación del personal afectado, de acuerdo con la normativa del país de establecimiento y conforme a lo previsto en la normativa de la Unión Europea sobre reconocimiento de cualificaciones profesionales, aplicada en España mediante el Real Decreto 581/2017. La autoridad competente podrá verificar esa capacidad con arreglo a lo dispuesto en el artículo 15 del citado real decreto.

3.3 Las comunidades autónomas deberán posibilitar que la declaración responsable sea realizada por medios electrónicos.

No se podrá exigir la presentación de documentación acreditativa del cumplimiento de los requisitos junto con la declaración responsable. No obstante, esta documentación deberá estar disponible para su presentación inmediata ante la Administración competente cuando esta así lo requiera en el ejercicio de sus facultades de inspección, comprobación y control.

3.4 El órgano competente de la Comunidad Autónoma, asignará, de oficio, un número de identificación a la empresa y remitirá los datos necesarios para su inclusión en el Registro Integrado Industrial regulado en el título IV de la Ley 21/1992, de 16 de julio, de Industria y en su normativa reglamentaria de desarrollo.

3.5 De acuerdo con la Ley 21/1992, de 16 de julio, de Industria, la declaración responsable habilita por tiempo indefinido a la empresa instaladora de gas, desde el momento de su presentación ante la Administración competente, para el ejercicio de la actividad en todo el territorio español, sin que puedan imponerse requisitos o condiciones adicionales.

3.6 Al amparo de lo previsto en el apartado 3 del artículo 69 de la Ley 39/2015, de 1 de octubre, del Procedimiento Administrativo Común de las Administraciones Públicas, la Administración competente podrá regular un procedimiento para comprobar a posteriori lo declarado por el interesado.

En todo caso, la no presentación de la declaración, así como la inexactitud, falsedad u omisión, de carácter esencial, de datos o manifestaciones que deban figurar en dicha declaración habilitará a la Administración competente para dictar resolución, que deberá ser motivada y previa audiencia del interesado, por la que se declare la imposibilidad de seguir ejerciendo la actividad, sin perjuicio de las responsabilidades que pudieran derivarse de las actuaciones realizadas, y de la aplicación del régimen sancionador previsto en la Ley 21/1992, de 16 de julio, de Industria.

3.7 Cualquier hecho que suponga modificación de alguno de los datos incluidos en la declaración originaria, así como el cese de las actividades, deberá ser comunicado por el interesado al órgano competente de la Comunidad Autónoma donde presentó la declaración responsable en el plazo de un mes.

3.8 Las empresas instaladoras de gas cumplirán lo siguiente:

a. Disponer de la documentación que identifique a la empresa instaladora de gas, que, en el caso de persona jurídica, deberá estar constituida legalmente.

b. Contar con el personal necesario para realizar la actividad en condiciones de seguridad, en número suficiente para atender las instalaciones que tengan contratadas con un mínimo de un instalador de gas de categoría igual o superior a la categoría de la empresa instaladora, contratado en plantilla a jornada completa (salvo que se acredite que el horario de apertura de la empresa es menor, en cuyo caso se admitirá que este esté contratado a tiempo parcial para prestar servicios durante un número de horas equivalente al horario durante el que la empresa desarrolle su actividad).

Se considerará que también queda satisfecho el requisito de contar con un profesional habilitado en plantilla si se cumple alguna de las siguientes condiciones:

1.ª En el caso de las personas jurídicas, la cualificación individual, la ostente uno de los socios de la organización, siempre que trabaje para la empresa a jornada completa, o durante el horario de apertura de la misma.

2.ª En el caso de que la empresa instaladora sea una persona física dada de alta en el régimen especial de trabajadores autónomos, si esta dispone de la habilitación correspondiente.

La figura del instalador podrá ser sustituida por la de dos o más instaladores de la misma o mismas categorías, cuyos horarios laborales permitan cubrir la jornada completa o el horario de actividad de la empresa.

c. Disponer de los medios técnicos necesarios para realizar su actividad en condiciones de seguridad.

d. Haber suscrito un seguro de responsabilidad civil profesional u otra garantía equivalente que cubra los daños que puedan provocar en la prestación del servicio por un importe mínimo de 900.000 euros por siniestro para la categoría A, 600.000 euros por siniestro para la categoría B y 300.000 euros por siniestro para la categoría C. Estas cuantías mínimas se actualizarán por orden de la persona titular del Ministerio de Industria, Comercio y Turismo, siempre que sea necesario para mantener la equivalencia económica de la garantía y previo informe de la Comisión Delegada del Gobierno para Asuntos Económicos.

3.9 La empresa instaladora de gas habilitada no podrá facilitar, ceder o enajenar certificados de instalación no realizadas por ella misma.

3.10 El incumplimiento de los requisitos exigidos, verificado por la autoridad competente y declarado mediante resolución motivada, conllevará el cese de la actividad, salvo que pueda incoarse un expediente de subsanación de errores, sin perjuicio de las sanciones que pudieran derivarse de la gravedad de las actuaciones realizadas.

La autoridad competente, en este caso, abrirá un expediente informativo al titular de la instalación, que tendrá quince días naturales a partir de la comunicación para aportar las evidencias o descargos correspondientes.

No obstante, en caso de grave infracción, el órgano competente de la Comunidad Autónoma podrá suspender cautelarmente las actuaciones de una empresa instaladora de gas, mientras se resuelva el expediente, por un periodo no superior a tres meses.

3.11 El órgano competente de la Comunidad Autónoma dará traslado inmediato al Ministerio de Industria, Turismo y Comercio de la inhabilitación temporal, las modificaciones y el cese de la actividad a los que se refieren los apartados precedentes para la actualización de los datos en el Registro Integrado Industrial regulado en el título IV de la Ley 21/1992, de 16 de julio, de Industria, tal y como lo establece su normativa reglamentaria de desarrollo.

3.12 Obligaciones de las empresas instaladoras de gas

Serán obligaciones de las empresas instaladoras de gas:

a. Presentar la declaración responsable que se establece en los apartados 3.1 y 3.2 anteriores.

b. Cumplir con las condiciones mínimas establecidas para la categoría en la que se encuentre inscrita.

c. Tener vigente, en todo momento, el seguro de responsabilidad civil profesional u otra garantía equivalente.

d. Emplear para la ejecución de los trabajos instaladores de gas de la categoría correspondiente con el tipo de operación a realizar, que podrán ser auxiliados por operarios especialistas capacitados.

e. La correcta ejecución, montaje, modificación, mantenimiento, revisión y reparación de las instalaciones de gas, así como de la inspección periódica de las instalaciones receptoras de gas alimentadas desde redes de distribución, de acuerdo con las prescripciones reglamentarias.

f. Efectuar las pruebas y ensayos reglamentarios bajo su directa responsabilidad o, en su caso, bajo el control y responsabilidad del técnico director de obra.

g. Emitir los certificados reglamentarios.

h. Asistir a las inspecciones iniciales de las instalaciones establecidas por el reglamento, o las realizadas por la Administración, si fuera requerido por el procedimiento.

i. Garantizar, durante un periodo de cuatro años, las deficiencias atribuidas a una mala ejecución de las operaciones que les hayan sido encomendadas, así como de las consecuencias que de ellas se deriven.

j. Mantener un registro de los certificados emitidos y, en su caso, de los informes de anomalías emitidos, a disposición de los órganos competentes de las comunidades autónomas.

k. Mantener un registro de los informes de anomalías emitidos en controles periódicos, a disposición de las empresas distribuidoras de gas o comercializadores de GLP, según proceda.

l. Realizar las inspecciones de las instalaciones receptoras de acuerdo con un procedimiento previamente establecido por la propia empresa instaladora habilitada.

4 Requisitos adicionales de los instaladores para la puesta en marcha, mantenimiento, reparación y adecuación de aparatos

4.1 Para poder realizar su actividad, el instalador de gas que pretenda realizar operaciones de puesta en marcha, mantenimiento y reparación de aparatos de gas conducidos (aparatos de tipo B y C) de más de 24,4 kW de potencia útil o de vitrocerámicas a gas de fuegos cubiertos, de acuerdo con lo indicado en el apartado 5.3 de la ITC-ICG 08, deberá cumplir y tendrá que poder acreditar ante la Administración competente cuando esta así lo requiera en el ejercicio de sus facultades de inspección, comprobación y control, una de las siguientes situaciones:

a. Poseer acreditación del fabricante a tal fin.

b. Disponer de un título universitario cuyo ámbito competencial, atribuciones legales o plan de estudios cubra los contenidos que se indican en los apartados 1 a 17 del anexo 2 de esta instrucción técnica complementaria.

c. Disponer de un título de formación profesional o de un certificado de profesionalidad incluido en el Repertorio Nacional de Certificados de Profesionalidad, cuyo ámbito competencial incluya los contenidos que se indican en los apartados 1 a 17 del anexo 2 de esta instrucción técnica complementaria.

d. Tener reconocida la cualificación profesional de instalador de gas, que incluya la cualificación como agente de puesta en marcha, adquirida en otro u otros Estados miembros de la Unión Europea, de acuerdo con lo establecido en el RD 581/2017, de 9 de junio, en las materias que se indican en los apartados 1 a 17 del anexo 2 de esta instrucción técnica complementaria.

e. Poseer una certificación otorgada por entidad acreditada para la certificación de personas por ENAC o cualquier otro Organismo Nacional de Acreditación designado de acuerdo a lo establecido en el Reglamento (CE) n.º 765/2008 del Parlamento Europeo y del Consejo, de 9 de julio de 2008.

Todas las entidades acreditadas para la certificación de personas que quieran otorgar estas certificaciones deberán incluir en su esquema de certificación un sistema de evaluación que incluya los contenidos que se indican en los apartados 1 a 17 del anexo 2 de esta instrucción técnica Complementaria.

4.2 Para poder realizar su actividad, el instalador de categoría A o B que pretenda adecuar aparatos por cambio de familia de gas, de acuerdo con lo indicado en el apartado 5.3 de la ITC-ICG 08, deberá cumplir y tendrá que poder acreditar ante la Administración competente cuando esta así lo requiera en el ejercicio de sus facultades de inspección, comprobación y control, una de las siguientes situaciones:

a. Poseer acreditación del fabricante a tal fin, donde figure explícitamente el reconocimiento de tal capacidad.

b. Disponer de un título universitario cuyo ámbito competencial, atribuciones legales o plan de estudios cubra los contenidos que se indican en el anexo 2 de esta instrucción técnica complementaria.

c. Disponer de un título de formación profesional o de un certificado de profesionalidad incluido en el Repertorio Nacional de Certificados de Profesionalidad cuyo ámbito competencial incluya los contenidos que se indican en el anexo 2 de esta instrucción técnica complementaria.

d. Tener reconocida la cualificación profesional de instalador de gas, que incluya la cualificación para adecuar aparatos por cambio de familia de gas, adquirida en otro u otros Estados miembros de la Unión Europea, de acuerdo con lo establecido en el RD 581/2017, de 9 de junio, en las materias que se indican en el anexo 2 de esta instrucción técnica complementaria.

e. Poseer una certificación otorgada por entidad acreditada para la certificación de personas por ENAC o cualquier otro Organismo Nacional de Acreditación designado de acuerdo a lo establecido en el Reglamento (CE) n.º 765/2008 del Parlamento Europeo y del Consejo, de 9 de julio de 2008, que incluya los contenidos que se indican en el anexo 2 de esta instrucción técnica complementaria

Anexo 1
Conocimientos mínimos necesarios para instaladores de gas

Índice

1. Instaladores de categoría A.

Conocimientos teórico-prácticos.

Conocimientos de reglamentación.

2. Instaladores de categoría B.

Conocimientos teórico-prácticos.

Conocimientos de reglamentación.

3. Instaladores de categoría C.

Conocimientos teórico-prácticos.

Conocimientos de reglamentación.

1 Instaladores de categoría A

1.1 Conocimientos teórico-prácticos para el instalador de categoría A

1.1.1 Conocimientos teóric os para instalador de categoría A

Los conocimientos teóricos adicionales que el instalador de categoría A debe adquirir respecto a los del instalador de categoría B son los siguientes:

1.1.1.1 Física

Corrientes de fuga.

Corrientes galvánicas.

Bases y funcionamiento de la protección catódica (electrodos).

Electricidad estática y su eliminación.

Tomas de tierra y medición.

1.1.1.2 Química

Corrosión: Clases y causas. Protecciones: Activas y pasivas.

1.1.1.3 Materiales, uniones y accesorios

Tuberías:

Tubería de polietileno.

Uniones:

Tipos de soldadura.

Uniones de tubo de polietileno.

1.1.1.4 Instalaciones de tuberías, pruebas y ensayos

Instalaciones de tuberías, pruebas y ensayos (Redes y acometidas).

Aplicación al GLP.

1.1.1.5 Accesorios de las instalaciones de gas

Cámaras de regulación.

Válvulas de depósitos.

Válvulas de tres vías.

Válvulas de purga.

Mangueras de trasvase. Acoplamientos. Normas UNE.

Bombas de agua: conocimientos básicos.

Compresores: principios de funcionamiento y utilización.

Vaporizadores.

1.1.2 Conocimientos prácticos para instalador de categoría A

Los conocimientos prácticos adicionales que el instalador de categoría A debe adquirir respecto a los del instalador de categoría B son los siguientes:

Tubería de polietileno: corte, uniones. Soldadura a tope y por electrofusión.

Colocación de tubería en zanja.

Aplicación de las protecciones pasivas (desoxidantes, pinturas, cintas, etc.).

Control de la protección catódica.

Montaje de depósitos de GLP y sus accesorios.

Pruebas y tarado de una válvula de seguridad.

Pruebas hidráulicas.

1.1.3 Realización práctica de una instalación de GLP mediante depósito fijo y red de tubería hasta la instalación receptora

1.2 Conocimientos de reglamentación para el instalador de categoría A

Ley 21/1992, de 16 de julio, de industria.

RD 2200/1995, de 28 de diciembre, por el que se aprueba el Reglamento de la infraestructura de la calidad y la seguridad industrial:

- Las entidades de normalización. AENOR. «Status» de las normas UNE. Normas de referencia. Normas de obligado cumplimiento. Normas voluntarias.
- Las entidades de acreditación. ENAC. Acreditación de entidades certificadoras y organismos de control.

RD 697/1995, de 28 de abril, por el que se aprueba el Registro de Establecimientos Industriales.

Ley 34/1998, de 7 de octubre, del sector de hidrocarburos, Título I «Disposiciones generales», Título III, Capítulo III «Gases licuados del petróleo» y Título IV, Capítulo I «Disposiciones Generales», Capítulo II «Sistema de gas natural», Capítulo IV «Regasificación, transporte y almacenamiento de gas natural», Capítulo V «Distribución de combustibles gaseosos por canalización», Capítulo VI «Suministro de combustibles gaseosos», la Disposición Adicional 6.ª y las Disposiciones Transitorias 5.ª, 7.ª, 8.ª y 15.ª («Boletín Oficial del Estado» de 8 de octubre de 1998, con rectificación en «Boletín Oficial del Estado» de 3 de febrero de 1999), con las modificaciones para este último introducidas por el artículo 7 del RD-Ley 6/2000, de 23 de junio («Boletín Oficial del Estado», de 24 de junio de 2000, con rectificación en «Boletín Oficial del Estado» de 28 de junio de 2000).

Reglamento general del servicio público de gases combustibles, aprobado por Decreto 2.913/1973, de 26 de octubre de 1973, Capítulos III y IV («Boletín Oficial del Estado» de 21 de noviembre de 1973) y RD 3484/1983, de 14 de diciembre que modifica el artículo 27 del Reglamento general del servicio de gases combustibles («Boletín Oficial del Estado» de 20 de febrero de 1984, con rectificación en «Boletín Oficial del Estado» de 16 de marzo de 1984), en todo lo que no se oponga al Reglamento técnico de distribución y utilización de combustibles gaseosos.

Reglamento de la actividad de distribución de gases licuados del petróleo, aprobado por RD 1085/1992, de 11 de septiembre, Capítulo III («Boletín Oficial del Estado» de 9 de octubre de 1992), en lo que no se oponga a la Ley 34/1998, de 7 de octubre, del sector de hidrocarburos.

El Reglamento técnico de distribución y utilización de combustibles gaseosos, y sus instrucciones técnicas complementarias (ITCs):

- ITC-ICG 01 «Instalaciones de distribución de combustibles gaseosos por canalización».
- ITC-ICG 03 «Instalaciones de almacenamiento de gases licuados del petróleo (GLP) en depósitos fijos».
- ITC-ICG 05 «Estaciones de servicio para vehículos a gas».
- ITC-ICG 06 «Instalaciones de envases de gases licuados del petróleo (GLP) para uso propio».
- ITC-ICG 07 «Instalaciones receptoras de combustibles gaseosos».
- ITC-ICG 08 «Aparatos de gas», Capítulos 1, 2, 4 y 5, así como sus anexos 2 y 4.
- ITC-ICG 09 «Instaladores y empresas instaladoras de gas».
- ITC-ICG 10 «Instalaciones de gases licuados del petróleo (GLP) de uso doméstico en caravanas y autocaravanas».

El Mercado interior europeo. «Nuevo Enfoque» en la reglamentación europea:

Resolución de 7 de mayo de 1985; Decisión del Consejo 93/465/CEE sobre el «Enfoque Global» (Marcado CE y Procedimientos de Certificación de la Conformidad.

RD 1428/1992, de 27 de noviembre, por el que se dictan las disposiciones de aplicación de la Directiva 90/396/CEE, sobre aparatos de gas, únicamente los artículos 1, 2, 3, y 9 y los Anexos I y III («Boletín Oficial del Estado» de 5 de diciembre de 1992, con rectificación en «Boletín Oficial del Estado» de 23 de enero de 1993 y «Boletín Oficial del Estado» de 27 de enero de 1993), con las modificaciones introducidas por el RD 276/1995, de 24 de febrero («Boletín Oficial del Estado» de 27 de marzo de 1995).

Norma UNE 60670 sobre «Instalaciones receptoras de gas con un presión máxima de operación (MOP) inferior o igual a 5 bar», según la edición recogida en la ITC-ICG 11 del Reglamento técnico de distribución y utilización de combustibles gaseosos.

Norma UNE 60601 sobre «Salas de máquinas y equipos autónomos de generación de calor o frío o para cogeneración, que utilizan combustibles gaseosos», según la edición recogida en la ITC-ICG 11 del Reglamento técnico de distribución y utilización de combustibles gaseosos.

2 Instaladores de categoría B

2.1 Conocimientos teórico-prácticos para el instalador de categoría B

2.1.1 Conocimientos teóricos para instalador de categoría B

2.1.1.1 Matemáticas

Números enteros y decimales.

Operaciones básicas con números enteros y decimales.

Números quebrados. Reducción de un número quebrado a un número decimal.

Números negativos: operaciones.

Proporcionalidades.

Escalas.

Regla de tres simple.

Porcentajes.

SI: longitudinal (m, dm, cm y mm), superficie (m^2, dm^2, cm^2 y mm^2) y volúmenes (m^3, dm^3, litro, cm^3 y mm^3).

Potencias y raíces cuadradas. Potencias en base 10 y exponente negativo.

Líneas: rectas y curvas, paralelas y perpendiculares, horizontales, verticales o inclinadas.

Ángulo: denominación. Unidades angulares (sistema sexagesimal). Ángulo recto, agudo, obtuso.

Concepto de pendiente.

Polígonos: cuadrado, rectángulo y triángulo.

Circunferencia. Círculo. Diámetro.

Superficies regulares: cuadrado, rectángulo y triángulo.

Superficies irregulares: triangulación.

Volúmenes: paralelepípedos, cilindros.

Representación de gráficas.

2.1.1.2 Física

La materia: partícula, molécula, átomo. Molécula simple, molécula compuesta. Sustancia simple y compuesta.

Estados de la materia: estado sólido, estado líquido, estado gaseoso. Movimiento de las moléculas. Forma y volumen. Choques entre moléculas.

Fuerza, masa, aceleración y peso: conceptos. Unidades SI.

Masa volumétrica y densidad relativa: conceptos. Unidades SI.

Presión: concepto de presión, presión estática. Diferencia de presiones. Principio de Pascal. Unidades (Pa, bar). Presión atmosférica. Presión absoluta y presión relativa o efectiva. Manómetros: de líquido y metálicos. Otras unidades de presión (mca, mmHg, atm). Pérdida de carga.

Energía, potencia y rendimiento:

* Concepto de Energía. Sus clases. Unidades SI y equivalencias.

* Concepto de Potencia. Fórmula de la potencia. Unidades SI.

* Concepto de Rendimiento. Su expresión.

El calor:

* Concepto de calor. Unidades. Calor específico. Intercambio de calor. Cantidad de calor. PCS y PCI.

Temperatura:

* Concepto, medidas, escala Celsius (centígrada).

Efecto del calor:

* Dilatación, calor sensible, cambio de estado, fusión, solidificación, vaporización, condensación.

Transmisión del calor:

* Por conducción; materiales conductores, aislantes y refractarios.

* Por convección. Por radiación.

* Radiaciones infrarrojas, visibles y ultravioletas.

Caudal: concepto y unidades (m^3/h, kg/h).

Efecto Venturi: aplicaciones.

Relaciones PVT en los gases: ecuación de los gases perfectos. Transformación a temperatura constante. Transformaciones a volumen constante. Transformaciones a presión constante.

Tensión de vapor (botellas de GLP).

Nociones de electricidad:

* Tensión, resistencia.

* Intensidad: concepto y unidades.

* Potencia y energía: concepto y unidades.

* Cuerpos aislantes y conductores.

* Ley de Ohm. Efecto Joule. Ejemplos aplicados a la soldadura.

* Corrientes de fuga.

* Corrientes galvánicas.

* Bases y funcionamiento de la protección catódica (electrodos).

2.1.1.3 Química

Elementos y cuerpos químicos presentes en los gases combustibles: nitrógeno, hidrógeno, oxígeno, compuestos de carbono (CO y CO). Hidrocarburos: metano, etano, propano, butano.

El aire como mezcla.

Gases combustibles comerciales: familias. Gas manufacturado, aire propanado, aire metanado, gases licuados del petróleo (butano y propano), gas natural: obtención y características (composición, PCS, densidad relativa, humedad).

Combustión: combustible y comburente. Reacciones de combustión. Combustión completa e incompleta. Aire primario y aire secundario. Llama blanca y azul. Temperatura de ignición y de inflamación. Poder calorífico superior.

Gases inertes. Inertización.

2.1.1.4 Materiales, uniones y accesorios

Tuberías:

* Tubería de plomo. Características técnicas y comerciales.

* Tubería de acero. Características técnicas y comerciales.

* Tubería de cobre. Características técnicas y comerciales.

* Tubería flexible. Características técnicas y comerciales.

Uniones:

* Uniones mecánicas:

* Bridas: definición y utilización.

* Racores: definición y utilización.

* Ermeto o similares: definición y utilización.

* Roscadas: definición y utilización.

Tipos de soldadura:

* Soldadura plomo-plomo:

* Desoxidantes.

* Aleaciones para soldar.

* Sopletes de propano-butano.

Lamparilla de gasolina.

* Soldadura por capilaridad: blanda y fuerte.

* Soldadura oxiacetilénica (botella + manorreductores, soplete, llamas para soldar, material de aportación, sistemas de soldeo. Incidentes durante el soldeo).

* Soldadura eléctrica por arco. Grupos transformadores: tipos, electrodos: clases.

Uniones soldadas:

* Plomo-plomo.

* Plomo-cobre, bronce o latón.

* Cobre-cobre, latón, bronce.

* Acero-acero.

* Acero-cobre, bronce, latón.

* Acero-plomo (con manguito).

* Latón-latón, bronce.

* Bronce-bronce.

Accesorios:

* De tuberías.

* Para sujeción de tuberías (soportes y abrazaderas).

* Pasamuros. De fachada, interiores a la vista, de techo.

Fundas o vainas.

Protección mecánica de tuberías de plomo.

2.1.1.5 Instalaciones de tuberías, pruebas y ensayos (UNE 60670)

2.1.1.6 Instalaciones de contadores (UNE 60670)

2.1.1.7 Ventilación de locales (UNE 60670)

Evacuación de gases quemados.

Entrada de aire para la combustión.

Ventilación.

2.1.1.8 Quemadores

Generalidades.

Quemadores atmosféricos: de llama blanca, de llama azul e infrarrojos. Descripción (inyector, órganos de regulación de aire primario, mezclador o Venturi, cabeza del quemador).

Funcionamiento (porcentaje de aireación primaria, estudio de las llamas.

Desprendimiento. Retorno, estabilidad, puntas amarillas. Factores que influyen en la estabilidad y aspecto de las llamas).

Quemadores automáticos con aire presurizado. Tipos y descripción.

2.1.1.9 Dispositivos de protección y seguridad de aparatos

Definición.

Tipos:

* Bimetálicos: descripción y funcionamiento.

* Termopares: descripción y funcionamiento.

* Analizador de atmósferas: descripción y funcionamiento.

* Termostatos: descripción y funcionamiento.

Órganos detectores sensibles a la luz:

* Válvulas fotoeléctricas: descripción y funcionamiento.

* Válvulas fotoconductoras: descripción y funcionamiento.

* Tubos de descarga: descripción y funcionamiento.

* Órganos detectores utilizando la conductividad de la llama.

2.1.1.10 Dispositivos de encendido

Por efecto piezoeléctrico. Por chispa eléctrica. Por resistencia eléctrica. Encendido programado.

2.1.1.11 Aparatos de gas

Aparatos domésticos de cocción: tipos y características. Conexiones admisibles. Dispositivos de regulación. Dispositivos de protección y seguridad. Dispositivo de encendido.

Aparatos domésticos para la producción de agua caliente sanitaria: aparatos de producción instantánea y acumuladores. Condiciones de instalación. Características de funcionamiento y dispositivos de regulación. Dispositivos de protección y seguridad. Dispositivos de encendido.

Aparatos domésticos de calefacción fijos: calderas de calefacción y producción de agua caliente sanitaria. Radiadores murales. Generadores de aire caliente. Condiciones de instalación. Características de funcionamiento. Dispositivos de protección y seguridad. Recomendaciones para la puesta en marcha. Dispositivo de encendido.

Estufas móviles: tipos y características. Dispositivos de protección y seguridad.

Aparatos «populares»: tipos y características.

Presiones de funcionamiento de los aparatos de utilización doméstica.

Comprobación del funcionamiento de los aparatos.

2.1.1.12 Adaptación de aparatos a otros tipos de gas

Requisitos necesarios.

Operaciones fundamentales para la adaptación de aparatos de cocción.

Operaciones fundamentales para la adaptación de aparatos de producción de agua caliente y calefacción.

Adaptación de aparatos industriales.

Comprobación del funcionamiento de los aparatos tras su adaptación.

2.1.1.13 Accesorios de las instalaciones de gas:

Llaves: clasificación y características.

Reguladores: misión y tipos.

Contadores: misión y tipos.

Deflectores: misión y tipos.

Limitadores de presión-caudal.

Inversores.

Válvulas de solenoide.

Juntas dieléctricas.

Dispositivo de recogida de condensados.

Racores de botellas.

Liras.

Indicadores visuales.

Válvulas de exceso de flujo.

Válvulas de retención.

Detectores de fugas.

2.1.1.14 Botella de GLP de contenido inferior a 15 kg

Descripción y tipos.

Funcionamiento.

Válvulas y reguladores.

Instalación (normativa).

2.1.1.15 Esquema de instalaciones

Croquización.

Uso de tablas y gráficas.

Simbología de gas, agua, y electricidad.

Planos y esquemas de instalaciones.

2.1.1.16 Cálculo de instalaciones receptoras

Datos necesarios:

* Características del gas.

* PCS.

* Presión mínima de entrada.

* Pérdida de carga admisible.

Consumo de gas:

* Recuento potencia de aparatos.

* Coeficiente de simultaneidad.

* Determinación del caudal máximo probable.

Trazado de conducción:

* Longitudes reales.

* Longitudes equivalentes de cálculo.

Anexos:

* Tablas de consumo de gas por aparatos en m^3/h o kg/h.

* Tablas de determinación de diámetros en función de:

* Caudal.

* Longitud de cálculo.

* Pérdida de carga admitida para cada tipo de gas.

Ejemplo de cálculo. Forma de operar.

2.1.1.17 Depósitos móviles de GLP superiores a 15 kg

Tipos: descripción.

Funcionamiento.

Instalación (normativa).

2.1.1.18 Seguridad y emergencias

Riesgos específicos de la industria del gas.

Incendios, deflagraciones y detonaciones. Triángulo de fuego. Clases de fuego. Prevención, protección y extinción. Deflagraciones.

Intoxicaciones del gas en sí. De los productos de la combustión. Síntomas de intoxicación y medidas de emergencia.

Recomendaciones generales. Ventilación y estanquidad. Detección de fugas. Subsanación de fugas. Reglaje de quemadores.

2.1.2 Conocimientos prácticos para instalador de categoría B

2.1.2.1 Instalaciones

Croquis, trazado y medición de tuberías.

Curvado de tubos.

Corte de tubos.

Soldeo de tubos de cobre y plomo. Soldeo de accesorios.

Injertos y derivaciones.

Uniones mecánicas: racores, ermetos o similares, bridas.

Uniones roscadas.

Fijación de tuberías y colocación de protecciones, pasamuros, vainas y sellado.

Pruebas de resistencia y estanquidad.

Pruebas de inertización.

Evacuaciones y ventilaciones. Ejecución con tubos metálicos y rígidos, tubos flexibles y otros materiales. Montaje de deflectores y cortavientos. Colocación de rejillas.

2.1.2.2 Aparatos

Desmontaje e identificación de los elementos y dispositivos fundamentales de diferentes aparatos de utilización doméstica.

Conexión y puesta en marcha de un aparato de cocción. Ajuste del aire primario de los quemadores y determinación del gasto. Comprobación del funcionamiento del dispositivo de seguridad.

Montaje, conexión y puesta en marcha de un aparato de producción de agua caliente instantáneo. Determinación y ajuste del gasto. Comprobación del caudal de agua y potencia útil del aparato. Comprobación del funcionamiento del dispositivo de seguridad.

Adaptación de aparatos de cocción a gases de distintas familias. Comprobación del funcionamiento de los aparatos con cada tipo de gas.

Adaptación de aparatos de producción de agua caliente y calefacción a gases de distintas familias. Comprobación del funcionamiento de los aparatos con cada tipo de gas.

Lectura de aparatos.

2.1.3 Realización práctica de una instalación con gas canalizado y otra con botellas de GLP

2.2 Conocimientos de reglamentación para el instalador de categoría B

Los conocimientos de reglamentación para instalador de categoría B incluirán los conocimientos de reglamentación para instalador de categoría A con excepción de lo siguiente:

Ley 34/1998, de 7 de octubre, del sector de hidrocarburos, Título IV, Capítulo IV «Regasificación, transporte y almacenamiento de gas natural», la Disposición Adicional 6.ª y las Disposiciones Transitorias 5.ª, 7.ª, 8.ª y 15.ª («Boletín Oficial del Estado» de 8 de octubre de 1998, con rectificación en «Boletín Oficial del Estado» de 3 de febrero de 1999), con las modificaciones para este último introducidas por el artículo 7 del RD-Ley 6/2000, de 23 de junio («Boletín Oficial del Estado», de 24 de junio de 2000, con rectificación en «Boletín Oficial del Estado» de 28 de junio de 2000).

Las siguientes Instrucciones Técnicas Complementarias (ITCs) al Reglamento técnico de distribución y utilización de combustibles gaseosos:

ITC-ICG 01 «Instalaciones de distribución de combustibles gaseosos por canalización».

ITC-ICG 03 «Instalaciones de almacenamiento de gases licuados del petróleo (GLP) en depósitos fijos».

ITC-ICG 05 «Estaciones de servicio para vehículos a gas».

3 Instaladores de categoría C

3.1 Programa teórico-práctico para instalador de categoría C

3.1.1 Conocimientos teóricos para instalador de categoría C

3.1.1.1 Matemáticas

Números enteros y decimales.

Operaciones básicas con números enteros y decimales (máximo 4 enteros y 3 decimales).

Números quebrados. Reducción de un número quebrado a un número decimal.

Proporcionalidades. Regla de tres simple. Porcentajes.

SI: Longitudinal (m, dm, cm y mm), superficie (m^2, dm^2, cm^2 y mm^2) y volúmenes (m^3, dm^3, litro, cm^3 y mm^3).

Líneas: rectas y curvas, paralelas y perpendiculares, horizontales, verticales o inclinadas.

Ángulo: denominación. Unidades angulares (sistema sexagesimal). Ángulo recto, agudo, obtuso.

Concepto de pendiente.

Polígonos: cuadrado, rectángulo y triángulo.

Circunferencia. Círculo. Diámetro.

Volúmenes: paralelepípedos.

3.1.1.2 Física

La materia: partícula, molécula, átomo. Molécula simple, molécula compuesta.

Sustancia simple y compuesta. Estados de la materia: estado sólido, estado líquido, estado gaseoso. Movimiento de las moléculas. Forma y volumen. Choques entre moléculas.

Fuerza, masa, aceleración y peso: conceptos. Unidades SI.

Masa volumétrica y densidad relativa: conceptos. Unidades SI.

Presión: concepto de presión, presión estática. Diferencia de presiones. Principio de Pascal. Unidades (Pa, bar). Presión atmosférica. Presión absoluta y presión relativa o efectiva. Manómetros: de líquido y metálicos. Otras unidades de presión (mca, mmHg, atm). Pérdida de carga.

Energía, potencia y rendimiento:

 * Concepto de Energía. Sus clases. Unidades SI y equivalencias.

 * Concepto de Potencia. Fórmula de la potencia. Unidades SI.

 * Concepto de Rendimiento. Su expresión.

El calor:

 * Concepto de calor. Unidades. Calor específico. Intercambio de calor. Cantidad de calor. PCS y PCI.

Temperatura:

 * Concepto, medidas, escala Celsius (centígrada).

Efecto del calor:

* Dilatación, calor sensible, cambio de estado, fusión, solidificación, vaporización, condensación.

Transmisión del calor:

* Por conducción; materiales conductores, aislantes y refractarios.

* Por convección.

* Por radiación. Radiaciones infrarrojas, visibles y ultravioletas.

Caudal: concepto y unidades (m^3/h, kg/h). Tensión de vapor (botellas de GLP).

Nociones de electricidad:

* Tensión, resistencia. Intensidad: concepto y unidades.

* Potencia y energía: concepto y unidades.

3.1.1.3 Química

Elementos y cuerpos químicos presentes en los gases combustibles: nitrógeno, hidrógeno, oxígeno, compuestos de carbono (CO y CO). Hidrocarburos: metano, etano, propano, butano.

El aire como mezcla.

Gases combustibles comerciales: familias. Gas manufacturado, aire propanado, aire metanado, gases licuados del petróleo (butano y propano), gas natural: obtención y características (composición, PCS, densidad relativa, humedad).

Combustión: combustible y comburente. Reacciones de combustión. Combustión completa e incompleta. Aire primario y aire secundario. Llama blanca y azul. Temperatura de ignición y de inflamación. Poder calorífico superior.

3.1.1.4 Materiales, uniones y accesorios

Tuberías:

* Tubería de plomo. Características técnicas y comerciales.

* Tubería de acero. Características técnicas y comerciales.

* Tubería de cobre. Características técnicas y comerciales.

* Tubería flexible. Características técnicas y comerciales.

Uniones:

* Uniones mecánicas:

  Bridas: definición y utilización.

  Racores: definición y utilización.

  Ermeto o similares: definición y utilización.

  Roscadas: definición y utilización.

* Tipos de soldadura:

  Soldadura plomo-plomo:

  Desoxidantes.

Aleaciones para soldar.

Sopletes de propano-butano.

Lamparilla de gasolina.

Soldadura por capilaridad: blanda y fuerte.

Soldadura oxiacetilénica (botella + manorreductores, soplete, llamas para soldar, material de aportación, sistemas de soldeo. Incidentes durante el soldeo).

Soldadura eléctrica por arco. Grupos transformadores: tipos, electrodos: clases.

* Uniones soldadas:

Plomo-plomo.

Plomo-cobre, bronce o latón.

Cobre-cobre, latón, bronce.

Acero-acero.

Acero-cobre, bronce, latón.

Acero-plomo (con manguito).

Latón-latón, bronce.

Bronce-bronce.

Accesorios:

* De tuberías.

* Para sujeción de tuberías (soportes y abrazaderas).

* Pasamuros. De fachada, interiores a la vista, de techo.

Fundas o vainas.

Protección mecánica de tuberías de plomo.

3.1.1.5 Instalaciones de tuberías, pruebas y ensayos (UNE 60670)

3.1.1.6 Instalaciones de contadores (UNE 60670)

3.1.1.7 Ventilación de locales (UNE 60670)

Evacuación de gases quemados.

Entrada de aire para la combustión.

Ventilación.

3.1.1.8 Quemadores

Generalidades.

Quemadores atmosféricos: de llama blanca, de llama azul e infrarrojos.

Descripción (inyector, órganos de regulación de aire primario, mezclador o Venturi, cabeza del quemador).

Funcionamiento (porcentaje de aireación primaria, estudio de las llamas. Desprendimiento. Retorno, estabilidad, puntas amarillas. Factores que influyen en la estabilidad y aspecto de las llamas).

3.1.1.9 Dispositivos de protección y seguridad de aparatos

Definición.

Tipos:

* Bimetálicos: descripción y funcionamiento.

* Termopares: descripción y funcionamiento.

* Analizador de atmósferas: descripción y funcionamiento.

* Termostatos: descripción y funcionamiento.

3.1.1.10 Dispositivos de encendido

Por efecto piezoeléctrico.

Por chispa eléctrica.

Por resistencia eléctrica.

Encendido programado.

3.1.1.11 Aparatos de gas

Aparatos domésticos de cocción: tipos y características. Conexiones admisibles. Dispositivos de regulación. Dispositivos de protección y seguridad. Dispositivo de encendido.

Aparatos domésticos para la producción de agua caliente sanitaria: aparatos de producción instantánea y acumuladores. Condiciones de instalación. Características de funcionamiento y dispositivos de regulación. Dispositivos de protección y seguridad. Dispositivos de encendido.

Aparatos domésticos de calefacción fijos: calderas de calefacción y producción de agua caliente sanitaria. Radiadores murales. Generadores de aire caliente. Condiciones de instalación. Características de funcionamiento. Dispositivos de protección y seguridad. Recomendaciones para la puesta en marcha. Dispositivo de encendido.

Estufas móviles: tipos y características. Dispositivos de protección y seguridad.

Aparatos «populares»: tipos y características.

Presiones de funcionamiento de los aparatos de gas domésticos.

Comprobación del funcionamiento de los aparatos.

3.1.1.12 Accesorios de las instalaciones de gas

Llaves: clasificación y características.

Reguladores: misión y tipos.

Contadores: misión y tipos.

Deflectores: misión y tipos.

Detectores de fugas.

3.1.1.13 Botella de GLP de contenido inferior a 15 kg

Descripción y tipos.

Funcionamiento.

Válvulas y reguladores.

Instalación (normativa).

3.1.1.14 Esquema de instalaciones

Croquización.

Uso de tablas y gráficas.

Simbología de gas.

Planos y esquemas de instalaciones.

3.1.1.15 Cálculo de instalaciones receptoras

Datos necesarios:

* Características del gas:

   PCS.

   Presión mínima de entrada.

   Pérdida de carga admisible.

* Consumo de gas:

   Recuento potencia de aparatos.

   Coeficiente de simultaneidad.

* Trazado de conducción:

   Longitudes reales.

   Longitudes equivalentes de cálculo.

Anexos:

* Tablas de consumo de gas por aparatos en m^3/h o kg/h.

* Tablas de determinación de diámetros en función de:

   Caudal.

   Longitud de cálculo.

   Pérdida de carga admitida para cada tipo de gas.

Ejemplo de cálculo. Forma de operar.

3.1.1.16 Seguridad y emergencias

Riesgos específicos de la industria del gas.

Incendios, deflagraciones y detonaciones. Triángulo de fuego. Clases de fuego. Prevención, protección y extinción. Deflagraciones.

Intoxicaciones del gas en sí. De los productos de la combustión. Síntomas de intoxicación y medidas de emergencia.

Recomendaciones generales. Ventilación y estanqueidad. Detección de fugas. Subsanación de fugas. Reglaje de quemadores.

3.1.2 Conocimientos prácticos para instalador de categoría C

3.1.2.1 Instalaciones

Croquis, trazado y medición de tuberías.

Curvado de tubos.

Corte de tubos.

Soldeo de tubos de cobre y plomo. Soldeo de accesorios.

Injertos y derivaciones.

Uniones mecánicas: racores, ermetos o similares, bridas. Uniones roscadas.

Fijación de tuberías y colocación de protecciones, pasamuros, vainas y sellado.

Pruebas de resistencia y estanquidad.

Evacuaciones y ventilaciones. Ejecución con tubos metálicos y rígidos, tubos flexibles y otros materiales. Montaje de deflectores y cortavientos. Colocación de rejillas.

3.1.2.2 Aparatos

Identificación de los elementos y dispositivos fundamentales de diferentes aparatos de gas domésticos.

Conexión y puesta en marcha de un aparato de cocción. Ajuste del aire primario de los quemadores. Comprobación del funcionamiento del dispositivo de seguridad.

Montaje, conexión y puesta en marcha de un aparato de producción de agua caliente instantáneo. Comprobación del funcionamiento del dispositivo de seguridad.

Comprobación del funcionamiento de aparatos de producción de agua caliente y calefacción individuales.

3.1.3 Realización práctica de una instalación con gas canalizado y otra con botellas de GLP

3.2 Conocimientos de reglamentación para instalador de categoría C

Los conocimientos de reglamentación para instalador de categoría C incluirán los conocimientos de reglamentación para instalador de categoría B con excepción de lo siguiente:

Ley 34/1998, de 7 de octubre, del sector de hidrocarburos, Título IV, Capítulo I «Disposiciones Generales», Capítulo II «Sistema de gas natural», Capítulo V «Distribución de combustibles gaseosos por canalización», Capítulo VI «Suministro de combustibles gaseosos» («Boletín Oficial del Estado» de 8 de octubre de 1998, con rectificación en «Boletín Oficial del Estado» de 3 de febrero de 1999), con las modificaciones para este último introducidas por el artículo 7 del RD-Ley 6/2000, de 23 de junio («Boletín Oficial del Estado», de 24 de junio de 2000, con rectificación en «Boletín Oficial del Estado» de 28 de junio de 2000).

Las siguientes Instrucciones Técnicas Complementarias (ITCs) al Reglamento técnico de distribución y utilización de combustibles gaseosos:

▫ ITC-ICG 06 «Instalaciones de envases de gases licuados del petróleo (GLP) para uso propio».

▫ ITC-ICG 10 «Instalaciones de gases licuados del petróleo (GLP) de uso doméstico en caravanas y autocaravanas».

Norma UNE 60601 sobre «Salas de máquinas y equipos autónomos de generación de calor o frío o para cogeneración, que utilizan combustibles gaseosos», según la edición recogida en la ITC-ICG 11 del Reglamento técnico de distribución y utilización de combustibles gaseosos.

Anexo 2
Conocimientos adicionales a la formación de instalador, necesarios para efectuar operaciones de puesta en marcha, mantenimiento, reparación y adecuación de aparatos de gas mínimos necesarios para instaladores de gas

1 Clasificación y tipos de aparatos según la forma de evacuación de los productos de la combustión: A, B y C (UNE -CEN /TR 1.749 IN)

2 Tipos de aparatos según el uso

2.1 Aparatos de cocción

2.2 Aparatos de calefacción

2.3 Aparatos para la producción de ACS

2.4 Aparatos de refrigeración

2.5 Aparatos de iluminación

2.6 Aparatos de lavado

3 Combustión de los aparatos de gas

Los productos de la combustión (PdC). Importancia de su evacuación. Riesgo para la salud de las personas.

4 Quemadores

Generalidades: definición, funciones, sistemas de combustión (mezcla combustible y comburente).

Tipos:

Atmosféricos.

De mezcla previa por aire inductor.

De mezcla previa en máquinas.

De llama libre.

Monobloc.

Llama plano.

Inmersión.

Tubos radiantes.

Radiación infrarroja.

De alta velocidad.

Descripción: inyector, órgano de regulación de aire primario, mezclador, Venturi, cabeza del quemador.

Funcionamiento: porcentaje de aire primario, estudio de la llama, desprendimiento, retroceso, estabilidad, puntas amarillas. Factores que influyen en la estabilidad de la llama.

Quemadores automáticos con aire presurizado.

5 Dispositivos de protección y seguridad

Definición.

Tipos, descripción y funcionamiento.

Dispositivos de seguridad de encendido: bimetálicos, por termopar, por conductividad de llama (ionización).

Órganos detectores sensibles a la luz; descripción y funcionamiento: células fotoeléctricas, fotoconductoras y tubos de descarga.

Analizador de atmósfera.

Seguro contra exceso de temperatura. Termostatos.

Control de la presión del fluido.

Dispositivo de evacuación de PdC (cortatiro).

Dispositivo antidesbordamiento de PdC

Seguro contra insuficiente caudal.

Seguro contra exceso de caudal (presostato).

6 Análisis de los Productos de la combustión y conducto de gases quemados

CO-ambiente.

Combustión en la salida de la combustión.

Instrumentos de uso para las mediciones.

7 Rendimiento

Pérdidas por calor sensible.

Pérdidas por inquemados.

Pérdidas por radiación y convección.

8 Presiones de funcionamiento de los aparatos

9 Comprobación del funcionamiento de los aparatos

10 Nociones básicas de electricidad

Componentes del circuito eléctrico.

Potencia.

Condensadores.

Líneas monofásicas.

Cuadros eléctricos de protección y mando.

Motores asíncronos.

11 Aparatos domésticos de cocción

Tipos y características.

Conexiones.

Dispositivos de regulación.

Dispositivos de protección y seguridad.

Dispositivos de encendido.

Recomendaciones para la puesta en marcha (Ventilaciones y condiciones del local, características del gas, ensayos de estanquidad y prueba de funcionamiento).

Limpieza de inyectores, engrase de llaves, cambios de juntas en racor de conexión del gas. Placas vitrocerámicas de gas.

12 Aparatos domésticos para la producción de ACS

Aparatos de producción instantánea: condiciones de instalación, características de funcionamiento, dispositivos de regulación, de protección y seguridad, dispositivos de encendido, recomendaciones para la puesta en marcha. Desmontar un equipo: cuerpo de agua, cuerpo de gas, piloto, quemador, cámara de combustión, cortatiros y conducto de evacuación de PdC. Temperatura máxima de ACS permitida. Averías más frecuentes y revisiones preventivas.

Aparatos por acumulación: condiciones de instalación, características de funcionamiento, dispositivos de regulación, de protección y seguridad, dispositivos de encendido, recomendaciones para la puesta en marcha. Desmontar un equipo: cuerpo de agua, cuerpo de gas, piloto, quemador, cámara de combustión, cortatiros y conducto de evacuación de PdC. Averías más frecuentes y revisiones preventivas.

13 Aparatos domésticos de calefacción fijos

Calderas de calefacción: condiciones de instalación, características de funcionamiento, dispositivos de regulación, de protección y seguridad, dispositivos de encendido, recomendaciones para la puesta en marcha. Detección de defectos en la instalación, ruidos, fugas de agua en radiadores y en el circuito hidráulico de la caldera. Ajuste de detentores. Termostato de ambiente: comprobación de su escala y corrección. El vaso de expansión: para qué sirve, presión de precarga y su medición, problemas que ocasiona, sustitución.

Calderas de calefacción y producción de ACS: condiciones de instalación, características de funcionamiento, dispositivos de regulación, de protección y seguridad, dispositivos de encendido, recomendaciones para la puesta en marcha. Problemas más frecuentes: bomba de circulación, válvula de tres vías, membrana del cuerpo de agua, presostato, sensores de falta de presión, de temperatura, de tiro y purgador automático del circuito de calefacción.

Aparatos de condensación. Calderas y calentadores.

Bombas de calor.

14 Radiadores murales

Condiciones de instalación, características de funcionamiento, dispositivos de regulación, de protección y seguridad, dispositivos de encendido, recomendaciones para la puesta en marcha.

15 Generadores de aire caliente

Condiciones de instalación, características de funcionamiento, dispositivos de regulación, de protección y seguridad, dispositivos de encendido, recomendaciones para la puesta en marcha.

16 Equipos de refrigeración y climatización

Condiciones de instalación, características de funcionamiento, dispositivos de regulación, de protección y seguridad, dispositivos de encendido, recomendaciones para la puesta en marcha.

17 Estufas móviles

Tipos y características.

18 Adaptación de aparatos a otras familias de gas

Tipos de gases y su potencia calorífica.

Razones para la adaptación de aparatos.

Operaciones fundamentales:

Desmontaje e identificación de elementos:

Materiales.

Herramientas necesarias.

Repuestos.

Transformación.

Comprobación de los aparatos una vez transformados (conexión y puesta en marcha).

ITC-ICG 10 Instalaciones de gases licuados del petróleo (GLP) de uso doméstico en caravanas y autocaravanas

1 Objeto

La presente instrucción técnica complementaria (en adelante, también denominada ITC) tiene por objeto fijar los requisitos técnicos esenciales y las medidas de seguridad que deben observarse referentes al diseño, construcción, pruebas, instalación y utilización de las instalaciones de GLP de uso doméstico en caravanas y autocaravanas, a las que se refiere el artículo 2.1,g) del Reglamento técnico de distribución y utilización de combustibles gaseosos (en adelante, también denominado reglamento).

2 Campo de aplicación

La presente ITC se aplica a las instalaciones y aparatos de GLP para usos doméstico en vehículos habitables de recreo de carretera, como caravanas o autocaravanas.

Se excluyen del ámbito de aplicación los aparatos portátiles que incorporan su propia alimentación de gas.

Las prescripciones relativas al mantenimiento y control periódico de las instalaciones serán aplicables tanto a las instalaciones nuevas como a las existentes.

3 Diseño y ejecución de las instalaciones

El diseño, construcción y montaje de las instalaciones se realizará con arreglo a lo establecido, en la norma UNE-EN 1949.

Asimismo, los aparatos que se utilicen en caravanas o autocaravanas cumplirán las disposiciones que trasponen a derecho interno español las directivas específicas de la Unión Europea aplicables a los aparatos de gas, o lo indicado en la ITC-ICG 08, según proceda.

La ejecución de la instalación será realizada por una empresa instaladora de gas.

4 Documentación y puesta en servicio

4.1 Pruebas previas

De forma previa a la puesta en servicio de la instalación la empresa instaladora, realizará las pruebas previstas en la norma UNE-EN 1949, con el fin de comprobar que la instalación, los materiales y los equipos cumplen los requisitos de resistencia y estanquidad. Para la verificación de la estanquidad se utilizará un manómetro de rango 0 a 1 bar, clase 1, divisiones de escala de 20 mbar o un manotermógrafo del mismo rango. Se considerará que la prueba es correcta si no se observa una disminución de la presión, transcurrido un periodo de tiempo no inferior a 15 minutos desde el momento en que se efectuó la primera lectura.

4.2 Certificados

La empresa instaladora cumplimentará el correspondiente certificado de instalación indicado en el anexo 1 de esta ITC, que se emitirá por triplicado, con copia para el titular de la instalación y para el órgano competente de la Comunidad Autónoma.

4.3 Puesta en servicio

Una vez expedido el certificado de instalación, esta se considerará en disposición de servicio, momento en que el titular de la instalación del vehículo de recreo podrá solicitar al suministrador los envases de GLP.

4.4 Comunicación a la Administración

No es precisa ninguna comunicación. No obstante, el titular conservará, y tendrá a disposición de la Administración, el certificado de instalación que refleje la instalación de envases de GLP.

5 Condiciones de utilización de la instalación

La presión de funcionamiento de los aparatos de gas deberá ser de 30 mbar.

Los envases, tanto los conectados a la instalación como los vacíos, situados en el interior o en el exterior del volumen habitable deben estar sujetos, tanto durante su utilización como con el vehículo en movimiento.

Se deberán desconectar los envases de la instalación en estacionamientos prolongados sin utilización de la instalación de gas.

No podrán utilizarse las tuberías de la instalación de gas como conductores para la instalación de puesta a tierra o para instalaciones eléctricas o radioeléctricas.

6 Mantenimiento y revisiones periódicas

Los titulares o, en su defecto, los usuarios de las instalaciones de GLP, serán los responsables de la conservación y buen uso de dicha instalación, siguiendo los criterios establecidos en la presente ITC, de tal forma que se halle permanentemente en disposición de servicio, con el nivel de seguridad adecuado. Asimismo atenderán las recomendaciones e instrucciones que, en orden a la seguridad, les sean comunicadas por la empresa instaladora de acuerdo con la norma UNE-EN 1949.

El titular de la instalación deberá encargar cada cuatro años a una empresa instaladora la revisión de la instalación y aparatos de GLP.

Modelo IRV-1
Certificado de instalación individual de gas en vehículos habitables de recreo

El abajo firmante ____________________________________ (Nombre y apellidos) con CIF, DNI o NIE: ____________________ (o, en su defecto, n.º de pasaporte ____________) y con dirección en ____________________________ (calle, n.º, localidad y provincia)

(1)

Instalador de categoría ____________ N.º de carné ____________

Expedido por ____________________

Empresa instaladora ____________________

N.º de registro ____________ CIF ____________

Expedido por ____________________

Fabricante del vehículo ____________ (fabricante)

Representante autorizado de: ____________ (fabricante)

DECLARA:

Haber ☐ realizado/ ☐ modificado/ ☐ ampliado la instalación siguiente en el vehículo:

Marca (razón social del fabricante): ____________

Tipo: ____________

Denominación comercial, cuando las hubiere: ____________

Medio de identificación del tipo de vehículo, si están marcados en este: ____________

Categoría de vehículo (2): ____________

Nombre y dirección del fabricante: ____________

Potencia nominal de la instalación: ____________

Presión de alimentación de la instalación: ____________

Que la misma ha sido efectuada y cumple con todas las disposiciones y normativas de la legislación vigente que le sean de aplicación, tanto en materiales como en ventilaciones, que se han realizado con resultado satisfactorio las pruebas de estanquidad que las mismas prevén, y que los dispositivos de maniobra funcionan correctamente.

Y acompaña la siguiente documentación (indicar la que proceda):

☐ Croquis de la acometida común

☐ Relación de aparatos instalados o previstos

La empresa firmante de este documento garantiza, por un periodo de cuatro años contados a partir de la fecha abajo indicada, contra cualquier deficiencia de la instalación realizada atribuible a una mala ejecución, así como contra toda consecuencia que de ello se derive.

Fecha   Firma del instalador   Sello de la empresa instaladora

Nota: Toda ampliación o modificación del vehículo habitable de recreo será objeto de un nuevo certificado de instalación.

(1) Marque con una cruz o rellene la casilla que corresponda.

(2) Tal y como se define en el anexo II A de la Directiva 79/156/CEE.

Modelo IRG-2
Certificado de revisión periódica de instalaciones y aparatos alimentados envases de GLP en vehículos de recreo habitables

Datos de titular y de la instalación

Nombre del titular:

Dirección:

Población y DP:

Marca, tipo y versión vehículo:

Medio de identificación del tipo de vehículo:

Presión de alimentación:

Datos de la empresa instaladora

Razón social:

CIF:

Categoría

Datos del instalador:

Nombre

DNI o NIE: (o en su defecto n.º de pasaporte)

Acreditación:

La persona que suscribe CERTIFICA que, en el día de hoy:

- han sido comprobadas en sus partes visibles y accesibles las ventilaciones, evacuación de los productos de la combustión, caducidad de los componentes y los dispositivos de maniobra de la instalación de gas reseñada de acuerdo a la norma UNE-EN 1949,

- ha sido comprobada la estanquidad de la instalación de gas mediante ensayo de acuerdo con la normativa vigente (ITC-ICG 10),

- ha sido comprobado el funcionamiento de los aparatos de gas conectados a la instalación reseñada habiéndose obtenido como resultado que NO EXISTEN ANOMALÍAS PRINCIPALES NI SECUNDARIAS de acuerdo con la parte 13 de la norma UNE 60670.

El plazo de validez de este certificado es de cuatro años.

Fecha:	Enterado del resultado de las operaciones
Firma del instalador y sello de la empresa instaladora	Nombre y firma del cliente usuario

Resumen UNE 1949: 2022

Especificaciones de las instalaciones de sistemas de GLP para usos domésticos en los vehículos habitables de recreo y para alojamiento en otros vehículos

Objeto y campo de aplicación

Se definen los requisitos de instalación de los sistemas de gases licuados del petróleo para usos domésticos en vehículos habitables de recreo y para alojamiento en otros vehículos.

Así mismo se detallan los requisitos de seguridad y salud para la selección de los materiales, componentes y aparatos a las condiciones de diseño, los ensayos de estanquidad de las instalaciones y al contenido de las instrucciones de uso para los usuarios.

No es de aplicación para los siguientes casos:

- Las conexiones de agua o eléctricas de alimentación a los aparatos.
- Los aparatos portátiles que incorporen su propia instalación de gas.
- La instalación de aparatos GLP utilizados para fines comerciales o en barcos.
- Los equipos de alimentación de gas y los aparatos de gas independientes y externos a la carrocería del vehículo.

Requisitos generales

El fabricante o instalador de GLP emitirá una declaración de conformidad para cada vehículo de recreo o habitable, indicando que cumple la presente UNE, e incluirá el resultado de los ensayos en el correspondiente apartado y un certificado, cuyo contenido será el sugerido por esta norma o el que establezca la reglamentación nacional.

En el caso de vehículos de carretera, se colocará en el interior del mismo la siguiente etiqueta, en un lugar FÁCILMENTE VISIBLE, que establece que en caso de repostaje (GLP, gasolina, gasóleo u otro combustible) del vehículo, todos los aparatos de GLP se deben apagar.

Cargas dinámicas

El sistema de GLP se diseñará de forma que resista las cargas dinámicas a las que puede estar expuesto durante el funcionamiento normal, incluyendo el movimiento del vehículo y los requisitos de funcionamiento de los aparatos.

Estanquidad

El sistema de GLP, hasta los mandos accionados por el usuario, cumplirá los requisitos de estanquidad cuando se ensaye con aire a una presión de 150 mbar. La disminución de presión debe ser inferior o igual a 10 mbar para un volumen de ensayo superior a 700 cm³. Si fuese necesario, debería utilizarse un volumen complementario de 600 cm³.

Segunda alimentación de gas

Se permite la instalación de una alimentación de gas complementaria únicamente si se instala un generador de GLP y el consumo total, incluyendo los aparatos es superior a 1,5 kg/h.

No existirá conexión entre ambas líneas de alimentación de gas. Las botellas de ambas instalaciones de gas pueden situarse en el mismo alojamiento.

Si se utilizan dos alojamientos existirá una señal de advertencia en el interior que avise al usuario de la existencia de una segunda alimentación de gas.

En el acoplamiento interior de la botella se debe indicar con una etiqueta qué aparatos son alimentados por cada una de las instalaciones. Si están alojados en el exterior del mismo, las etiquetas se pondrán de forma visible sobre los envases.

Alojamiento de botellas

Alojamiento de la botella respecto al escape del motor

Deben ser estancos frente al volumen habitable y el acceso será únicamente por el exterior. La posición de la botella es la indicada en la siguiente figura.

Las zonas grisaceas representan el volumen donde ninguna parte del sistema de evacuación de gas debe ser colocada sin instalación de un dispositivo de protección.

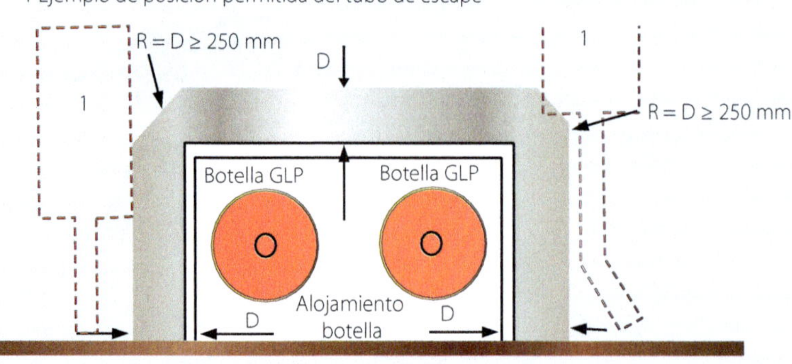

Vista en planta

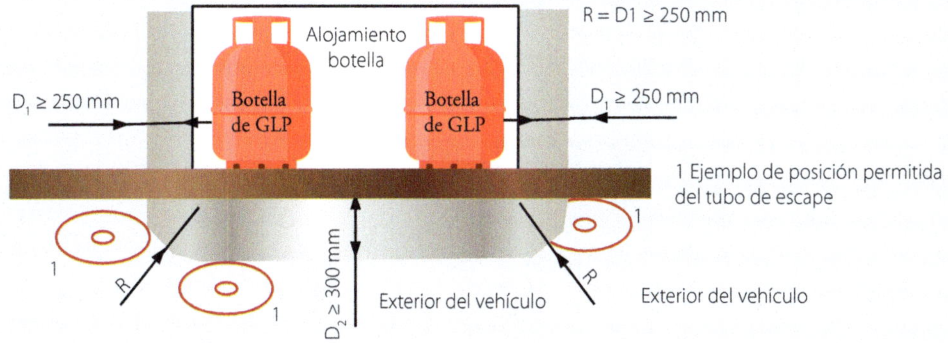

Vista en alzado

Alternativamente debe instalarse una protección térmica para impedir la entrada de los gases de escape en el alojamiento de las botellas, o el impacto del calor de los gases de escape en las botellas.

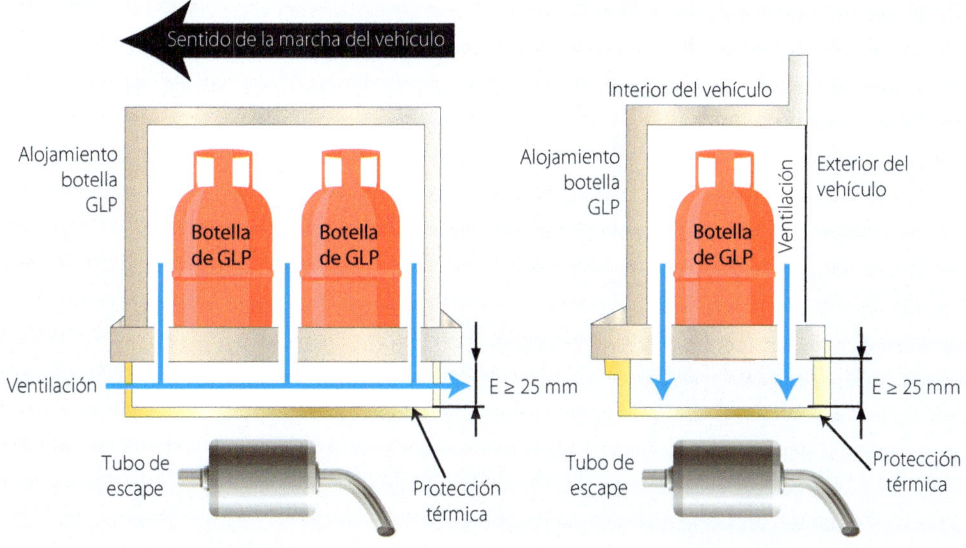

Alojamiento para las botellas de GLP en un garaje o compartimento de almacenamiento

- Será accesible desde el exterior del vehículo
- Solo será posible a través de una puerta estanca cerrada y la altura de la misma medida desde la parte inferior del alojamiento de las botellas será ≥ 5 cm
- La puerta de alojamiento de las botellas, se debe colocar a una distancia ≤ 5 cm detrás de la puerta exterior del garaje y se garantizará de forma constructiva que no abrirá hacia el interior del vehículo.
- La puerta estará asegurada en su posición cerrada.
- La puerta exterior del compartimento del garaje o almacenamiento puede serlo también del alojamiento de las botellas.

Alojamiento de las botellas con acceso desde el interior

Cuando en la autocaravanas y otros vehículos de carretera fuera necesario cortar la carrocería del vehículo homologado para permitir un acceso exterior, se autoriza un acceso al alojamiento desde el interior se cumplen las siguientes condiciones:

a) El acceso desde la zona habitable al alojamiento de las botellas, solo será posible a través de una puerta o trampilla cerrada y estanca. La abertura del borde inferior de la puerta será ≥ 5 cm, medidos desde la parte inferior del alojamiento de las botellas.

b) La puerta o escotilla del compartimento será fácilmente accesible.

c) Se cumplirán los requisitos indicados para el equipo eléctrico de alojamiento de botellas y la distancia al escape del motor (indicada en la figura anterior).

d) El alojamiento será de como máximo de 2 botellas, con una capacidad ≤ 11 kg.

e) Puede contener un máximo de 2 botellas con una capacidad combinada ≤ 7 kg , la ventilación fija de se puede reducir siempre que se cumpla:

– E aireador tendrá un diámetro interior < 2 cm.

– Cuando se instale un conducto para la ventilación, su longitud máxima será inferior a 5 veces el diámetro interno del mismo. Si se trata de evitar interferencias en los orificios de evacuación situados debajo del suelo, su longitud podría alcanzar 10 veces el diámetro interior del conducto.

– El conducto estará situado en la parte inferior al nivel del suelo y ser resistente al GLP, debe descender de forma continua en toda su longitud hacia el exterior del vehículo.

Botellas fijadas en el exterior del vehículo

Para los vehículos y categoría N según la Directiva 2007/46/CEE, debe suministrarse un soporte para fijar sólidamente las botellas en el exterior del vehículo, pero dentro del contorno de la carrocería, salvo si está previsto un alojamiento como el del apartado anterior.

Requisitos de construcción del alojamiento de las botellas

Debe estar diseñado de forma que:

1. Que se puedan aflojar botellas de capacidad suficiente para abastecer el consumo total de los aparatos instalados.

2. Que no se obstruya el acceso a las conexiones, válvulas de inversión y sistemas de regulación.

3. Que sea posible sustituir las botellas sin afectar a la instalación o su equipo auxiliar.

4. Que sea posible abrir o cerrar el dispositivo de fijación de las botellas sin ayuda de herramientas.

En el interior del alojamiento de la botella se colocará una etiqueta con un pictograma de una botella y una advertencia "Leer las instrucciones".

Ventilación del alojamiento de las botellas sin acceso desde el interior

Tendrá una ventilación permanente hacia el exterior del alojamiento de las botellas.

Si la ventilación se realiza únicamente por la parte inferior, la superficie libre mínima debe ser superior o igual al 2 % de la superficie del suelo del alojamiento, con un mínimo de 100 cm^2.

Si la ventilación está asegurada en la parte superior e inferior del alojamiento, la superficie libre de cada una de las partes debe ser superior o igual al 1% de la superficie del suelo del alojamiento con un mínimo de 50 cm^2 para cada una.

Ninguna botella debe obstruir ninguna parte de la superficie de ventilación.

Equipo eléctrico en los alojamientos de las botellas

No se instalará ningún equipo eléctrico incluido el cableado en ningún alojamiento de botellas, excepto en los siguientes casos:

1. Los equipos ELV (muy baja tensión) para los mandos de accionamiento de la alimentación de gas.

2. Los cables que pasan por el alojamiento de botellas de forma continua y sin conexión. Estas instalaciones eléctricas deben fabricarse e instalarse de forma que no sean una fuente potencial de incidencias. Si los cables han de pasar por el alojamiento de botellas deben estar protegidos contra daños mecánicos, bien por el interior de un tubo o un tubo pasante por el alojamiento. Los tubos deben poder resistir un impacto equivalente a AG3.

Alojamiento de las botellas con acceso desde el interior y botellas con baja capacidad

Puede realizarse una ventilación permanente mediante un conducto si se cumplen las siguientes condiciones complementarias:

a) Solo se puede contener un máximo de 2 botellas con una capacidad máxima combinada de 7 kg.

b) El diámetro interior mínimo del conducto debe ser 20 mm.

c) La longitud máxima del conducto debe ser inferior o igual a 5 veces el diámetro interno del mismo. Puede alcanzar 10 veces el diámetro interior del conducto si es necesario para evitar interferencias con los orificios de evacuación situados bajo el suelo.

d) El conducto debe estar situado en la parte inferior al nivel del suelo y debe ser resistente al GLP.

e) El conducto debe descender de forma continua en toda su longitud hacia el exterior del vehículo.

Sistemas de regulación de presión y presiones de servicio

Sistemas de regulación de presión

La instalación de GLP debe incorporar un sistema de regulación de presión y estará situado en el interior del alojamiento.

- Si el regulador no está instalado en la válvula de la botella, se instalará en la pared del alojamiento o en la bandeja extraíble.
- Si el regulador está instalado a cierta distancia de las botellas, la conexión se efectuará de forma que evite desaprietes accidentales, la no deformación de la manguera en la sustitución de la botella.

▫ El sistema de regulación de presión se situará de forma que el tubo flexible se eleve continuamente en toda su longitud desde la salida hasta la entrada del sistema.

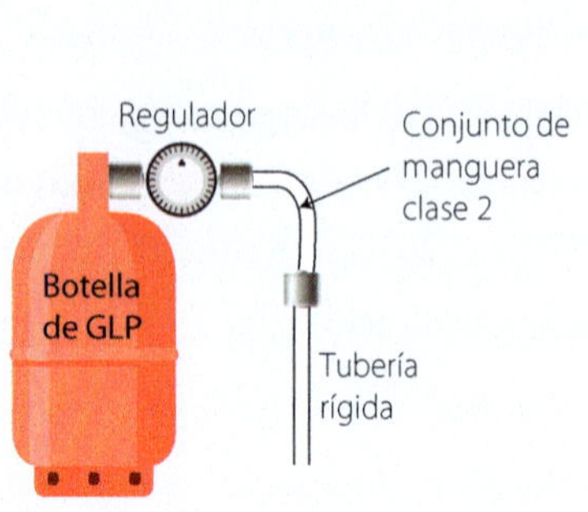

Regulador instalado directamente en la botella GLP

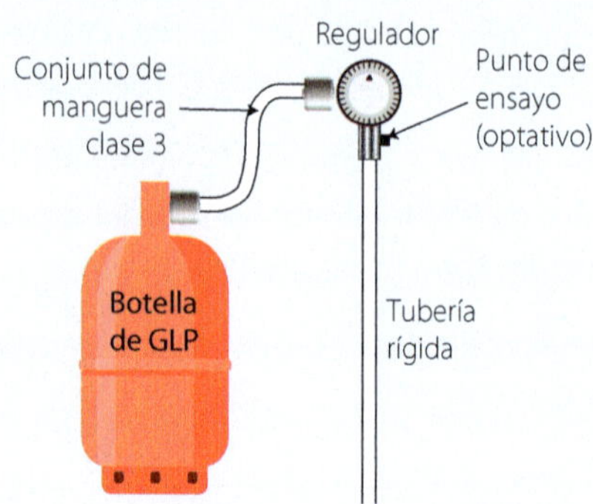

Regulador instalado en la pared usando solo una botella GLP

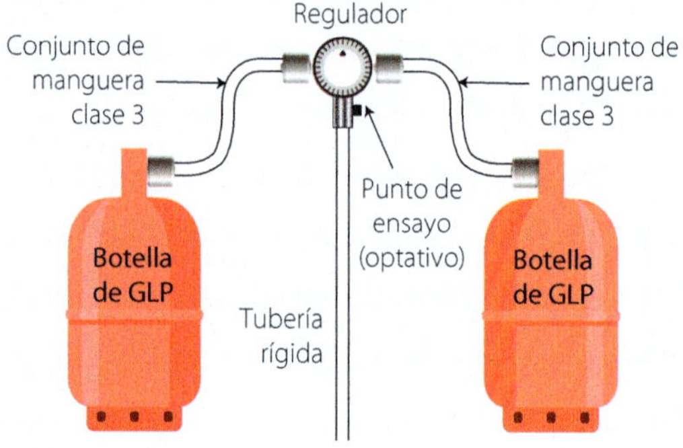

Sistema de regulación instalado en la pared usando con dos botellas GLP

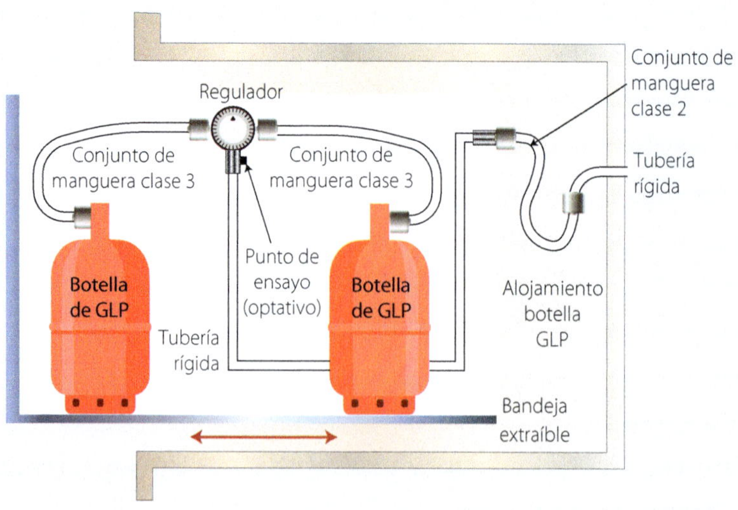

Sistema de regulación instalado en la bandeja extraíble con las tuberías dentro de la misma

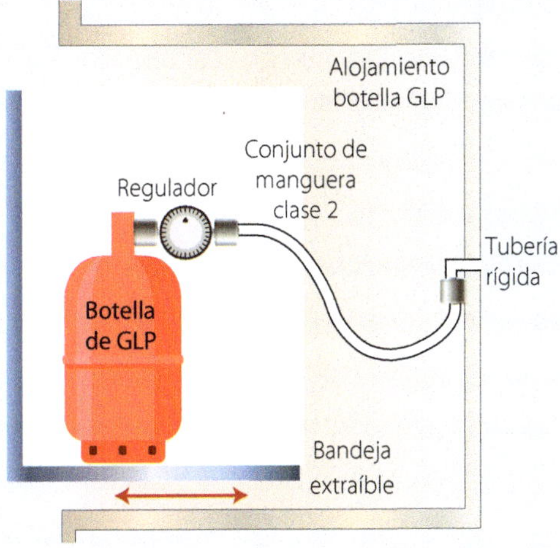

Sistema de regulación instalado en la bandeja extraíble sin tuberías dentro de la misma

Marcado de la presión de servicio

Todas las tuberías deben estar marcadas de forma duradera con una etiqueta que indique la presión en mbar, en la proximidad de la conexión al sistema de regulación

Dispositivo de protección contra sobrepresión

Para evitar que ningún aparato se alimente a una presión superior a 150 mbar, los vehículos de carretera deben incorporar uno o varios dispositivos de protección contra la sobrepresión en la instalación o integrados en el regulador.

Si el dispositivo de protección incorpora una válvula de seguridad de sobrepresión, se debe instalar de forma que la descarga sea evacuada en el alojamiento de las botellas o directamente al exterior.

Conexión de un sistema de dos botellas

Un alojamiento destinado a contener un sistema de dos botellas debe estar provisto de un dispositivo automático que impida cualquier fuga de gas sin quemar durante la desconexión de cada una de las botellas.

Conexión de una alimentación externa de GLP mediante un acoplamiento rápido

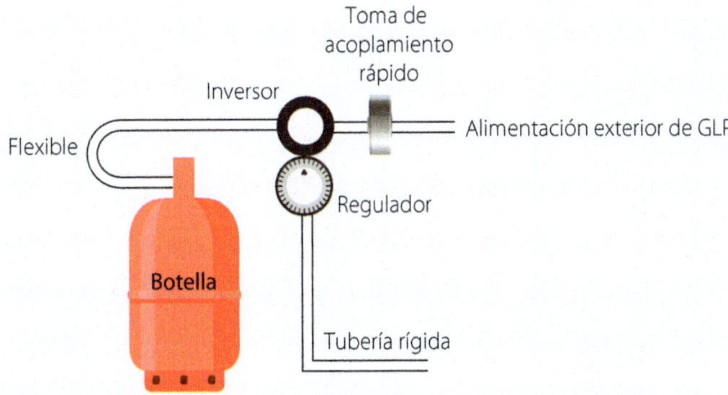

Si se utiliza un acoplamiento rápido para la conexión de una alimentación externa de GLP, se debe instalar de forma permanente y se conectará a un inversor que active una de las dos fuentes de GLP, externa o a bordo. Se debe instalar un inversor manual para impedir que el flujo de gas vaya en la dirección de la válvula de la botella en caso de alimentación exterior o interior según sea el caso.

La presión de entrada de alimentación exterior no debe ser inferior a 0,3 bar y no sobrepasar los 0,5 bar.

La conexión de entrada tendrá el siguiente texto: entrada de GLP mínimo 0,3 bar y máximo 2,2 bar.

El acoplamiento rápido debe ser incompatible con cualquier conexión de salida exterior y protegido de polvo por una cubierta.

Si se instala un acoplamiento rápido en el interior del alojamiento de la botella, se podrá hacer la conexión al sistema y cerrar el alojamiento sin deteriorar el tubo flexible de alimentación.

En caso de usar dispositivos de inversión automáticos se recomienda una presión de entrada de 1 bar.

Componentes

Tubos flexibles

Únicamente se pueden utilizar tubos flexibles adecuados al primer país de destino.

Tubos vehículos de carretera

Los tubos deben ser de cobre según UNE 1057, acero soldado, acero sin soldadura o acero inoxidable.

El espesor mínimo para los tubos es el indicado en la siguiente tabla:

Diámetro exterior (mm)	Cobre EN 1057	Acero
6	0,6	0,5
8	0,8	0,8
10	1,0	1,0
12	1,0	1,0
15[a]	1,0	1,0
18[a]	1,0	1,0
22[a]	1,0	1,0

a Para resistencias móviles se recomiendan los valores anteriores para los espesores de pared, sin embargo, en determinados países en los que la normativa nacional lo permita, se pueden emplear otros espesores de acuerdo con la Norma EN 1057

Acero Según UNE-EN 10305-1-2-3-4.

Acero inoxidable según UNE-EN-ISO 1127.

Tubos caravanas de residencia vacacional

Cobre según UNE-EN 1057.

Acero Según UNE-EN 10305-1-2-3-4

Acero inoxidable UNE-EN 15266.

Acero inoxidable según UNE-EN-ISO 1127.

Conexión de los tubos

Para vehículos de carretera, las conexiones metálicas deben de ser de los siguientes tipos:

- Conexión mecánica con anillo de apriete.
- Conexión por capilaridad.
- Conexión mecánica abocardada.
- Conexión por compresión.
- Conexión roscada para boquilla.

En general deben cumplir:

- Las conexiones que utilizan juntas de caucho o plástico, deben utilizarse únicamente para la conexión de las botellas y de los sistemas de regulación.
- No deben utilizarse conexiones de plástico.
- Las dimensiones de las conexiones mecánicas con anillo de apriete complirán la UNE-EN ISO 8434-1.
- Cuando se utilicen anillos de apriete, con un tubo de cobre, debe instalarse un manguito de inserción y un anillo de apriete de latón, salvo si el tubo de cobre es conforme a UNE-EN 1057. Cuando se utilizan anillos de apriete todos los componentes serán de la misma serie.
- Las conexiones por capilaridad se efectuarán por soldadura fuerte y cumplirán la UNE-EN 1254-1.
- Las conexiones mecánicas abocardadas cumplirán UNE-EN ISO 8432-2.
- Las conexiones por compresión cumplirán UNE-EN 1254-2.
- Las conexiones roscadas para boquillas cumplirán UNE-EN 1254-4 o UNE-EN 10226-1.
- Únicamente para residencias móviles, se pueden utilizar otras conexiones que estén de acuerdo con las normas nacionales.

Materiales sellantes

Solo se utilizarán productos sellantes que cumplan UN-EN 751-2 adecuados para GLP según instrucciones del fabricante.

Cuando se utilicen conexiones roscadas y tubos de acero, los productos sellantes solo deben aplicarse a la rosca macho.

Se admite el uso de cintas policetrafluoroetileno (PTFE) según UNE-EN 751-3 utilizada en la forma indicada por el fabricante.

No deben utilizarse productos sellantes en las juntas de compresión.

Válvulas de corte

Tendrán claramente identificadas las posiciones de abierto y cerrado y cumplirán con la UNE-EN 331.

No debe ser posible colocar inadvertidamente la válvula de corte en la posición abierta.

Si la maniobra de los mandos de accionamiento se realiza por rotación, la posición cerrada debe alcanzarse a 90° en cada dirección a partir de la posición totalmente abierta.

Inversor manual

La dirección del caudal de gas debe estar claramente identificada por la posición del mando y cumplirá lo indicado en UNE-EN 331: 2015.

Dispositivo de detección de fugas

En caso de instalarse este dispositivo debe ser conforme al uso de vehiculos habitables.

Diseño de la instalación

Todas las conexiones, uniones, válvulas de corte y los flexibles deben ser fácilmente accesibles. No está permitido instalar diferentes materiales de tubería.

Protección contra los deterioros mecánicos

La tubería se protegerá para tal fin ya sea por su ubicación o por la utilización de cualquier otro medio (coquilla de protección).

Protección contra la corrosión

Las tuberías y otras partes del sistema de GLP se protegerán contra la corrosión y se fabricarán con materiales resistentes a la misma.

Dimensionado de los tubos

Los tubos se dimensionarán de forma que la pérdida de carga a través de la tubería desde la salida del sistema de regulación, no disminuya la presión a la entrada del aparato, hasta un valor inferior a la presión mínima aceptable para todos los aparatos de la instalación.

La sección de paso del tubo no debe reducirse por deformación.

Emplazamiento de los tubos de GLP en proximidad a otros servicios

Debe evitarse el contacto de los tubos con otros servicios por separación, aislamiento u otro medio de protección.

De no existir otros medios la distancia mínima entre el tubo de gas, sus accesorios a las líneas de alimentación eléctrica debe ser:

- 3 cm en trazados paralelos.
- 1 cm en los puntos de inserción.
- Los tubos deben estar claramente identificados para evitar confusiones con otros servicios.

Se debe evitar el contacto con cualquier servicio.

Fijación

Los tubos de acero o de acero inoxidable instalados en vehículos de carretera deben estar fijados con intervalos inferiores o iguales a 1 m.

Los tubos de cobre se fijarán a intervalos inferiores o iguales a 50 cm.

En residencias móviles la distancia entre los puntos de fijación para tubos de cobre con $d_{ex} \geq 12$ mm, se puede aumentar hasta 1 m y, con respecto, a los intervalos de puntos de fijación para tubería coarrugada se atenderá a lo indicado por el fabricante de la misma.

Válvula de corte

Todos los sistemas de GLP deben incorporar una válvula general de corte fácilmente accesible, preferiblemente en el alojamiento de la botella.

La válvula de cualquier recipiente de alimentación puede utilizarse como válvula general de corte, hasta un máximo de 2 botellas.

Cada aparato debe estar provisto de una válvula individual de corte colocada en la tubería de alimentación.

Todos los dispositivos de maniobra de las válvulas de corte, como mandos o interruptores, deben ser fácilmente accesibles, se recomienda el color amarillo para los mandos.

Las válvulas de corte que no están situadas al lado del aparato, deben incorporar un medio inconfundible de identificación que indique el aparato sobre el que actúan.

Si únicamente está instalado un aparato, la válvula de la botella puede utilizarse como válvula de corte para aparato.

Las válvulas de corte situadas en el exterior del vehículo deben estar protegidas contra la suciedad por su colocación o mediante una cubierta.

Etiquetas para identificar aparatos de GLP

Puesta a tierra de los tubos de GLP

Las tuberías que transportan gas no se deben usar como conductores de unión, y se deben integrar al sistema de conexión equipotencial.

Conexión de los aparatos a la instalación de alimentación de GLP

Los aparatos se conectarán a la alimentación, mediante tuberías metálicas que deben ser rígidas y no deben estar sometidas a tensiones.

Cuando una encimera de cocción requiera ser desplazada desde la posición de transporte hasta la de utilización, se conectará por un flexible de baja presión que cumpla los requisitos de esta norma y las siguientes condiciones:

- La longitud debe ser lo más corta posible e igual o inferior a 75 cm.
- Debe existir una válvula de corte y un dispositivo de exceso de caudal situados antes del conjunto de manguera.
- El flexible debe estar colocado de forma que quede protegido contra tensiones, deterioros mecánicos y sobrecalentamiento.
- El flexible debe ser fácilmente accesible y no atravesar o estar instalado en el interior de paredes, por encima de techos o por debajo de suelos.

Los requisitos exigidos en el primer párrafo no serán de aplicación a los aparatos de cocción de las residencias móviles que hayan sido certificada su instalación con un tubo flexible y el mismo se suministra como componente del aparato.

Si los aparatos producen vibraciones mecánicas por su funcionamiento (generadores de electricidad) la conexión de alimentación de GLP será adecuada a las vibraciones del aparato.

Los aparatos deben estar conectados mediante un acoplamiento rápido que incorpore una válvula de corte integrada que se cierra automáticamente en caso de desconexión, esta solo debe ser posible después del cierre de la válvula de corte manual integrada. La apertura de esta válvula de corte solo debe ser posible después del ensamblaje del flexible.

Los componentes, ensamblajes y aparatos susceptibles de ser desmontados para el mantenimiento normal, deben conectarse al circuito de gas mediante acoplamientos mecánicos, uniones acoplamientos por compresión, acoplamientos con anillo de apriete acoplamientos rápidos que incorporen una válvula de corte integrada que esté cerrada en el momento de la desconexión.

Si existe un acoplamiento rápido para la utilización de aparatos de gas en el exterior estos se situarán el exterior y cumplirán lo indicado anteriormente.

Todas las tomas para acoplamiento rápido deben incorporar la indicación de la presión nominal de servicio y la advertencia "SALIDA ÚNICAMENTE DE GLP".

Todas las tomas de acoplamiento rápido deben estar protegidas de la suciedad mediante una cubierta.

Ninguna toma de salida para acoplamientos rápidos de GLP tendrá simultáneamente acoplamientos rápidos para alimentación eléctrica.

Todas las tomas de salida para acoplamientos rápidos serán incompatibles con todas las conexiones de alimentación externas.

Aparatos

Todos los aparatos deben estar acompañados de las instrucciones de instalación en los vehículos de recreo y otros vehículos de carretera.

Los aparatos de gas son objeto del Reglamento Europeo 2016/426.

Todos los quemadores de los aparatos incluidos los quemadores pilotos deben estar provistos de un dispositivo de control de llama.

Instalaciones

Todos los aparatos deben estar instalados y fijados de acuerdo con las instrucciones del fabricante.

Para los aparatos encastrados o integrados se debe poner una atención especial para:

a) Asegurar la aportación de aire necesaria para la combustión del quemador y la evacuación segura de los productos de la combustión y para prevenir una acumulación de gases sin quemar.

b) Asegurar la protección contra el calentamiento de las paredes adyacentes a los aparatos que originan el calor y sus conductos de evacuación, cumpliéndose las instrucciones del fabricante y las UNE-EN 1645-1, 1646-1, 1647.

c) Prevenir un mal funcionamiento del aparato debido a la influencia de otros aparatos, incluidos los dispositivos de ventilación.

d) Prevenir la obstrucción de las salidas de emergencia.

Aparatos de calefacción

Aparatos de calefacción de vehículos de carretera

Deben ser de tipo estanco (UNE-EN 624) estar instalados y colocados de forma que se minimicen los riesgos de quemaduras de los ocupantes por un contacto accidental con las partes activas.

Aparatos de calefacción de caravanas de residencia vacacional

Se admiten los aparatos de circuito cerrado la instalación de los aparatos debe cumplir las instrucciones del fabricante en cuanto a colocación, longitud de los conductos de evacuación y su ubicación ventilación y protección contra el sobrecalentamiento de las superficies adyacentes.

Aparatos de producción de agua caliente

Aparatos de producción de agua caliente de vehículos de carretera

Deben ser del tipo estanco y cumplir UNE-EN 15033.

Aparatos de producción de agua caliente de caravanas de residencia vacacional

Se recomienda los de tipo estanco, no obstante se admiten los aparatos de circuito abierto siempre que:

a) Se respeten estrictamente las instrucciones del fabricante y las reglamentaciones nacionales en cuanto a colocación, conexión, ventilaciones fijas y la protección contra el sobrecalentamiento de las superficies adyacentes.

b) Los aparatos de circuito abierto no deben instalarse en los dormitorios, cuartos de baño, ducha o zonas de aseo de cualquier tipo de residencia móvil, excepto cuando el aparato esté instalado en un recinto estanco y con ventilación hacia el exterior como se indica en la siguiente figura, con aberturas de ventilación iguales a las indicadas en el apartado d) siguiente.

El acceso para mantenimiento debe realizarse desde una puerta directa al exterior.

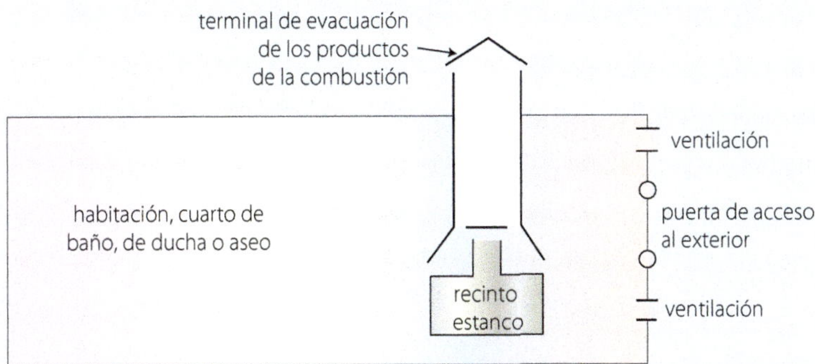

c) Los aparatos de consumo calorífico nominal inferior o igual a 14 kW pueden instalarse en las zonas de estar que disponen de una cama auxiliar para uso ocasional, si el aparato incorpora un dispositivo de seguridad concebido para interrumpir el funcionamiento del aparato antes de que los productos de la combustión desprendidos en el recinto se acumulen en cantidades peligrosas para las personas.

d) Los aparatos de consumo calorífico nominal superior a 14 kW deben instalarse en un recinto cerrado, un cuarto que no disponga zonas de dormir y que esté separado de todos los cuartos que incorporen zonas de dormir incluida la zona principal si dispone de una o varias camas auxiliares.

El recinto cerrado debe disponer de una ventilación fija superior e inferior para asegurar la evacuación de los productos de la combustión y calor residual del recinto, de 10 cm^2 por kW de consumo calorífico nominal del aparato repartido por igual entre la parte superior e inferior. Debe colocarse en el recinto una etiqueta de forma visible y duradera advirtiendo que este no debe utilizarse como lugar de almacenamiento. Debe estar previsto el acceso al aparato para asegurar el funcionamiento y mantenimiento.

Aparatos de cocción

Los aparatos de cocción móviles tipos encimeras deben ser estables durante la utilización y almacenamiento.

En los vehículos de carretera únicamente deben instalarse aparatos de cocción con tapas de los quemadores sujetas en su posición.

Refrigeradores

Se instalarán de forma que el aire necesario para la combustión del quemador proceda del exterior y los productos de la combustión sean evacuados también hacia el exterior. Cumplirán la UNE-EN 732.

Iluminación que utiliza gas

Estarán colocados de forma que se evite el calentamiento de las paredes adyacentes, en particular el techo de acuerdo con las instrucciones del fabricante.

Pilas de combustible que utilizan GLP

Se instalarán de acuerdo con las instrucciones del fabricante.

Generadores de electricidad que utilizan GLP

Se instalarán de acuerdo con las instrucciones anteriores y las indicaciones del fabricante además de las siguientes medidas:

a) El generador estará en un compartimento estanco respecto a las partes habitables, tendrá ventilación superior e inferior para el el incremento de temperatura del material combustible del interior del compartimento no sobrepase 50 K. La superficie libre será superior o igual al 1 % de la superficie del suelo del compartimento en cada nivel y siempre igual o superior a 50 cm^2 en cada nivel. No será posible obstruir ninguna parte de la ventilación.

b) El funcionamiento del generador a cualquier potencia, no alterará la estanquidad de las conexiones de alimentación de gas.

c) La evacuación del los PdC estará diseñada para que no se produzcan incrementos de temperatura superiores a 50 K por encima de la temperatura ambiente en los materiales de los vehículos habitables de recreo.

d) Los dispositivos de accionamiento del generador deben ser fácilmente accesibles.

Evacuación de los productos de combustión

Conductos de evacuación

El conducto de evacuación y cortatiros deben cumplir las especificaciones de los fabricantes y ser instalados de acuerdo con sus instrucciones.

Todos los flexibles de evacuación de los PdC deben ser continuos entre el aparato y el terminal y deben estar rodeados por una vaina aislante o por un conducto de entrada de aire comburente.

Todo conducto de evacuación debe estar protegido o situado de forma que se asegure que no existe riesgo de deterioro accidental del conducto, ni situación peligrosa para las personas tanto en el interior como alrededor del vehículo.

El conducto debe estar conducido de forma que esté asegurada la evacuación total de los PdC hacia el exterior del volumen habitable, que ascienda o descienda (según especificaciones del fabricante) de forma continua hasta el sombrerete de evacuación, de forma que se evite la retención de agua.

Cuando las instrucciones no especifiquen requisitos para la evacuación de los PdC de los aparatos de producción de agua caliente de circuito abierto, debe preverse como mínimo 60 cm de conducto de evacuación vertical por encima del cortatiros y el terminal instalado en el tejado debe sobrepasar una longitud de 25 cm su intersección con el tejado.

Excepto en el caso de un sistema de circuito abierto provisto de un cortatiros, todas las juntas de los conductos de evacuación deben ser estancos para evitar que los productos de combustión entre en el volumen habitable de los vehículos. La sección de paso de los conductos de evacuación de los aparatos se adaptará a la conexión de los aparatos con ajuste apretado.

El ensamblaje completo debe permanecer estable en su posición, incluso durante los desplazamientos del vehículo.

Terminales de evacuación

Deben estar colocados de acuerdo con las instrucciones del fabricante del aparato, preferentemente en el tejado o sobre una pared del vehículo.

Cuando las reglamentaciones nacionales no prohíban el diseño de conductos con evacuación por debajo del suelo, deberá tomarse precauciones específicas para impedir la entrada de los PdC en la parte habitable a través de las aberturas de ventilación del suelo. El terminal de evacuación debe estar lo más cerca posible de los laterales o parte posterior del vehículo.

Cuando la parte inferior del suelo está dividida en distintas canaletas que sobresalen por debajo del suelo, como travesaños o largueros del chasis, no deben colocarse orificios de ventilación en la misma canaleta de un conducto de evacuación.

Los terminales de evacuación no deben estar colocados a una distancia inferior o igual a 50 cm del orificio de llenado de combustible o de un venteo del depósito de combustible o de cualquier aireador del sistema de carburante.

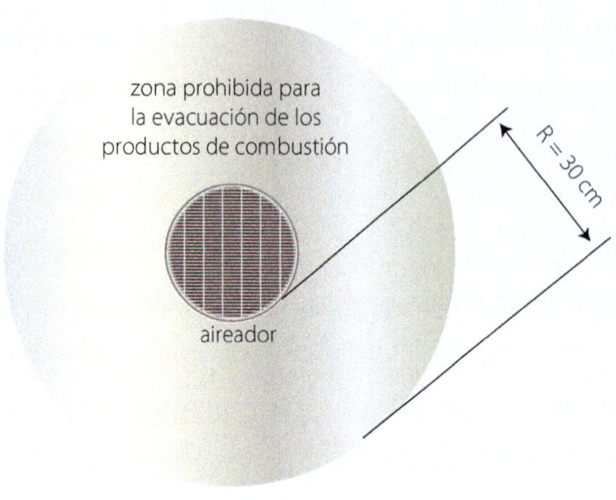

Los terminales de evacuación colocados sobre una pared o en el tejado, para aparatos de gas de consumo de GLP superior a 30 g/h, no deben fijarse a menos de 30 cm de un aireador de la zona de estar o de la parte practicable de una ventana.

Cuando el terminal de evacuación de un aparato de consumo de GLP superior a 30 g/h, está colocado verticalmente por debajo de la parte practicable de una ventana, el aparato debe incorporar un dispositivo automático de corte que evite su funcionamiento cuando la ventana está abierta.

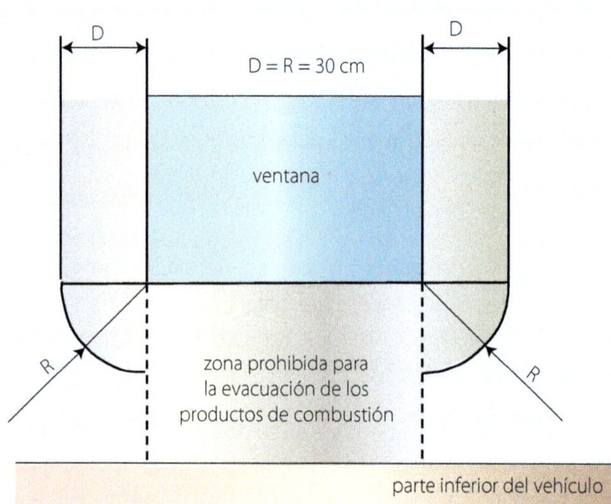

Protección contra la intemperie

Cuando un conducto de evacuación transcurre por la parte exterior de la estructura del vehículo, se tomarán medidas para evitar la entrada de agua en el interior de la estructura del vehículo.

Cortatiros

Cuando esté instalado, debe estar integrado en el aparato o colocado de acuerdo con las instrucciones del fabricante. No se instalarán reguladores de tiro.

Accesibilidad de los conductos de evacuación

Deben preverse medios para permitir el acceso para las inspecciones periódicas de la totalidad de la superficie externa y de la longitud de los conductos de evacuación o los extremos y fijaciones y la totalidad del exterior de la vaina aislante de los conductos. Los paneles o estructuras que permiten la verificación deben ser desmontables con herramientas habituales en el comercio, por ejemplo destornilladores.

Instalación de depósitos de GLP que alimentan aparatos de GLP

Cumplirán los requisitos técnicos del reglamento CEE/ONU 67-01 y deben estar equipados con los siguientes accesorios:

- válvula de cierre al 80 %,
- indicador de nivel,
- válvula de seguridad de sobrepresión (válvula de descarga),
- válvula limitadora de caudal,
- válvula manual de servicio que en caso de no ser fácilmente accesible para el usuario se debe instalar como complemento una válvula de corte accionada a distancia,
- dispositivo de seguridad de sobrepresión (fusible),
- cubierta estanca si fuese necesario,
- unidad de llenado.

Instalación de depósito de GLP y requisitos del sistema

El depósito de GLP y la válvula de servicio instalada se montará y fijará de forma que solo se servirá gas en forma gaseosa.

Sobre el depósito de gas se indicará la forma correcta del montaje del mismo.

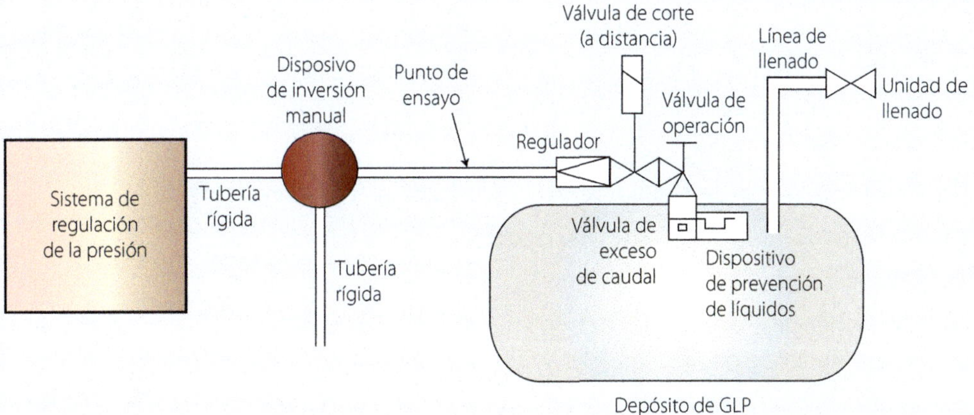

Notas:
La válvula de operación y la válvula de corte a distancia pueden ser alternativas una de la otra.
El punto de ensayo puede estar dentro del regulador

El depósito y sus accesorios así como los componentes del sistema se instalarán de acuerdo con CEE/ONU 67.

La unidad de llenado del depósito de GLP no se instalará a una distancia inferior a 50 cm de un orificio de aireación del volumen habitable, ventana o salida de los PdC.

El sistema de regulación se debe instalar directamente después de la válvula de servicio.

Se debe prever como verificar la estanquidad del sistema de gas desde la salida del regulador hasta la entrada de los aparatos.

Si se conecta un sistema de calefacción con GLP al depósito de GLP, se evitará la fuga por una desconexión accidental.

Si el vehículo además del depósito, lleva una o dos botellas de GLP se instalará una válvula de inversión mecánica que active solo una de las fuentes de alimentación.

Instrucciones de uso

▫ Las instrucciones de uso, incluyendo todas las informaciones, deben estar redactadas como mínimo en el idioma oficial del primer país de destino.

▫ El fabricante o el instalador debe remitir las instrucciones de uso junto con el vehículo habitable u otro vehículo, así como una copia del certificado de ensayos si existe y de las instrucciones de uso de los equipos.

▫ Adicionalmente el fabricante o instalador debe incluir en las instrucciones de uso todos los detalles necesarios para la utilización segura del GLP los vehículos habitables de recreo u otros vehículos especialmente:

a. Advertir que el sistema de gas solo puede ser modificado por personal competente.

b. Seguridad de uso.

c. Frecuencia de los mantenimientos y controles periódicos.

d. Tamaño de las botellas recomendadas para instalar.

e. Necesidad de verificar la correcta fijación de la botella.

f. Advertencia para evitar tenciones sobr el flexible que está conectado a la botella.

g. Sustitución de botellas, instrucciones de llenado del depósito de gas, asegurándose que todos los aparatos están apagados.

h. Inspección regular de los tubos flexibles y sustitución si es necesario.

i. Acciones a tomar en el caso de una posible fuga.

j. Acciones a tomar en caso de incendio.

k. Prevención de una mala utilización de los aparatos, un aparato de cocción no se puede utilizar como aparato de calefacción.

l. Si se prevé una conexión rápida, se darán instrucciones para efectuar las conexiones con total seguridad.

m. Requisitos relativos al sistema de regulación (compresión, consumo) incluyendo el tipo de regulador de presión recomendado y una advertencia alertando sobre la utilización de los aparatos a una presión de servicio diferente.

n. Colocación y limpieza de las ventilaciones y aberturas de ventilación con la advertencia que no deben ser obstruidas.

o. Si es necesario, una advertencia sobre los terminales de evacuación de los productos de combustión bajo el suelo, requiriendo que la evacuación libre de los productos de la combustión debe estar permanentemente asegurada que al menos tres lados del espacio bajo el suelo deben mantenerse siempre abiertos y no obstruidos, especialmente por nieve y que no debe practicarse ninguna otra abertura en el suelo.

p. Una advertencia indicando que las conexiones situadas en el interior deben utilizarse únicamente con los aparatos específicos.

q. Una advertencia indicando que ningún aparato debe ser utilizado en el exterior estando conectado en una conexión interior.

r. Información relativa a la calefacción cuando el vehículo esté en movimiento.

s. Advertencia indicando que la alimentación externa de GLP sobre las conexiones externas, no debe ser inferior a 0,3 bar ni superior a 2,2 bar.